技術導論
應用篇

AI and big data

TensorFlow、神經網路、
知識圖譜、資料挖掘……
從高階知識到產業應用，
深度探索人工智慧！

楊正洪，郭良越，劉瑋 著

「沒有大量資料支撐的人工智慧就是人工智障」

了解人工智慧各方面，深度學習其重點技術和平臺工具
將技術應用到實際工作場景中，共同創建一個智慧的時代！

目錄

目錄

第 8 章　TensorFlow

Google 的 TensorFlow 是一個可用於建構機器學習模型的平臺，是一種基於圖的通用運算框架。

8.1　TensorFlow 工具包

TensorFlow. org 上提供了完整的 API 列表。如圖 8-1 所示，TensorFlow 架構分為幾層，底層 API 提供核心和通用庫，最上層是 TensorFlow 社群添加的，可以讓我們輕鬆的使用預先定義好的高階框架。我們最頻繁使用的是 TensorFlow Estimator API，此 API 極大的簡化了神經網路模型的建構過程。

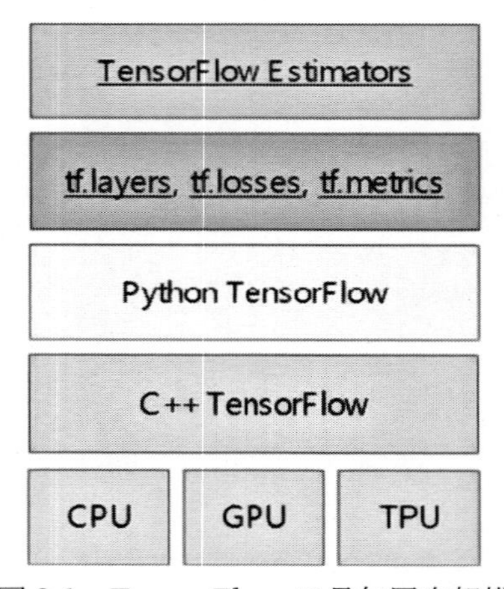

圖 8-1　TensorFlow 工具包層次架構

表 8-1 總結了 TensorFlow 不同層的用途。

表 8-1　TensorFlow 不同層的用途

工具包	說明
Estimator (tf.estimator)	面相對象的高階 API
tf.layers/tf.losses/tf.metrics	用於常見模型組件的函式庫
TensorFlow	底層 API

應該盡可能使用最高層級的 API。較高級別的 API 更易於使用，雖然不如底層 API 那麼靈活。建議先從最高階 API 入手，讓所有組件正常運作起來。如果你希望在某些特定的建模方面更加靈活一些，則可以選擇下一個級別。每個級別都是使用低階API建構的，因此降低層級是沒問題的。

TensorFlow 由以下兩個組件組成：

- 圖協議（graph protocol）緩衝區。
- 執行（分散式）圖的運行環境（runtime）。

這兩個組件類似於 Python 程式碼和 Python 編譯器。正如在多個平臺上實現了 Python 編譯器，從而可以執行 Python 程式碼，TensorFlow 可以在不同的硬體平臺（TPU、CPU 和 GPU）上運行圖。

8.1.1 tf. estimator API

tf. estimator 是最常用的 API。我們可以使用它來完成機器學習中的大部分任務。當然，我們也可以使用較低層級（原生）的TensorFlow API，但使用 tf. estimator 會大大減少程式碼量。tf. estimator 與 scikit-learn API 兼容。正如前面提到的，scikit-learn 是熱門的開源機器學習庫，它是基於 Python 的。目前全球有超過 10 萬名使用者在使用 scikit-learn。以下是用 tf. estimator 實現的線性分類程式（偽程式碼）：

```
import tensorflow as tf

# 設置一個線性分類器
classifier = tf. estimator. LinearClassifier(feature_columns)
# 使用樣本資料訓練模型
classifier. train(input_fn=train_input_fn, steps=2000)
# 訓練後，可以用作預測了
predictions = classifier. predict(input_fn=predict_input_fn)
```

8.1.2　Pandas 速成

Pandas 是 Python 的一個開源資料分析的函式庫，它廣泛用在 TensorFlow 程式碼中。Pandas 提供的資料結構 Series 和 DataFrame 極大的簡化了資料分析過程中的一些煩瑣操作。Series 是一維數組，比如我們先引入 Pandas API 庫，然後創建一個 Series 對象：

```
import pandas as pd
pd. Series([' San Francisco', ' San Jose', ' Sacramento'])
```

Series 就是一個一維數組，每個資料對應一個索引值。上述例子的索引值和資料就是：

```
0   San Francisco
1       San Jose
2    Sacramento
dtype: object
```

DataFrame 是平面資料結構，即資料是以行和列的表格方式排列，就像資料庫中的表（Table）。可以將 DataFrame 理解為由一個個 Series組成的，每個Series都有一個名字（也可以看作字典結構），比如：

```
city_names = pd. Series([' San Francisco', ' San Jose', ' Sacramento'])
population = pd. Series([852469, 1015785, 485199])

pd. DataFrame({ ' City name': city_names, ' Population': population })
```

結果如下，索引是從 0 開始的整數。可以比作資料庫表中的行號。

```
City name              Population
0  San Francisco       852469
1  San Jose            1015785
2  Sacramento          485199
```

我們也可以直接把一個 CSV 文件中的資料導入資料框中。CSV 是一種通用的、相對簡單的文件格式，在表格類型的資料中用途很廣泛，很多關係型資料庫都支援這種類型文件的導入導出，Excel 也能和 CSV 文件之間轉換。CSV 是 Comma-Separated Values(逗號分隔值）的簡稱，有時也稱為字符分隔值，因為分隔字符也可以不是逗號。其文件是以純文本形式儲存表格資料的。CSV 文件由任意數目的紀錄組成，紀錄間以某種換行符分隔。每條紀錄由字段組成，字段間的分隔符是其他字符或字符串，最常見的是逗號或製表符。下面這個例子就是把一個包含部分加州房屋資料的 CSV 文件裝載到一個資料框物件上：

```
california_housing_dataframe =
pd. read_csv(" https：//storage. googleapis. com/mledu-datasets/california_
housing_
train. csv", sep="，")
california_housing_dataframe. describe()
```

上面的 describe（）函數用來顯示 DataFrame 對象的統計資訊，比如：

	longitude	latitude	housing_median_age	total_rooms	total_bedrooms	population	households	median_income	median_house_value
count	17000.000000	17000.000000	17000.000000	17000.000000	17000.000000	17000.000000	17000.000000	17000.000000	17000.000000
mean	-119.562108	35.625225	28.589353	2643.664412	539.410824	1429.573941	501.221941	3.883578	207300.912353
std	2.005166	2.137340	12.586937	2179.947071	421.499452	1147.852959	384.520841	1.908157	115983.764387
min	-124.350000	32.540000	1.000000	2.000000	1.000000	3.000000	1.000000	0.499900	14999.000000
25%	-121.790000	33.930000	18.000000	1462.000000	297.000000	790.000000	282.000000	2.566375	119400.000000
50%	-118.490000	34.250000	29.000000	2127.000000	434.000000	1167.000000	409.000000	3.544600	180400.000000
75%	-118.000000	37.720000	37.000000	3151.250000	648.250000	1721.000000	605.250000	4.767000	265000.000000
max	-114.310000	41.950000	52.000000	37937.000000	6445.000000	35682.000000	6082.000000	15.000100	500001.000000

該函數給出了最小值、最大值、平均值、標準差等值。如果我們只想顯示前面幾行資料，則可以使用 head() 函數。head(n) 返回前 n 行。若沒指定，則要顯示的元素的默認數量為 5：

```
california_housing_dataframe. head()
```

結果為：

	longitude	latitude	housing_median_age	total_rooms	total_bedrooms	population	households	median_income	median_house_value
0	-114.31	34.19	15.0	5612.0	1283.0	1015.0	472.0	1.4936	66900.0
1	-114.47	34.40	19.0	7650.0	1901.0	1129.0	463.0	1.8200	80100.0
2	-114.56	33.69	17.0	720.0	174.0	333.0	117.0	1.6509	85700.0
3	-114.57	33.64	14.0	1501.0	337.0	515.0	226.0	3.1917	73400.0
4	-114.57	33.57	20.0	1454.0	326.0	624.0	262.0	1.9250	65500.0

Pandas 有強大的繪圖功能。比如，我們可以使用 hist() 方法繪製直方圖，用於分析某列的值的分布。

```
california_housing_dataframe. hist(' housing_median_age')
```

圖 8-2 顯示了房屋中位價的情況。

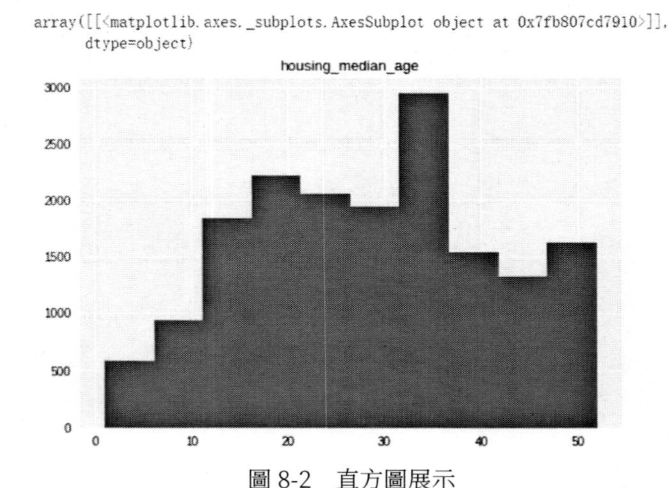

圖 8-2　直方圖展示

8.1.3　必要的 Python 知識

你有兩種方法進行 TensorFlow 編碼。一種是使用 Google 公司的線上環境（Colaboratory 平臺）。針對線上環境，我們只需要編寫程式碼和執行即可，本章中的程式碼和結果都來自 Google 公司的線上開發環境。另一種是安裝 TensorFlow 的本地開發環境。無論是哪種環境，對於 TensorFlow 編碼，你都需要掌握一些 Python 知識。本節闡述怎麼安裝 Python 和 TensorFlow 本地開發環境，然後對 Python 語法做一些簡述，以方便讀者閱讀本書的程式碼。

1. 本地安裝

在百度上搜尋「Anaconda 官網下載」，打開下載地址 https://www.anaconda. com/download/，如圖 8-3 所示。

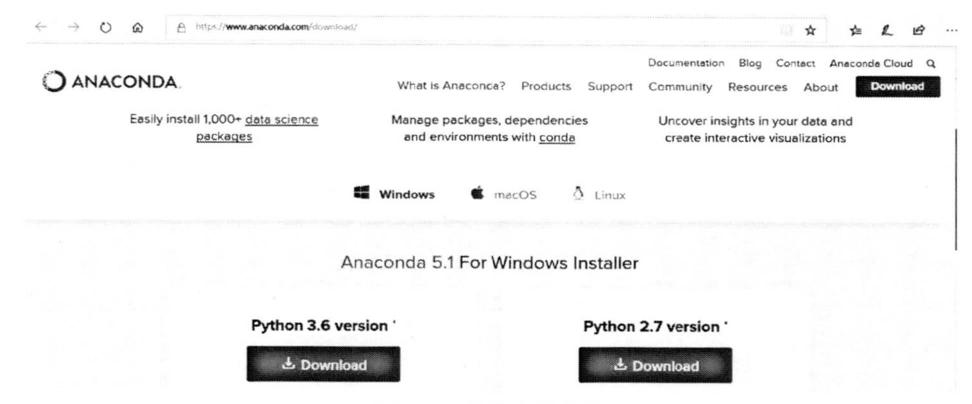

圖 8-3　尋找安裝套件

下載後，執行 EXE 程式，就可以開始安裝了，如圖 8-4 所示。

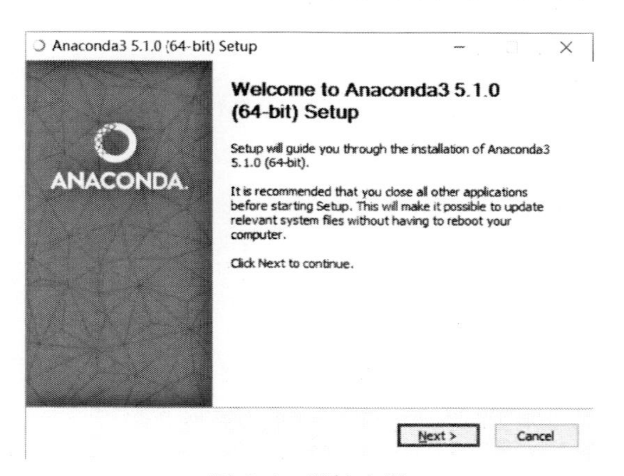

圖 8-4　開始安裝

點一下 Next 按鈕後，就正式進入了安裝過程，如圖 8-5 所示。

圖 8-5　安裝中

安裝結束的畫面如圖 8-6 所示。

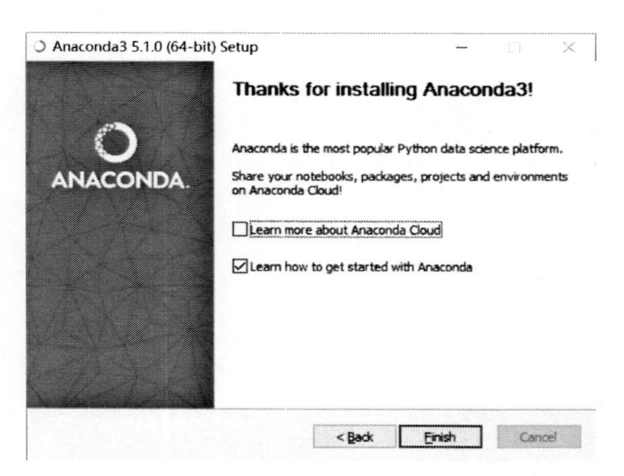

圖 8-6　安裝結束

2. 安裝 TensorFlow

在開始選單中找到 Anaconda，點一下 Anaconda Prompt 進入控制臺（見圖 8-7），輸入 conda install tensorflow 下載和安裝 TensorFlow，如圖 8-8 所示。

```
Anaconda Prompt - conda install tensorflow

(base) C:\Users\yangz>conda install tensorflow
Solving environment: \
```

圖 8-7　Anaconda Prompt 畫面

```
Anaconda Prompt - conda install tensorflow

    absl-py:          0.2.0-py36_0
    astor:            0.6.2-py36_0
    gast:             0.2.0-py36_0
    grpcio:           1.11.0-py36he025d50_0
    libprotobuf:      3.5.2-he0781b1_0
    markdown:         2.6.11-py36_0
    protobuf:         3.5.2-py36h6538335_0
    tensorboard:      1.8.0-py36he025d50_0
    tensorflow:       1.8.0-0
    tensorflow-base:  1.8.0-py36h1a1b453_0
    termcolor:        1.1.0-py36_1

The following packages will be REMOVED:

    anaconda:         5.1.0-py36_2

The following packages will be UPDATED:

    ca-certificates: 2017.08.26-h94faf87_0 --> 2018.03.07-0
    certifi:         2018.1.18-py36_0      --> 2018.4.16-py36_0
    openssl:         1.0.2n-h74b6da3_0     --> 1.0.2o-h8ea7d77_0

The following packages will be DOWNGRADED:

    bleach:          2.1.2-py36_0          --> 1.5.0-py36_0
    html5lib:        1.0.1-py36h047fa9f_0  --> 0.9999999-py36_0

Proceed ([y]/n)?
```

圖 8-8　安裝組件

輸入 y 來安裝，並下載安裝套件，如圖 8-9 所示。

```
Anaconda Prompt - conda install tensorflow
    termcolor:        1.1.0-py36_1

The following packages will be REMOVED:

    anaconda:         5.1.0-py36_2

The following packages will be UPDATED:

    ca-certificates: 2017.08.26-h94faf87_0 --> 2018.03.07-0
    certifi:         2018.1.18-py36_0      --> 2018.4.16-py36_0
    openssl:         1.0.2n-h74b6da3_0     --> 1.0.2o-h8ea7d77_0

The following packages will be DOWNGRADED:

    bleach:          2.1.2-py36_0          --> 1.5.0-py36_0
    html5lib:        1.0.1-py36h047fa9f_0  --> 0.9999999-py36_0

Proceed ([y]/n)? y


Downloading and Extracting Packages
termcolor 1.1.0: ####################################################### | 100%
libprotobuf 3.5.2: ##################################################### | 100%
tensorboard 1.8.0: ##################################################### | 100%
gast 0.2.0: ############################################################ | 100%
protobuf 3.5.2: ######################################################## | 100%
html5lib 0.9999999: #################################################### | 100%
astor 0.6.2: ########################################################### | 100%
bleach 1.5.0: ########################################################## | 100%
tensorflow-base 1.8.0: ##7                                               |   3%
```

圖 8-9　開始安裝 TensorFlow

最後完成整個安裝。輸入 conda list 驗證 TensorFlow 已經安裝上了，如圖 8-10 所示。

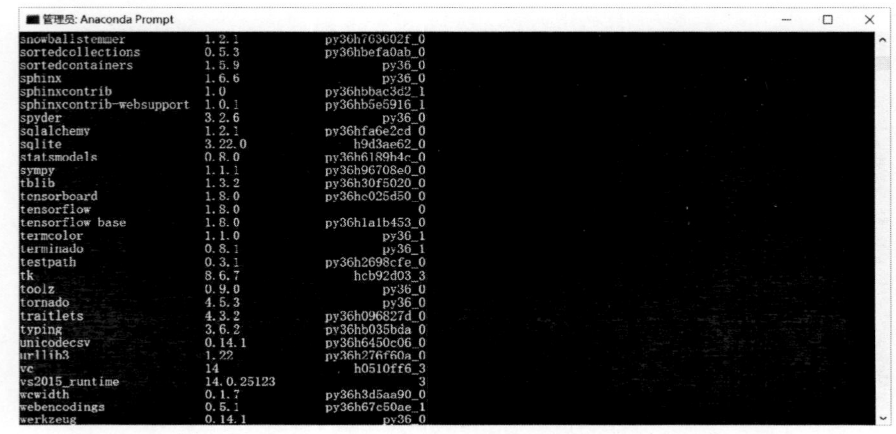

圖 8-10　安裝驗證

8.2　第一個 TensorFlow 程式

下面我們來看第一個 TensorFlow 程式。「#」部分是程式的注釋，說明該部分程式的功能。為了方便讀者查看中間程式碼的輸出結果，我們把輸出結果直接放在該程式碼的後面。

第一個 TensorFlow 程式碼的功能是使用加州 1990 年的房屋銷售資料來訓練一個線性迴歸模型，從而可以預測房屋中位價。

```
# 裝載各類函式庫
import math

from IPython import display
from matplotlib import cm
from matplotlib import gridspec
from matplotlib import pyplot as plt
```

```
import numpy as np
import pandas as pd
from sklearn import metrics
import tensorflow as tf
from tensorflow. python. data import Dataset

tf. logging. set_verbosity(tf. logging. ERROR)
pd. options. display. max_rows = 10
pd. options. display. float_format = '{:.1f}'. format
```

8.2.1 裝載資料

裝載資料程式碼如下：

```
# 裝載資料集
california_housing_dataframe =
pd. read_csv(" https://storage. googleapis. com/mledu-datasets/california_housing_
train. csv", sep=",")

# 因為要使用隨機梯度下降法，所以先用 reindex() 把資料打亂，免得影響隨機的效果
california_housing_dataframe = california_housing_dataframe. reindex(
np. random. permutation(california_housing_dataframe. index))
# 設定價格的單位為千元，方便步長的設定
california_housing_dataframe[" median_house_value"] /= 1000.0
# 展示資料集的部分內容
california_housing_dataframe
```

結果如圖 8-11 所示。

	longitude	latitude	housing_median_age	total_rooms	total_bedrooms	population	households	median_income	median_house_value
16978	-124.2	40.8	39.0	1836.0	352.0	883.0	337.0	1.7	70.5
6506	-118.3	34.0	38.0	977.0	295.0	1073.0	292.0	1.0	86.4
6835	-118.3	34.0	31.0	1933.0	478.0	1522.0	423.0	1.6	119.3
939	-117.1	33.0	16.0	2175.0	327.0	1037.0	326.0	5.2	201.4
3332	-117.9	33.7	13.0	1087.0	340.0	817.0	342.0	3.5	262.5
...	...	...	...	...	...	...	...	...	...
13804	-122.0	37.3	22.0	2038.0	260.0	773.0	281.0	9.2	500.0
8669	-118.5	34.0	41.0	1482.0	239.0	617.0	242.0	8.9	500.0
14856	-122.2	37.9	21.0	7099.0	1106.0	2401.0	1138.0	8.3	358.5
11507	-121.3	38.1	10.0	3371.0	665.0	1823.0	654.0	3.5	116.8
3906	-118.0	33.7	26.0	1787.0	227.0	639.0	224.0	6.8	329.8

17000 rows × 9 columns

圖 8-11　資料集部分內容

8.2.2　探索資料

在訓練模型之前，對資料進行一些探索性分析。

```
# 獲取資料集的一些統計資訊，比如行數、最大值、最小值、均值等
california_housing_dataframe. describe()
```

結果如圖 8-12 所示。

	longitude	latitude	housing_median_age	total_rooms	total_bedrooms	population	households	median_income	median_house_value
count	17000.0	17000.0	17000.0	17000.0	17000.0	17000.0	17000.0	17000.0	17000.0
mean	-119.6	35.6	28.6	2643.7	539.4	1429.6	501.2	3.9	207.3
std	2.0	2.1	12.6	2179.9	421.5	1147.9	384.5	1.9	116.0
min	-124.3	32.5	1.0	2.0	1.0	3.0	1.0	0.5	15.0
25%	-121.8	33.9	18.0	1462.0	297.0	790.0	282.0	2.6	119.4
50%	-118.5	34.2	29.0	2127.0	434.0	1167.0	409.0	3.5	180.4
75%	-118.0	37.7	37.0	3151.2	648.2	1721.0	605.2	4.8	265.0
max	-114.3	42.0	52.0	37937.0	6445.0	35682.0	6082.0	15.0	500.0

圖 8-12　資料探索性分析結果

8.2.3　訓練模型

我們使用 TensorFlow Estimator API 的 LinearRegressor 線性模型。這個 API 完成模型的訓練、評估和預測。

```
# 定義輸入特徵：total_rooms（各個街區的房間數。本例樣本資料是以街區為單位採集的）
my_feature = california_housing_dataframe[[" total_rooms"]]
# 上面的程式碼從 california_housing_dataframe 中摘出 total_rooms 列資料。下面影印來驗證
# 影印結果就是每個街區的房間數，是一個一維數組
print(my_feature)
```

結果如圖 8-13 所示。

```
        total_rooms
11312        4956.0
8788         3268.0
9984         3237.0
7067         2473.0
11022        1493.0
...             ...
3097         1982.0
10017        2260.0
2746         2678.0
9227         2693.0
12436        2873.0

[17000 rows x 1 columns]
```

圖 8-13　列資料結果

在 TensorFlow 中需指定特徵資料的類型，主要分為 2 種：Categorical 和 Numerical。

```
# Categorical 指文本資料，Numerical 指數字資料
# 在 TensorFlow 中使用 feature_column 結構來指定特徵的資料類型（numeric）
feature_columns = [tf. feature_column. numeric_column(" total_rooms")]
# 定義標籤，即房屋中位價，這是我們要預測的目標
targets = california_housing_dataframe[" median_house_value"]
# 影印標籤資料
print(targets)
```

結果如圖 8-14 所示。

```
11312    139.0
8788     308.3
9984     101.1
7067     162.5
11022     97.4
          ...
3097     327.5
10017     68.3
2746      70.2
9227      71.0
12436    264.7
Name: median_house_value, Length: 17000, dtype: float64
```

圖 8-14　標籤資料結果

```
# 使用梯度下降法來訓練模型，設定梯度下降的步長為 0.0000001
# GradientDescentOptimizer 實現了小批次隨機梯度下降法
my_optimizer=tf. train. GradientDescentOptimizer(learning_rate=0.0000001)
# 下面設定梯度裁剪（Gradient Clipping），防止梯度爆炸問題
my_optimizer = tf. contrib. estimator. clip_gradients_by_norm(my_optimizer, 5.0)

# 使用線性迴歸模型指定特徵列和優化器
linear_regressor = tf. estimator. LinearRegressor(
    feature_columns=feature_columns,
    optimizer=my_optimizer
)
```

為了讓測試資料導入 TensorFlow 的 LinearRegressor，下面我們定義一個輸入函數，這個函數把 Pandas 特徵資料轉換為一個 NumPy 數組字典，然後基於這些資料使用 TensorFlow 的 Dataset API 來建構一個資料集。在輸入函數中還指定了在模型訓練時的批次處理大小、是否預先打亂資料、重複的次數等。最後，這個輸入函數為這個資料集建構一個疊代，並返回下一批的資料給 LinearRegressor。輸入函數程式

碼如下：

```
def my_input_fn(features, targets, batch_size=1, shuffle=True, num_epochs=None):
  """ 訓練帶一個特徵變量的線性迴歸模型 .

参數：
  features: 特徵，pandas DataFrame 類型
  targets: 目標（標籤），pandas DataFrame 類型
  batch_size: 批次處理大小，即：傳遞給模型的批次的大小
  shuffle: True or False. 是否打亂資料
  num_epochs: 重複次數 . None = 無限重複
返回值：
  下一批資料，即：(features, labels) 元組
"""
# 把 pandas 資料轉換為 a dict of NumPy 數組
features = {key: np. array(value) for key, value in dict(features). items()}
# 從上述資料建構一個資料集
ds = Dataset. from_tensor_slices((features, targets)) # warning: 2GB limit
# 設定資料處理的批次處理大小和重複次數
ds = ds. batch(batch_size). repeat(num_epochs)

# 是否需要打亂資料？如果需要，則打亂
if shuffle:
  ds = ds. shuffle(buffer_size=10000)

# 返回下一批資料
features, labels = ds. make_one_shot_iterator(). get_next()
return features, labels
```

下面調用 linear_ regressor 的 train() 函數來訓練模型。訓練步驟為 100 步：

```
= linear_regressor. train(
  input_fn = lambda: my_input_fn(my_feature, targets),
  steps=100
)
```

上面的 lambda 作為一個表達式，封裝了 my_ input_ fn()。

在上面的例子中，出現了 2 個超參數。

- steps：訓練疊代的個數。每一步運算一批資料的誤差，基於這個誤差來修改模型的權重值（修改一次）。
- batch_ size：一步中所使用的樣本數量（樣本的選擇是隨機的），比如 SGD 批處理大小為 1。

簡單來說，上述兩個數字的乘積是已訓練樣本的總數。

8.2.4　評估模型

在模型訓練後，我們就可以使用一些資料來評估這個模型。下面定義一個預測函數：

```
# 創建一個用於預測的輸入函數
prediction_input_fn =lambda: my_input_fn(my_feature, targets, num_
epochs=1, shuffle=False)
# 調用 linear_regressor 的 predict() 函數來進行預測
predictions = linear_regressor. predict(input_fn=prediction_input_fn)
# 把預測結果放到一個 NumPy 數組中（為了後面的誤差分析用）
predictions = np. array([item[' predictions'][0] for item in predictions])
# 運算和影印均方誤差（Mean Squared Error）和均方根誤差（Root Mean Squared
Error）
mean_squared_error = metrics. mean_squared_error(predictions, targets)
```

```
root_mean_squared_error = math. sqrt(mean_squared_error)
print " Mean Squared Error (on training data): %0.3f" % mean_squared_error
  print " Root Mean Squared Error (on training data): %0.3f" % root_mean_squared_
error
```

結果如圖 8-15 所示。

```
Mean Squared Error (on training data): 56308.998
Root Mean Squared Error (on training data): 237.295
```

圖 8-15　均方誤差和均方根誤差

```
# 運算目標（標籤）的最小值和最大值，兩者的差額
min_house_value = california_housing_dataframe[" median_house_value"]. min()
max_house_value = california_housing_dataframe[" median_house_value"]. max()
min_max_difference = max_house_value - min_house_value
# 影印出來
print " Min. Median House Value :%0.3f" % min_house_value
print " Max. Median House Value :%0.3f" % max_house_value
print " Difference between Min. and Max. :%0.3f" % min_max_difference
print " Root Mean Squared Error :%0.3f" % root_mean_squared_error
```

結果如圖 8-16 所示。

```
Min. Median House Value: 14.999
Max. Median House Value: 500.001
Difference between Min. and Max.: 485.002
Root Mean Squared Error: 237.417
```

圖 8-16　目標最大值、最小值及兩者的差額

從上面的資料可以看出，均方根誤差（RMSE）大概在目標的最小值和最大值之間。能否把誤差縮小呢？我們首先來比較一下模型的預測值和目標值之間的區別：

```
calibration_data = pd. DataFrame()
calibration_data[" predictions"] = pd. Series(predictions)
```

```
calibration_data[" targets"] = pd. Series(targets)
calibration_data. describe()
```

結果如圖 8-17 所示。

	predictions	targets
count	17000.0	17000.0
mean	0.1	207.3
std	0.1	116.0
min	0.0	15.0
25%	0.1	119.4
50%	0.1	180.4
75%	0.2	265.0
max	1.9	500.0

圖 8-17　預測值與目標值

注意，圖 8-17 中，predictions 列的值的單位是 1,000。所以，均值（mean）為 0.1，相當於 100。有時候，圖表是一種展示資料的更直接的方式：

```
# 隨機獲取一些樣本資料
sample = california_housing_dataframe. sample(n=300)
# 開始畫圖（線性迴歸的那條線，特徵值和目標值所對應的點）
# 獲取 total_rooms 最大／最小值
x_0 = sample[" total_rooms"]. min()
x_1 = sample[" total_rooms"]. max()
# 訓練後的最終權重和偏差（對應線性迴歸上的權重 -X 軸和偏差 -Y 軸）
weight =
linear_regressor. get_variable_value(' linear/linear_model/total_rooms/weights')
[0]
bias = linear_regressor. get_variable_value(' linear/linear_model/bias_weights')
# 對於 total_rooms 的最小／最大值，獲取相應的預測值
y_0 = weight
 x_0 + bias
```

```
y_1 = weight
 x_1 + bias
# 畫線性迴歸線，從點 (x_0, y_0) 到點 (x_1, y_1)
plt. plot([x_0, x_1], [y_0, y_1], c=' r')
# 標示 X 和 Y 軸的辨識符
plt. ylabel(" median_house_value")
plt. xlabel(" total_rooms")
# 標示樣本資料，每個房間數、中位價，標示一個圓點
plt. scatter(sample[" total_rooms"], sample[" median_house_value"])
# 顯示圖形
plt. show()
```

結果如圖 8-18 所示。

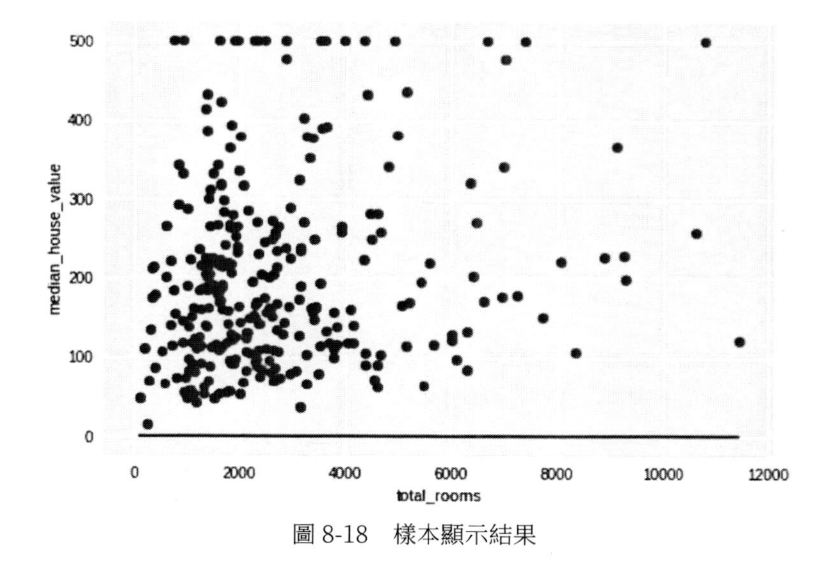

圖 8-18　樣本顯示結果

上圖顯示的線性迴歸線顯然有一些問題，不能很好的預測房屋中位價。下面我們嘗試最佳化模型。

8.2.5　最佳化模型

為了方便最佳化，我們首先定義一個模型訓練函數。透過變換函數的參數，可以看到不同的效果。下面這個程式碼把整個執行過程分成 10 個平均分割的期間（periods），這樣就可以讓我們看到每個期間的模型最佳化情況。在圖上展示每個時期的誤差，從而幫助我們判斷是否收斂，或者需要更多疊代。比如，periods = 7 和 steps = 70，那麼，每 10 步就會輸出誤差值。值得注意的是，periods 不是超參數（而 steps 是），所以，修改 periods 不會影響模型訓練本身。

```
def train_model(learning_rate, steps, batch_size, input_feature=" total_rooms"):
  """ Trains a linear regression model of one feature.
Args:
  learning_rate: A `float`, the learning rate.
  steps: A non-zero `int`, the total number of training steps. A training step
    consists of a forward and backward pass using a single batch.
  batch_size: A non-zero `int`, the batch size.
  input_feature: A `string` specifying a column from
`california_housing_dataframe`
    to use as input feature.
"""

periods = 10
steps_per_period = steps / periods

my_feature = input_feature
my_feature_data = california_housing_dataframe[[my_feature]]
my_label = " median_house_value"
targets = california_housing_dataframe[my_label]
```

```
# 創建特徵列
feature_columns = [tf. feature_column. numeric_column(my_feature)]

# 創建輸入函數
training_input_fn = lambda: my_input_fn(my_feature_data, targets,
batch_size=batch_size)
prediction_input_fn = lambda: my_input_fn(my_feature_data, targets,
num_epochs=1, shuffle=False)

# 創建一個線性迴歸對象
my_optimizer = tf. train. GradientDescentOptimizer(learning_rate=learning_rate)
my_optimizer = tf. contrib. estimator. clip_gradients_by_norm(my_optimizer, 5.0)
linear_regressor = tf. estimator. LinearRegressor(
feature_columns=feature_columns,
optimizer=my_optimizer
)
# 設定每個期間（period）畫模型線的狀態
plt. figure(figsize=(15, 6))
plt. subplot(1, 2, 1)
plt. title(" Learned Line by Period")
plt. ylabel(my_label)
plt. xlabel(my_feature)
sample = california_housing_dataframe. sample(n=300)
plt. scatter(sample[my_feature], sample[my_label])
colors = [cm. coolwarm(x) for x in np. linspace(-1, 1, periods)]

# 訓練模型，每個期間展示誤差指標
print " Training model..."
print " RMSE (on training data):"
root_mean_squared_errors = []
for period in range (0, periods):
  # Train the model, starting from the prior state.
```

```
  linear_regressor. train(
    input_fn=training_input_fn,
    steps=steps_per_period
  )

# 運算預期
predictions = linear_regressor. predict(input_fn=prediction_input_fn)
predictions = np. array([item[' predictions'][0] for item in predictions])

# 運算誤差
root_mean_squared_error = math. sqrt(
  metrics. mean_squared_error(predictions, targets))
# Occasionally print the current loss.
print " period %02d : %0.2f" % (period, root_mean_squared_error)
# Add the loss metrics from this period to our list.
root_mean_squared_errors. append(root_mean_squared_error)
# Finally, track the weights and biases over time.
# Apply some math to ensure that the data and line are plotted neatly.
y_extents = np. array([0, sample[my_label]. max()])

  weight =
linear_regressor. get_variable_value(' linear/linear_model/% s/weights' %
input_feature)[0]
  bias =
linear_regressor. get_variable_value(' linear/linear_model/bias_weights')

  x_extents = (y_extents - bias) / weight
  x_extents = np. maximum(np. minimum(x_extents,
                              sample[my_feature]. max()),
                   sample[my_feature]. min())
  y_extents = weight * x_extents + bias
  plt. plot(x_extents, y_extents, color=colors[period])
```

```
print " Model training finished."

# Output a graph of loss metrics over periods.
plt. subplot(1, 2, 2)
plt. ylabel(' RMSE')
plt. xlabel(' Periods')
plt. title(" Root Mean Squared Error vs. Periods")
plt. tight_layout()
plt. plot(root_mean_squared_errors)

# Output a table with calibration data.
calibration_data = pd. DataFrame()
calibration_data[" predictions"] = pd. Series(predictions)
calibration_data[" targets"] = pd. Series(targets)
display. display(calibration_data. describe())

print " Final RMSE (on training data): %0.2f" % root_mean_squared_error
```

下面訓練一次模型：

```
train_model(
  learning_rate=0.00001,
  steps=100,
  batch_size=1
)
```

相關資料如圖 8-19、圖 8-20 所示。

```
Training model...
RMSE (on training data):
  period 00 : 236.32
  period 01 : 235.11
  period 02 : 233.90
  period 03 : 232.70
  period 04 : 231.50
  period 05 : 230.31
  period 06 : 229.13
  period 07 : 227.96
  period 08 : 226.79
  period 09 : 225.63
Model training finished.
```

	predictions	targets
count	17000.0	17000.0
mean	13.2	207.3
std	10.9	116.0
min	0.0	15.0
25%	7.3	119.4
50%	10.6	180.4
75%	15.8	265.0
max	189.7	500.0

```
Final RMSE (on training data): 225.63
```

圖 8-19　訓練資料

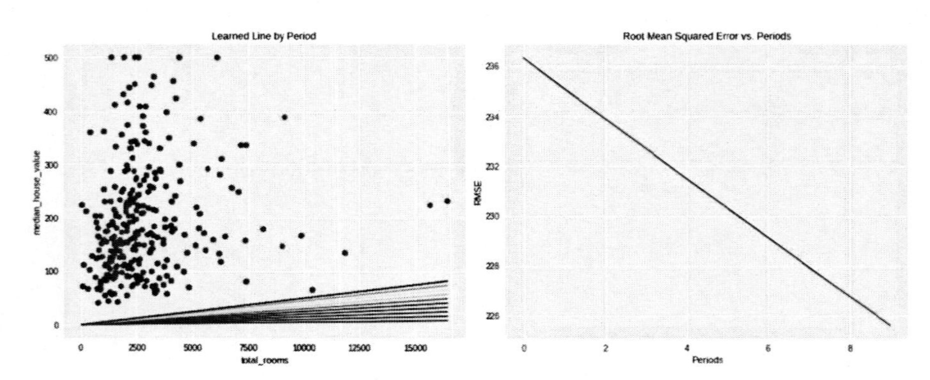

圖 8-20　訓練結果

我們更改這些超參數的值，看看誤差是否有改善：

```
train_model(
  learning_rate=0.00002,
  steps=500,
  batch_size=5
)
```

相關資料如圖 8-21、圖 8-22 所示。

```
Training model...
RMSE (on training data):
  period 00 : 225.63
  period 01 : 214.42
  period 02 : 204.04
  period 03 : 194.62
  period 04 : 186.92
  period 05 : 180.00
  period 06 : 175.22
  period 07 : 172.08
  period 08 : 169.33
  period 09 : 167.53
Model training finished.
```

	predictions	targets
count	17000.0	17000.0
mean	115.3	207.3
std	95.0	116.0
min	0.1	15.0
25%	63.7	119.4
50%	92.7	180.4
75%	137.4	265.0
max	1654.1	500.0

```
Final RMSE (on training data): 167.53
```

圖 8-21　訓練資料

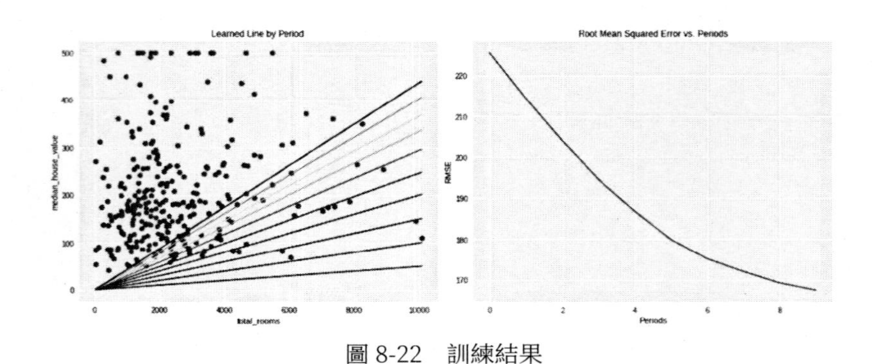

圖 8-22　訓練結果

從上面兩個例子看出，不同的配置參數，預測的效果很不一樣。至於哪些配置參數的預測效果好，其實也與資料集相關，多試幾次。下面是最佳化的一些基本原則。

- 訓練誤差應該持續減小，這個誤差曲線開始時可能比較陡，但是最終平穩（這時訓練收斂）。
- 如果訓練沒有收斂，訓練時間可以更長一點。
- 如果訓練誤差下降得很慢，可以嘗試加大步長。但要注意，有時步長過大，會有反作用。
- 如果訓練誤差上下起伏很大，可以嘗試減少步長。除了減少步長外，還要增加步數和批次處理大小。
- 小的批次處理有時會不太穩定。可以先嘗試 100 或 1, 000，然後逐步減少，直到看到降級。

有時，我們也可以變換特徵參數，比如：

```
train_model(
learning_rate=0.00002,
steps=1000,
batch_size=5,
input_feature=" population"
)
```

相關資料如圖 8-23、圖 8-24 所示。

```
Training model...
RMSE (on training data):
  period 00 : 225.63
  period 01 : 214.62
  period 02 : 204.67
  period 03 : 196.26
  period 04 : 189.39
  period 05 : 184.02
  period 06 : 180.18
  period 07 : 178.01
  period 08 : 176.84
  period 09 : 176.06
Model training finished.
```

	predictions	targets
count	17000.0	17000.0
mean	118.9	207.3
std	95.5	116.0
min	0.2	15.0
25%	65.7	119.4
50%	97.1	180.4
75%	143.2	265.0
max	2968.7	500.0

```
Final RMSE (on training data): 176.06
```

圖 8-23　訓練資料

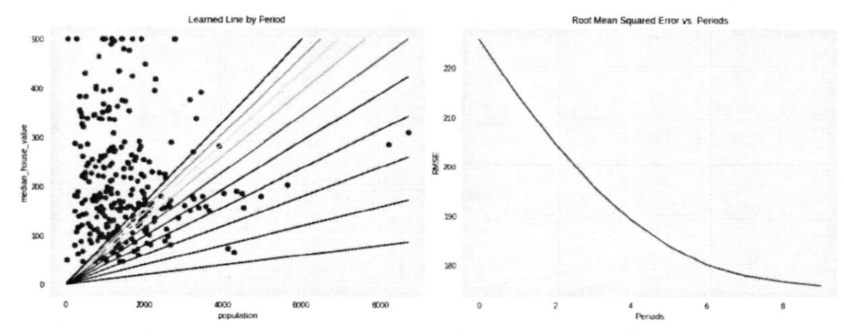

圖 8-24　訓練結果

8.2.6 合成特徵

合成特徵（synthetic feature）是一種特徵，不在輸入特徵之列，而是從一個或多個輸入特徵衍生而來。在本節中，我們需要修改一下模型訓練函數：

```
def train_model(learning_rate, steps, batch_size, input_feature):
  """ Trains a linear regression model.

Args:
  learning_rate: A `float`, the learning rate.
  steps: A non-zero `int`, the total number of training steps. A training step
    consists of a forward and backward pass using a single batch.
  batch_size: A non-zero `int`, the batch size.
  input_feature: A `string` specifying a column from
`california_housing_dataframe`
    to use as input feature.

Returns:
  A Pandas `DataFrame` containing targets and the corresponding predictions done
  after training the model.
"""
periods = 10
steps_per_period = steps / periods

my_feature = input_feature
my_feature_data = california_housing_dataframe[[my_feature]]. astype(' float32')
my_label = " median_house_value"
targets = california_housing_dataframe[my_label]. astype(' float32')

# Create input functions.
```

```
training_input_fn = lambda: my_input_fn(my_feature_data, targets,
batch_size=batch_size)
predict_training_input_fn = lambda: my_input_fn(my_feature_data, targets,
num_epochs=1, shuffle=False)

# Create feature columns.
feature_columns = [tf. feature_column. numeric_column(my_feature)]

# Create a linear regressor object.
my_optimizer = tf. train. GradientDescentOptimizer(learning_rate=learning_rate)
my_optimizer = tf. contrib. estimator. clip_gradients_by_norm(my_optimizer, 5.0)
linear_regressor = tf. estimator. LinearRegressor(
    feature_columns=feature_columns,
    optimizer=my_optimizer
)

# Set up to plot the state of our model' s line each period.
plt. figure(figsize=(15, 6))
plt. subplot(1, 2, 1)
plt. title(" Learned Line by Period")
plt. ylabel(my_label)
plt. xlabel(my_feature)
sample = california_housing_dataframe. sample(n=300)
plt. scatter(sample[my_feature], sample[my_label])
colors = [cm. coolwarm(x) for x in np. linspace(-1, 1, periods)]

# Train the model, but do so inside a loop so that we can periodically assess
# loss metrics.
print " Training model..."
print " RMSE (on training data):"
root_mean_squared_errors = []
for period in range (0, periods):
```

```
  # Train the model, starting from the prior state.
  linear_regressor. train(
    input_fn=training_input_fn,
    steps=steps_per_period,
)
# Take a break and compute predictions.
predictions = linear_regressor. predict(input_fn=predict_training_input_fn)
predictions = np. array([item[' predictions'][0] for item in predictions])

# Compute loss.
root_mean_squared_error = math. sqrt(
  metrics. mean_squared_error(predictions, targets))
# Occasionally print the current loss.
print " period %02d : %0.2f" % (period, root_mean_squared_error)
# Add the loss metrics from this period to our list.
root_mean_squared_errors. append(root_mean_squared_error)
# Finally, track the weights and biases over time.
# Apply some math to ensure that the data and line are plotted neatly.
y_extents = np. array([0, sample[my_label]. max()])

weight =
linear_regressor. get_variable_value(' linear/linear_model/% s/weights' %
input_feature)[0]
  bias =
linear_regressor. get_variable_value(' linear/linear_model/bias_weights')

  x_extents = (y_extents - bias) / weight
  x_extents = np. maximum(np. minimum(x_extents,
                                    sample[my_feature]. max()),
                         sample[my_feature]. min())
  y_extents = weight * x_extents + bias
  plt. plot(x_extents, y_extents, color=colors[period])
```

```
print " Model training finished."

# Output a graph of loss metrics over periods.
plt. subplot(1, 2, 2)
plt. ylabel(' RMSE')
plt. xlabel(' Periods')
plt. title(" Root Mean Squared Error vs. Periods")
plt. tight_layout()
plt. plot(root_mean_squared_errors)

# Create a table with calibration data.
calibration_data = pd. DataFrame()
calibration_data[" predictions"] = pd. Series(predictions)
calibration_data[" targets"] = pd. Series(targets)
display. display(calibration_data. describe())

print " Final RMSE (on training data): %0.2f" % root_mean_squared_error

return calibration_data
```

對於一個城市街區，房價可能與 total_ rooms 和 population 兩個特徵相關，即人口密度與房價有關。在下面的程式碼中創建一個合成特徵： rooms_ per_ person，記錄每人所分到的房間數。然後把這個合成特徵作為模型訓練函數的輸入特徵。其程式碼如下：

```
california_housing_dataframe[" rooms_per_person"] = (
  california_housing_dataframe[" total_rooms"] /
california_housing_dataframe[" population"])

calibration_data = train_model(
  learning_rate=0.05,
  steps=500,
```

```
batch_size=5,
input_feature=" rooms_per_person")
```

相關資料如圖 8-25、圖 8-26 所示。

```
Training model...
RMSE (on training data):
  period 00 : 213.66
  period 01 : 191.32
  period 02 : 171.10
  period 03 : 153.37
  period 04 : 141.15
  period 05 : 133.91
  period 06 : 130.99
  period 07 : 130.91
  period 08 : 131.63
  period 09 : 132.81
Model training finished.
```

	predictions	targets
count	17000.0	17000.0
mean	202.1	207.3
std	92.8	116.0
min	46.2	15.0
25%	165.6	119.4
50%	198.9	180.4
75%	227.2	265.0
max	4428.9	500.0

```
Final RMSE (on training data): 132.81
```

圖 8-25　訓練資料

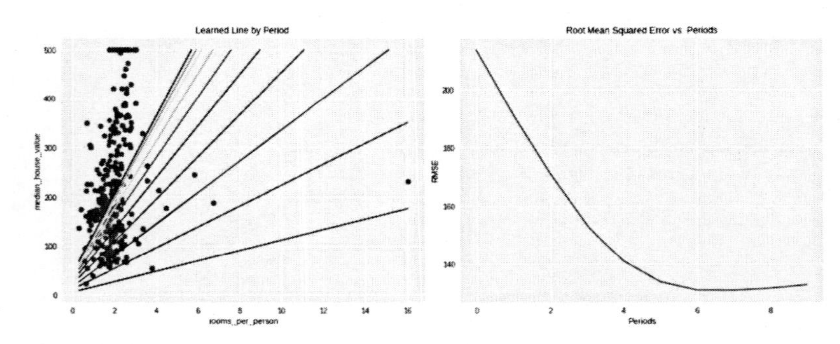

圖 8-26　訓練結果

8.2.7　離群值處理

正如 4.3.2 節中所闡述的，資料集總會有一些離群值（outlier）。執行下面的程式碼來查看一下這些離群值。下面的程式碼是用直方圖畫出 rooms_ per_ person 特徵值（如圖 8-27 所示）。

```
plt. subplot(1, 2, 2)
 = california
housing_dataframe[" rooms_per_person"]. hist()
```

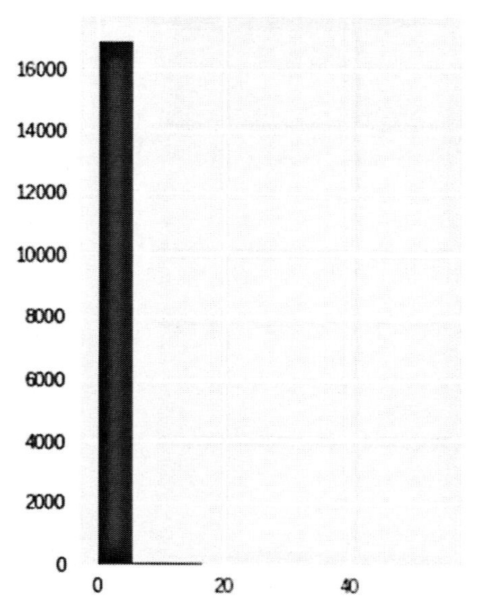

圖 8-27　rooms_ per_ person 特徵值

從上圖看出，大多數 rooms_ per_ person 是小於 5 的。對於超過 5 的資料，修剪（clip）為 5，程式碼如下：

```
california_housing_dataframe[" rooms_per_person"] = (
  california_housing_dataframe[" rooms_per_person"]). apply(lambda x: min(x, 5))
# 顯示直方圖
```

```
_ = california_housing_dataframe[" rooms_per_person"]. hist()
```

結果如圖 8-28 所示。

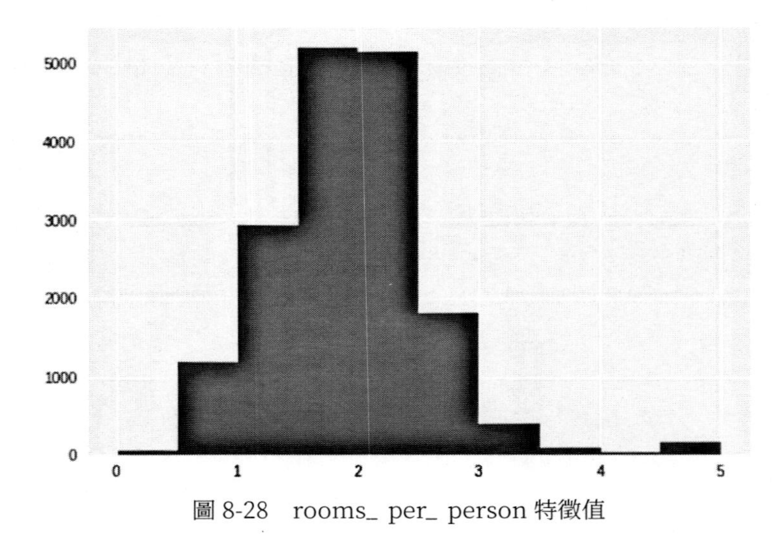

圖 8-28　rooms_ per_ person 特徵值

下面我們再次訓練資料：

```
calibration_data = train_model(
  learning_rate=0.05,
  steps=500,
  batch_size=5,
  input_feature=" rooms_per_person")
```

相關資料如圖 8-29、圖 8-30 所示。

```
Training model...
RMSE (on training data):
  period 00 : 212.81
  period 01 : 189.04
  period 02 : 167.04
  period 03 : 147.44
  period 04 : 131.69
  period 05 : 118.80
  period 06 : 112.42
  period 07 : 109.28
  period 08 : 108.53
  period 09 : 108.10
Model training finished.
```

	predictions	targets
count	17000.0	17000.0
mean	197.8	207.3
std	52.5	116.0
min	43.9	15.0
25%	164.3	119.4
50%	197.8	180.4
75%	226.3	265.0
max	442.6	500.0

```
Final RMSE (on training data): 108.10
```

圖 8-29　訓練資料

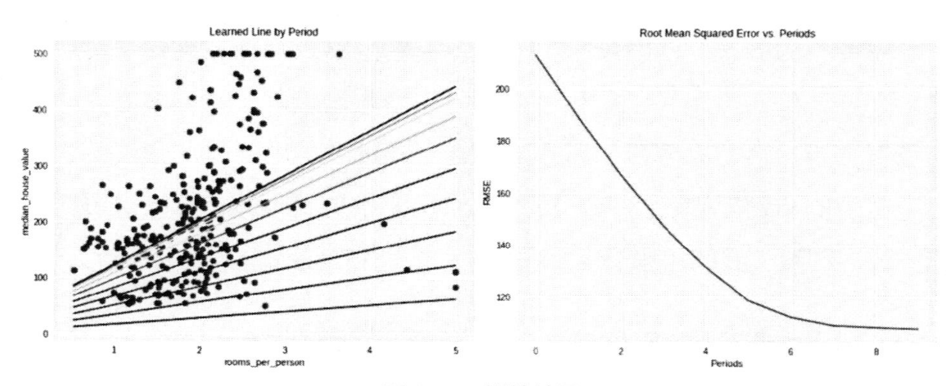

圖 8-30　訓練結果

8.3　過擬合處理

我們在第 5 章中講到了一個過擬合的例子。在如圖 8-31 所示的分類問題中，我們的目標是找到一個分類器，分割兩種標籤的資料。用肉眼不難看出，藍色標籤的點（圓圈）集中在圖的右上區域，中間的圖是最為合適的分類器。左圖用一條直線分割平面，模型過於簡單，對直線右側的紅色標籤資料（叉叉）刻畫較差，屬於欠擬合；而右圖則用了比較複雜的模型，把樣本集的資料全部照顧到，屬於過擬合。

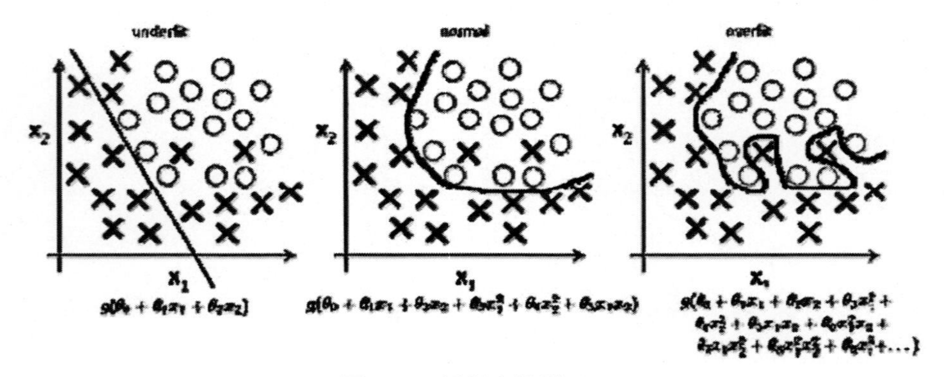

圖 8-31　過擬合的例子一

雖然所有訓練樣本在圖 8-31 右圖上都已完全正確分類，但是這時候會有過擬合的問題。問題就是，如果加入新的樣本，會怎麼樣？最終可能會遇到一些新樣本，對於這些樣本，模型無法很好的進行預測。從某種意義上講，這個模型最初可能過擬合了訓練資料，而無法很好的對之前未出現的新資料進行分類。所以，如果模型過於複雜，那麼過擬合真的會成為問題。我們再來看一個例子，如圖 8-32 所示。

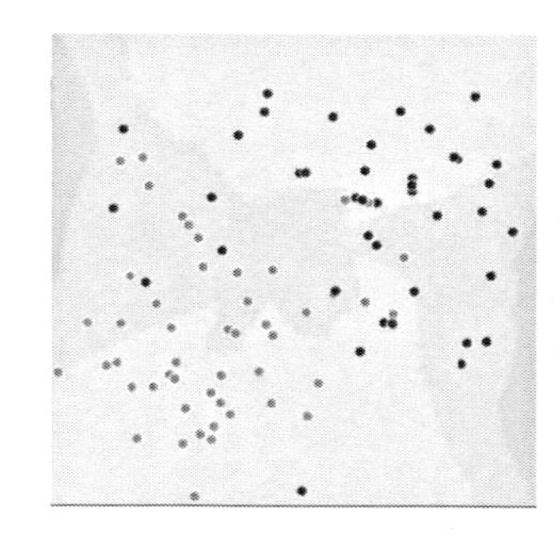
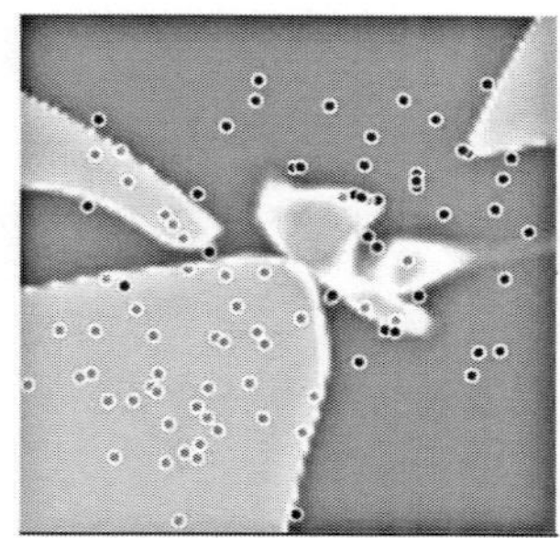
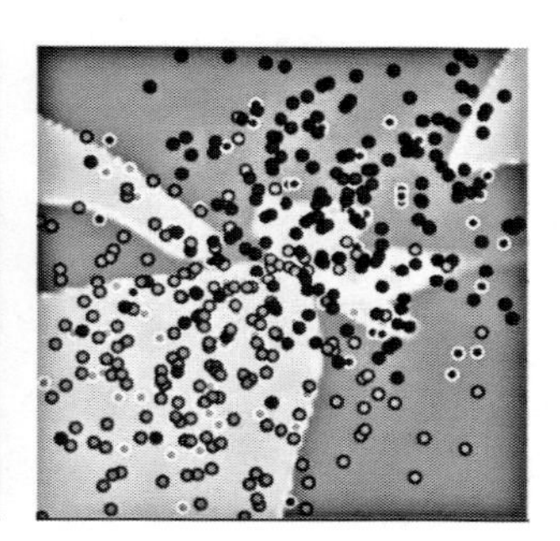

圖 8-32　過擬合的例子二

左圖上有藍色（集中在右上）和黃色（集中在左下）兩種點。這可能代表兩個類別，比如健康和不健康。中圖是某一種模型，看上去誤差很小，雖然這個模型有點複雜，但是在中圖上有效的區分了這兩類點。右圖上加入了更多的測試資料，我們發現，這個模型對不少新資料的分類是錯誤的。對於這個模型，我們認為它過擬合了。這個過擬合模型在訓練時的誤差小，但是在預測新資料時誤差大。

8.3.1　訓練集和測試集

如何才能確保在實踐中模型不會過擬合呢？在理想情況下，我們希望能夠對資料樣本進行訓練，然後知道這個模型會很好的預測新樣本。簡單來說，一個好的模型應盡可能簡單。這個稱為「泛化（generalization）理論」。過擬合往往是模型太複雜造成的。一個基本原則是擬合資料剛剛好，而且儘量簡單。在機器學習中，我們利用的是經驗。我們的策略是，使用測試集。我們從整個資料集中抽取一批資料，對這些資料進行訓練，這就是訓練集（training set）。我們再從同一個資料集中另外抽取一批資料，稱為測試集（test set），如果測試集的預測效果好，即預測測試集和預測訓練集的效果一樣好，我們就可以滿意的確定，模型可以很好的泛化到未來的新資料。在這裡，要注意以下事項（這也是機器學習的一些細則）：

- 我們要以獨立且一致（independently and identically）的方式從整個資料集抽取樣本，不以任何方式主動產生偏差。訓練集和測試集應該是隨機抽取的，而不是相同的資料子集。同時測試集要足夠大。
- 整個資料集是平穩的（stationary），不會隨時間發生變化。
- 訓練集和測試集始終從同一個資料集中提取樣本，在當中不會從其他資料集中提取樣本。

以上是一些非常關鍵的假設，我們在監督式機器學習中，所做的許多工作都是以這些假設為基礎的。但是在實踐中，有時會違反這些假設。比如，我們有時可能會違反平穩性假設，例如消費者的購物行為在節假日或夏季是不同的。如果我們只是用節假日資料建立了模型，那麼該模型可能對夏季資料是不準的。因此，我們必須密切關注各項指標，在違反上述假設時，就能立即知曉。

如果只有一個資料集，該怎麼辦？我們可以將這個大型資料集分成兩個小資料集：一個用於訓練；另一個用於測試。測試集資料要能夠代表整個資料集，訓練集和測試集具有相同的特性，如圖 8-33 所示。

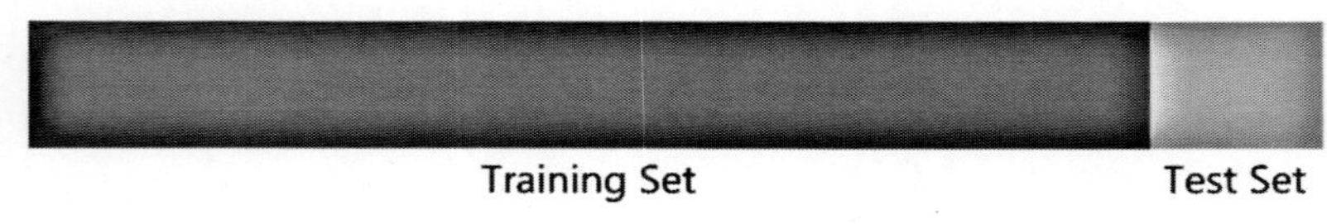

圖 8-33　訓練集與測試集

這兩個資料集需要相互獨立。我們可能需要先進行隨機化，再拆分資料。這樣才能避免發生諸如意外將全部節假日資料歸入訓練資料集，而將全部夏季資料歸入測試資料集之類的糟糕情況。那麼我們該怎麼拆分一個資料集呢？有兩點需要注意：

- 訓練集規模越大，模型的學習效果就越好。
- 測試集規模越大，我們對於評估指標的信心越充足，置信區間就越窄。

如果資料集規模非常大，這是好事。如果我們有十億樣本，可以使用其中的 10% ～ 15% 進行測試，置信區間（confidence intervals）依然會很窄。如果資料集規模很小，我們可能需要執行諸如交叉驗證之類較為複雜的操作。一個典型的錯誤是，測試集中的資料也在訓練集中，即對測試資料進行訓練。這會讓你發現測試資料的準確率達到 100%。這時，請反覆檢查自己有沒有意外的對測試資料進行了訓練。一個原因可能是整個資料集中有重複的資料，這些重複的資料分別分到了測試集和訓練集。這樣就是在一些測試資料上訓練，當使用測試集測試模型時，就無法正確評估模型了。

8.3.2 驗證集

8.3.1 節闡述了測試集和訓練集的用法。我們用訓練資料訓練一種模型，然後使用測試資料對模型進行測試並觀察其指標。如圖 8-34 所示，如果把訓練和測試做成疊代，每次疊代調整一些設置，比如步長（或學習速率），然後重新嘗試前面的操作（訓練和測試），看看能否提高測試集的準確率。我們可能會添加一些特徵，也可能會去除一些特徵，並繼續疊代，直到根據測試集指標找出最佳模型為止。這樣有問題嗎？有的，那就是針對測試資料的特性進行了過擬合。

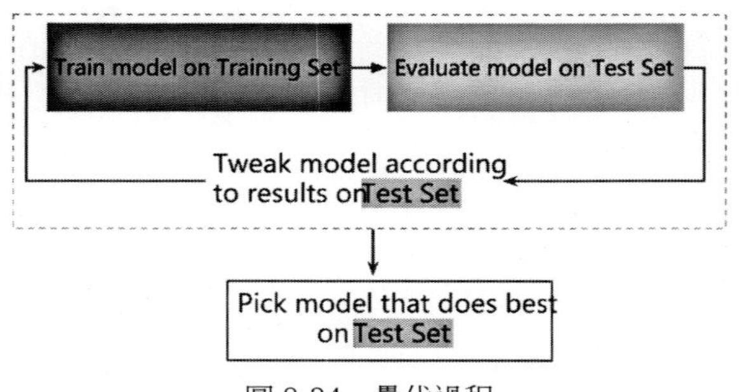

圖 8-34　疊代過程

如圖 8-35 所示，我們可以使用另一種方法來解決這個問題：除了訓練集和測試集外，分出一些資料來創建第三個資料集，即驗證集。

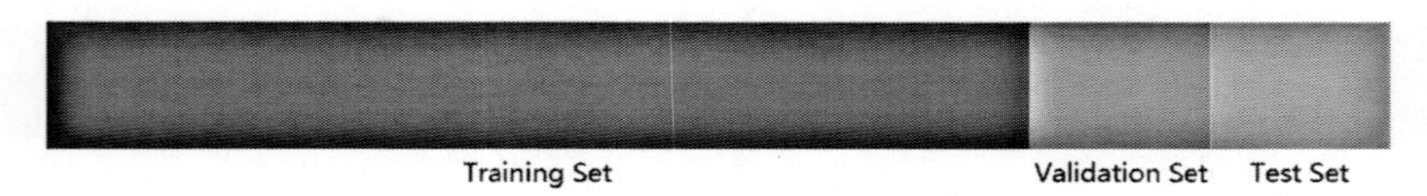

圖 8-35　訓練集、測試集與驗證集

如圖 8-36 所示，我們使用一種增幅小的新疊代方法對訓練資料進行疊代訓練，然後僅基於驗證資料進行評估。始終將測試資料擱置一旁，完全不使用測試資料。我們將不斷疊代、調整各種參數或對模型進行任何更改，直到根據驗證資料得出比較理想的結果。只有這時，我們才會拿測試資料測試模型。我們要確保測試資料集得出的結果符合驗證資料集得出的結果。如果不符合，那麼我們可能對驗證集進行了過擬合。

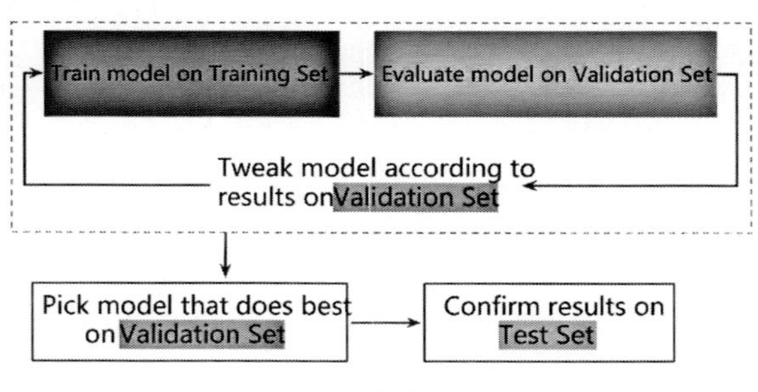

圖 8-36　新疊代方法

8.3.3 過擬合實例

在這個例子中，我們使用多個特徵變量來提升模型的效率，並使用測試集來檢查模型是否過擬合驗證資料。

```
import math
from IPython import display
from matplotlib import cm
from matplotlib import gridspec
from matplotlib import pyplot as plt
import numpy as np
import pandas as pd
from sklearn import metrics
import tensorflow as tf
from tensorflow. python. data import Dataset
tf. logging. set_verbosity(tf. logging. ERROR)
pd. options. display. max_rows = 10
pd. options. display. float_format = '{:.1f}'. format
# 加載資料
california_housing_dataframe =
pd. read_csv(" https://storage. googleapis. com/mledu-datasets/california_housing_
train. csv", sep=",")

# california_housing_dataframe = california_housing_dataframe. reindex(
#  np. random. permutation(california_housing_dataframe. index))

# 預處理多種特徵資料
def preprocess_features(california_housing_dataframe):
  """ Prepares input features from California housing data set.

Args:
```

```
  california_housing_dataframe: A Pandas DataFrame expected to contain data
    from the California housing data set.
Returns:
  A DataFrame that contains the features to be used for the model, including
    synthetic features.
"""
selected_features = california_housing_dataframe[
   [" latitude",
  " longitude",
  " housing_median_age",
  " total_rooms",
  " total_bedrooms",
  " population",
  " households",
  " median_income"]]
processed_features = selected_features. copy()
# Create a synthetic feature.
processed_features[" rooms_per_person"] = (
  california_housing_dataframe[" total_rooms"] /
  california_housing_dataframe[" population"])
return processed_features

def preprocess_targets(california_housing_dataframe):
  """ Prepares target features (i. e., labels) from California housing data set.

Args:
  california_housing_dataframe: A Pandas DataFrame expected to contain data
  from the California housing data set.
Returns:
  A DataFrame that contains the target feature.
```

```
    """
output_targets = pd. DataFrame()
# Scale the target to be in units of thousands of dollars.
output_targets[" median_house_value"] = (
  california_housing_dataframe[" median_house_value"] / 1000.0)
return output_targets
```

下面創建訓練集和驗證集。整個資料集為 17,000 個樣本。訓練集來自資料集的前面 12,000 個樣本，而驗證集來自資料集的後面 5,000 個樣本。

```
training_examples =
preprocess_features(california_housing_dataframe. head(12000))
training_examples. describe()
```

訓練集如圖 8-37 所示。

	latitude	longitude	housing_median_age	total_rooms	total_bedrooms	population	households	median_income	rooms_per_person
count	12000.0	12000.0	12000.0	12000.0	12000.0	12000.0	12000.0	12000.0	12000.0
mean	34.6	-118.5	27.5	2655.7	547.1	1476.0	505.4	3.8	1.9
std	1.6	1.2	12.1	2258.1	434.3	1174.3	391.7	1.9	1.3
min	32.5	-121.4	1.0	2.0	2.0	3.0	2.0	0.5	0.0
25%	33.8	-118.9	17.0	1451.8	299.0	815.0	283.0	2.5	1.4
50%	34.0	-118.2	28.0	2113.5	438.0	1207.0	411.0	3.5	1.9
75%	34.4	-117.8	36.0	3146.0	653.0	1777.0	606.0	4.6	2.3
max	41.8	-114.3	52.0	37937.0	5471.0	35682.0	5189.0	15.0	55.2

圖 8-37　訓練集

```
training_targets = preprocess_targets(california_housing_dataframe. head(12000))
training_targets. describe()
```

訓練集樣本資料如圖 8-38 所示。

	median_house_value
count	12000.0
mean	198.0
std	111.9
min	15.0
25%	117.1
50%	170.5
75%	244.4
max	500.0

圖 8-38　訓練集樣本資料

```
validation_examples =
preprocess_features(california_housing_dataframe. tail(5000))
validation_examples. describe()
```

驗證集如圖 8-39 所示。

	latitude	longitude	housing_median_age	total_rooms	total_bedrooms	population	households	median_income	rooms_per_person
count	5000.0	5000.0	5000.0	5000.0	5000.0	5000.0	5000.0	5000.0	5000.0
mean	38.1	-122.2	31.3	2614.8	521.1	1318.1	491.2	4.1	2.1
std	0.9	0.5	13.4	1979.6	388.5	1073.7	366.5	2.0	0.6
min	36.1	-124.3	1.0	8.0	1.0	8.0	1.0	0.5	0.1
25%	37.5	-122.4	20.0	1481.0	292.0	731.0	278.0	2.7	1.7
50%	37.8	-122.1	31.0	2164.0	424.0	1074.0	403.0	3.7	2.1
75%	38.4	-121.9	42.0	3161.2	635.0	1590.2	603.0	5.1	2.4
max	42.0	-121.4	52.0	32627.0	6445.0	28566.0	6082.0	15.0	18.3

圖 8-39　驗證集

從上面的結果看出，我們有 9 個可用的輸入特徵變量。

```
alidation_targets = preprocess_targets(california_housing_dataf rame. tail(5000))
validation_targets. describe()
```

驗證集資料如圖 8-40 所示。

	median_house_value
count	5000.0
mean	229.5
std	122.5
min	15.0
25%	130.4
50%	213.0
75%	303.2
max	500.0

圖 8-40 驗證集資料

在上面 9 個輸入特徵變量中，有兩個關於房屋街區的地理坐標：Latitude 和 Longitude。如果按照經緯度來畫點，那麼應該組合成一個加州地圖。然後使用不同顏色標示房屋中位價（紅色為高價區）。其程式碼如下：

```
plt. figure(figsize=(13, 8))

ax = plt. subplot(1, 2, 1)
ax. set_title(" Validation Data")

ax. set_autoscaley_on(False)
ax. set_ylim([32, 43])
ax. set_autoscalex_on(False)
ax. set_xlim([-126, -112])
plt. scatter(validation_examples[" longitude"],
     validation_examples[" latitude"],
     cmap=" coolwarm",
     c=validation_targets[" median_house_value"] /
validation_targets[" median_house_value"]. max())

ax = plt. subplot(1,2,2)
ax. set_title(" Training Data")
```

```
ax. set_autoscaley_on(False)
ax. set_ylim([32, 43])
ax. set_autoscalex_on(False)
ax. set_xlim([-126, -112])
plt. scatter(training_examples[" longitude"],
     training_examples[" latitude"],
     cmap=" coolwarm",
     c=training_targets[" median_house_value"] /
training_targets[" median_house_value"]. max())
_ = plt. plot()
```

結果如圖 8-41 所示。我們發現，訓練資料的圖形看上去像個加州地圖（這是 1990 年的房屋銷售價格資料，當年洛杉磯附近和舊金山比較高，矽谷還沒起來），但是驗證資料的圖形不太像。所以，驗證資料有一些問題。也就是說，在把整個資料集分割為訓練資料子集和驗證資料子集時出現了一些問題，資料分布得不均勻。一般而言，機器學習中的調試主要是資料的調試，而不是程式碼的調試。如果資料有問題，那麼，再先進的機器學習也沒用。

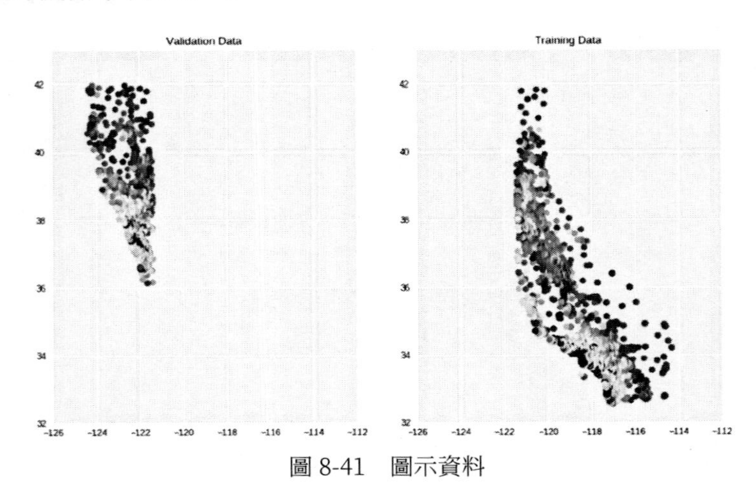

圖 8-41　圖示資料

解決資料不均勻的方法就是在創建訓練集和驗證集之前，先把資料打亂（資料預處理階段）。這就防止了原始資料集可能有序排列而造成的問題。把上述程式碼中的這兩行注釋去掉，然後依次運行程式碼。

```
# california_housing_dataframe = california_housing_dataframe. reindex(
#     np. random. permutation(california_housing_dataframe. index))
```

最後結果如圖 8-42 所示。驗證資料也看上去像個加州地圖了。資料預處理和資料集分割看上去合理了。

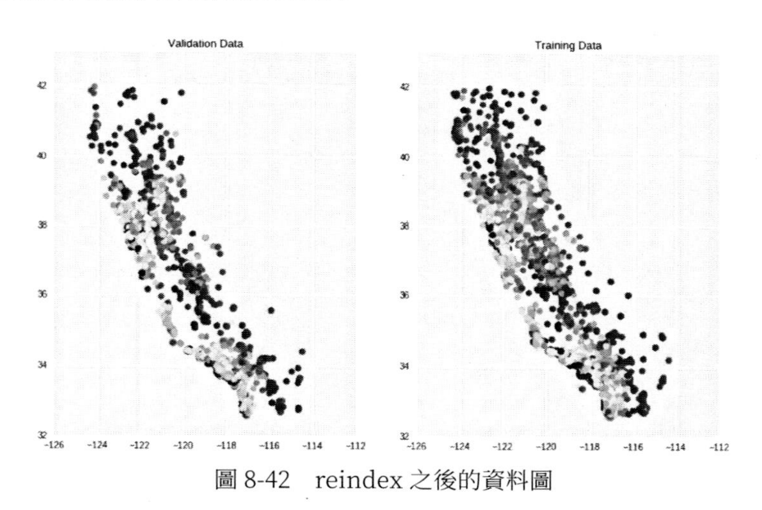

圖 8-42　reindex 之後的資料圖

下面我們使用所有特徵變量來訓練線性迴歸模型。輸入函數如下，把資料集的資料導入 TensorFlow 模型中。

```
def my_input_fn(features, targets, batch_size=1, shuffle=True, num_epochs=None):
    """ Trains a linear regression model of multiple features.

Args:
    features: pandas DataFrame of features
    targets: pandas DataFrame of targets
    batch_size: Size of batches to be passed to the model
```

```
  shuffle: True or False. Whether to shuffle the data.
  num_epochs: Number of epochs for which data should be repeated. None = repeat
indefinitely
Returns:
  Tuple of (features, labels) for next data batch
"""
# Convert pandas data into a dict of np arrays.
features = {key: np. array(value) for key, value in dict(features). items()}

# Construct a dataset, and configure batching/repeating.
ds = Dataset. from_tensor_slices((features, targets)) # warning: 2GB limit
ds = ds. batch(batch_size). repeat(num_epochs)

# Shuffle the data, if specified.
if shuffle:
  ds = ds. shuffle(10000)

# Return the next batch of data.
features, labels = ds. make_one_shot_iterator(). get_next()
return features, labels
```

下面的程式碼配置所有的特徵列為一個單獨的函數：

```
def construct_feature_columns(input_features):
""" Construct the TensorFlow Feature Columns.
Args:
  input_features: The names of the numerical input features to use.
Returns:
  A set of feature columns
"""
return set([tf. feature_column. numeric_column(my_feature)
                    for my_feature in input_features])
```

下面是模型訓練函數：

```
def train_model(
   learning_rate,
   steps,
   batch_size,
   training_examples,
   training_targets,
   validation_examples,
   validation_targets):
""" Trains a linear regression model of multiple features.

In addition to training, this function also prints training progress information,
as well as a plot of the training and validation loss over time.

Args:
   learning_rate: A `float`, the learning rate.
   steps: A non-zero `int`, the total number of training steps. A training step
      consists of a forward and backward pass using a single batch.
batch_size: A non-zero `int`, the batch size.
training_examples: A `DataFrame` containing one or more columns from
      `california_housing_dataframe` to use as input features for training.
training_targets: A `DataFrame` containing exactly one column from
      `california_housing_dataframe` to use as target for training.
validation_examples: A `DataFrame` containing one or more columns from
      `california_housing_dataframe` to use as input features for validation.
validation_targets: A `DataFrame` containing exactly one column from
      `california_housing_dataframe` to use as target for validation.

Returns:
A `LinearRegressor` object trained on the training data.
"""
```

```
periods = 10
steps_per_period = steps / periods

# Create a linear regressor object.
my_optimizer = tf. train. GradientDescentOptimizer(learning_rate=learning_rate)
my_optimizer = tf. contrib. estimator. clip_gradients_by_norm(my_optimizer, 5.0)
linear_regressor = tf. estimator. LinearRegressor(
  feature_columns=construct_feature_columns(training_examples),
  optimizer=my_optimizer
)
# Create input functions.
training_input_fn = lambda: my_input_fn(
  training_examples,
  training_targets[" median_house_value"],
  batch_size=batch_size)
predict_training_input_fn = lambda: my_input_fn(
  training_examples,
  training_targets[" median_house_value"],
  num_epochs=1,
  shuffle=False)
predict_validation_input_fn = lambda: my_input_fn(
  validation_examples, validation_targets[" median_house_value"],
  num_epochs=1,
  shuffle=False)
# Train the model, but do so inside a loop so that we can periodically assess
# loss metrics.
print " Training model..."
print " RMSE (on training data):"
training_rmse = []
validation_rmse = []
for period in range (0, periods):
  # Train the model, starting from the prior state.
```

```
  linear_regressor. train(
    input_fn=training_input_fn,
    steps=steps_per_period,
)
  # Take a break and compute predictions.
  training_predictions =
linear_regressor. predict(input_fn=predict_training_input_fn)
  training_predictions = np. array([item[' predictions'][0] for item in
training_predictions])

  validation_predictions =
linear_regressor. predict(input_fn=predict_validation_input_fn)
  validation_predictions = np. array([item[' predictions'][0] for item in
validation_predictions])

# Compute training and validation loss.
training_root_mean_squared_error = math. sqrt(
  metrics. mean_squared_error(training_predictions, training_targets))
validation_root_mean_squared_error = math. sqrt(
  metrics. mean_squared_error(validation_predictions, validation_targets)
# Occasionally print the current loss.
print " period %02d : %0.2f" % (period, training_root_mean_squared_error)
# Add the loss metrics from this period to our list.
training_rmse. append(training_root_mean_squared_error)
validation_rmse. append(validation_root_mean_squared_error)
print " Model training finished."

# Output a graph of loss metrics over periods.
plt. ylabel(" RMSE")
plt. xlabel(" Periods")
plt. title(" Root Mean Squared Error vs. Periods")
plt. tight_layout()
```

```
plt. plot(training_rmse, label=" training")
plt. plot(validation_rmse, label=" validation")
plt. legend()

return linear_regressor
```

開始訓練一個模型：

```
linear_regressor = train_model
learning_rate=0.00003,
steps=500,
batch_size=5,
training_examples=training_examples,
training_targets=training_targets,
validation_examples=validation_examples,
validation_targets=validation_targets)
```

相關結果如圖 8-43、圖 8-44 所示。

```
Training model...
RMSE (on training data):
  period 00 : 218.00
  period 01 : 200.49
  period 02 : 186.94
  period 03 : 178.77
  period 04 : 172.01
  period 05 : 168.97
  period 06 : 167.58
  period 07 : 168.04
  period 08 : 168.78
  period 09 : 170.06
Model training finished.
```

圖 8-43　訓練資料

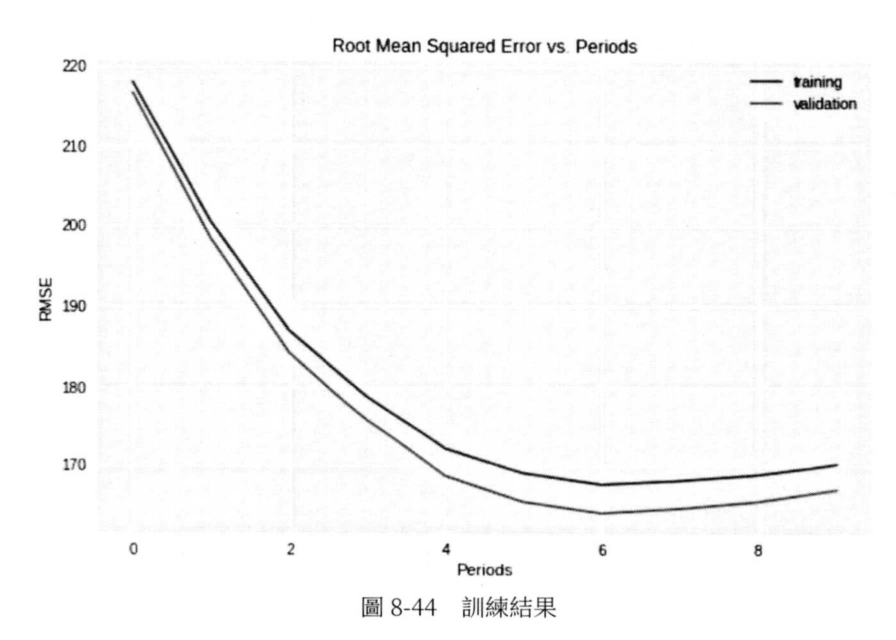

圖 8-44　訓練結果

在結果圖上，比較了訓練資料和驗證資料的根均方誤差（Root Mean Squared Error，RMSE）。下面我們來看一下在測試資料集上的模型的表現：

```
california_housing_test_data =
pd. read_csv(" https://storage. googleapis. com/mledu-datasets/california_housing_
test. csv", sep=",")
test_examples = preprocess_features(california_housing_test_data)
test_targets = preprocess_targets(california_housing_test_data)

predict_test_input_fn = lambda: my_input_fn(
   test_examples,
   test_targets[" median_house_value"],
   num_epochs=1,
   shuffle=False)
test_predictions = linear_regressor. predict(input_fn=predict_test_input_fn)
```

```
test_predictions = np. array([item[' predictions'][0] for item in test_predictions])

root_mean_squared_error = math. sqrt(
  metrics. mean_squared_error(test_predictions, test_targets))

print " Final RMSE (on test data): %0.2f" % root_mean_squared_error
```

測試資料驗證結果如圖 8-45 所示。

```
Final RMSE (on test data): 162.45
```

圖 8-45　測試資料驗證結果

8.4　特徵工程

在現實世界中，我們拿到的資料可能是資料庫紀錄、文本文件或其他形式。我們必須從各式各樣的資料來源中提取資料，然後根據這些資料創建特徵向量。從原始資料中提取特徵的過程稱為特徵工程。從事機器學習的專業人員將花費超過一半的時間在特徵工程方面。

8.4.1　數值型資料

接下來，我們了解一下特徵工程是如何發生的，也就是說，怎麼從原始資料（Raw Data）中提取特徵。如果某個紀錄本來就是一個數字，例如房子的房間數量，我們可以直接把這個值對應到一個特徵向量（feature vector）中，如圖 8-46 所示。

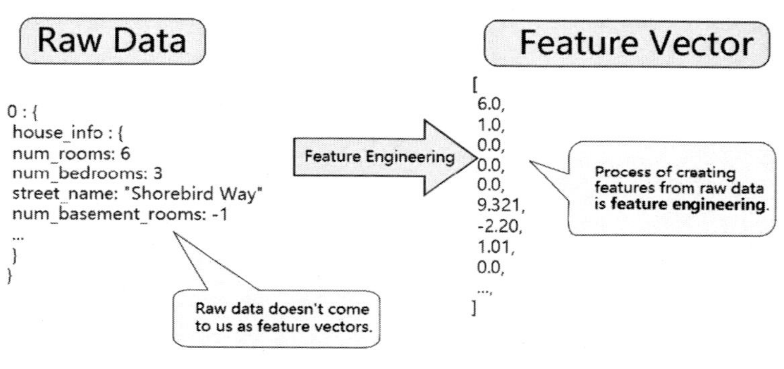

圖 8-46　房間數量對應到一個特徵向量中

8.4.2　字串資料和 one-hot 編碼

機器學習模型是針對數值型資料進行訓練，但是模型不能從字串資料中學習。如果我們面對的是一個字串，比如地址中的街名（長安街），那麼我們該怎麼辦呢？這時候就需要特徵工程把字串資料轉化為數值型資料。如果見到的是字串值，我們通常可以使用獨熱（one-hot）編碼，將其轉化為特徵向量。獨熱編碼針對我們可能見到的每個字串都提供了一個唯一的數字。例如「長安街」，我們就指定為 1，其他就為 0。我們可以將這個獨熱編碼用作表示字串的特徵向量。獨熱編碼要求：只有一個字符串值為 1，其他都為 0。

8.4.3　列舉資料（分類資料）

分類（categorical）特徵具有一些列舉資料，即一個離散資料的集合。比如，一個性別的特徵可能只包含三個值：{「男」,「女」,「未知」}。我們可能想到把這些資料編碼為 0、1、2。但是，在機器學習模型中，一般情況下，把每個分類資料表示為一個單獨的布爾值。在上面的性別例子中，模型可能使用 3 個不同的布爾特徵。

- x_1：是男的？
- x_2：是女的？
- x_3：未知？

8.4.4　好特徵

那麼，什麼樣的特徵才是好特徵呢？首先，一個特徵應具有非零值，並且特徵值在資料集中至少出現 5 次或更多次。這樣模型才能了解這個特徵值和標籤之間的關係。如果一個特徵在具有非零值的情況下出現的次數十分少，或僅出現過一次，恐怕就不是一個值得使用的好特徵，應該在預處理步驟中過濾掉。比如，房屋類型特徵變量，針對某個具體的房屋類型，樣本資料有很多。那麼，房屋類型特徵可能是一個好的特徵。再比如，房屋編號可能是一個差的特徵，因為每個房屋編號可能只有一個樣本資料，那麼模型就無法從房屋編號上學到什麼東西。

其次，特徵應具有清晰明顯（直接）的意義。這樣一來，我們就可以方便的進行有效的檢查。例如，以年為單位來運算一間房子的年齡要遠遠好於以秒為單位來運算。這方便以後排除錯誤和進行推理。例如，我們定義一個特徵，作用是告訴我們一間房子上市了多少天才出售。有些工程師喜歡用特殊值 -1 來表示這間房子從未上市出售過。對於機器學習來說，這不是一個好的設計。好的主意是定義一個指示型特徵，讓這個特徵採用布爾值，以便表示是否已定義「上市出售天數」特徵。借助這種方式，原本的特徵「上市出售天數」可以保持 0 ～ n 的自然單位。

還有，特徵值不應隨時間發生變化。這一點回到了資料的平穩性這一概念。

8.4.5 資料清洗

對於機器學習而言，預先了解原始資料是至關重要的。我們不能將機器學習當作一個黑盒子，把資料丟進去，卻不檢查資料，就盼著能夠獲得好結果，這種做法並不妥當。有時，我們要監控一段時間內的資料。資料來源昨天情況很好，並不意味著明天情況也會很好。有時，資料集中的有些資料可能並不可靠。因此，我們能做的就是，使用直方圖或散點圖以及各種排名指標將資料直覺的顯示出來，查看資料的統計資訊（如最大／最小值、均值等）。我們寫一些程式碼查找重複值和缺失值，查找不正確的標籤資料和特徵值，然後將它們清除出資料集。

在選取特徵時應考慮排除離群值。例如，在加州的住房資料中，如果我們創建一個合成特徵，例如每人平均房間數，即房間總數除以人口總數，那麼對於大多數城市街區，我們都會得到介於每人 0 到 3 或 4 個房間的相對合理的值。如果出現高達 50 的值，這樣的值就太不正常了，是一個離群值。再比如，年齡資料為 200，這個可能是一個離群值。此時，我們或許可以為特徵設定上限或轉換特徵，以便去掉這些不理性的離群值。這就是資料清洗的工作。還有一種資料清洗的標準化方法是將特徵資料（比如 1,000 到 8,000）縮放（scale）至給定的最小值與最大值之間，通常是 0 與 1 之間。

我們來看一個具體的例子。圖 8-47 的左圖描述了 roomsPerPerson 特徵的資料分布。roomsPerPerson 指一個區域內每人所占用的房間數。大多數特徵資料集中在 1 和 2 之間，看上去比較合理。但是也有 50 的資料。為了減少離群值的影響，我們使用 log 函數把特徵值縮放了，如圖 8-47 的右圖所示。

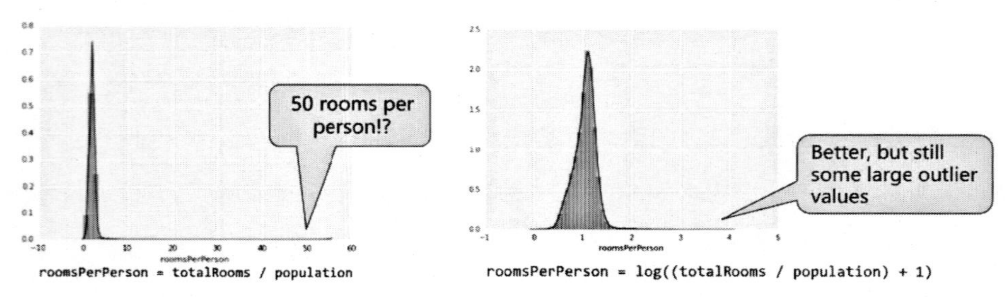

圖 8-47　離群值實例

雖然 log 縮放函數幫了一些忙，但是還有離群值。我們修剪最大值到 4，如圖 8-48 所示。

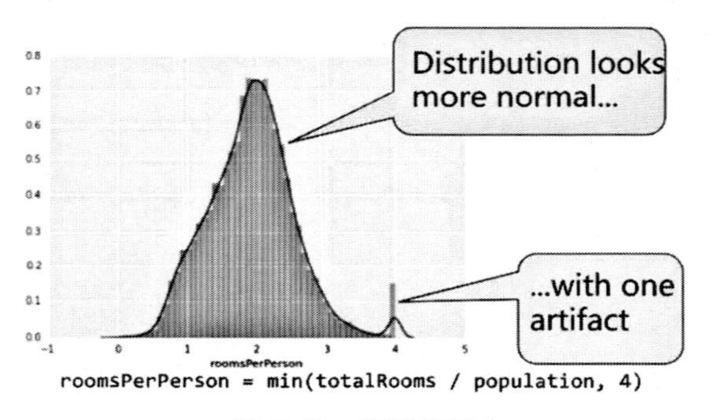

圖 8-48　資料修剪

「修剪最大值到 4」的意思是所有超過 4 的值都變成 4（不是把這些資料扔掉）。可以看到圖 8-48 在 4 那裡有一個突起。儘管如此，縮小的特徵資料集更好了。

8.4.6　分箱（分桶）技術

我們還可以考慮另一種技術，那就是分箱（bin，也叫分桶）技術。如果要探討緯度對加州住房價格的影響，我們發現並不存在由北向南的可直接映射到住房價格上的線性關係（見圖 8-49）。在緯度 34 附近是洛杉磯，在緯度 38 附近是舊金山。但是在某個特定緯度範圍內，卻往往存在很強的關聯。因此，我們能做的就是，將由北向南的緯度劃分成 11 個不同的小分箱（見圖 8-50），每個小分箱可以是一個布爾特徵。針對這些小分箱，每個緯度數值都會變成一個布爾值，此時我們就可以使用獨熱編碼。現在，如果映射到洛杉磯附近的特定分箱中，那麼基本上會得到一個 1，或者映射到舊金山的特定分箱中，也會得到一個 1；而在其他任何地區，都會得到一個 0。使用 11 個特徵有點複雜，所以我們可以使用一個 11 元素的向量。比如，緯度 37.4 附近就是 [0，0，0，0，0，1，0，0，0，0，0]。借助這種方式，我們的模型可以將部分非線性關係映射到模型中。

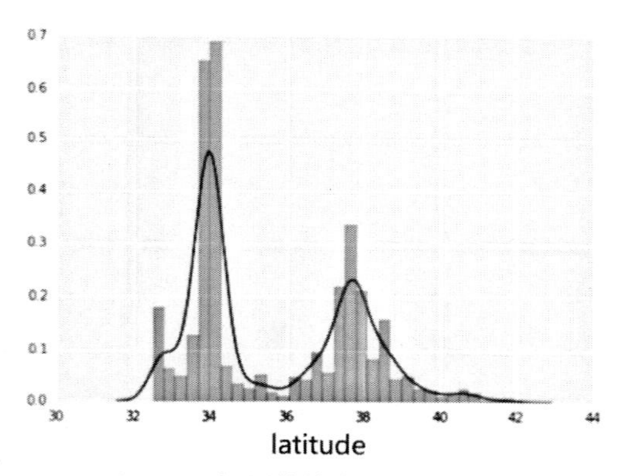

圖 8-49　加州的緯度和房價關係圖

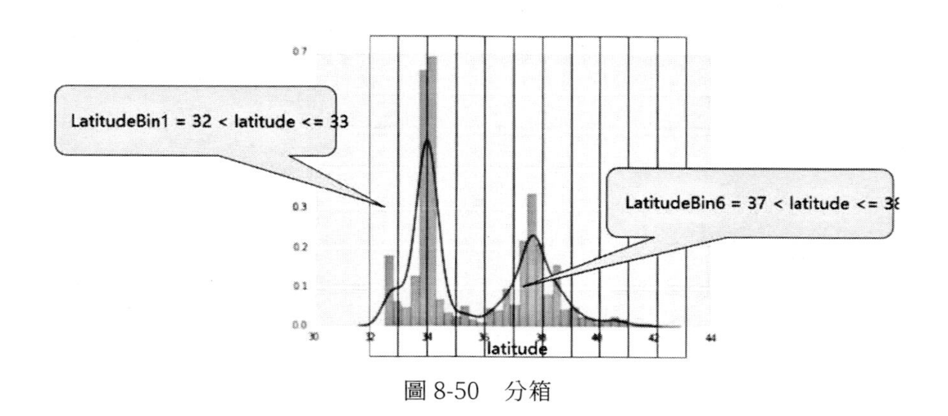

圖 8-50　分箱

8.4.7　特徵工程實例

在前面一節中，我們在例子程式碼中用到了所有的特徵變量。本節將嘗試使用盡可能少的特徵變量來達到一樣的效果。特徵變量少，用的系統資源也少，系統程式碼也易於維護。下面的程式碼首先裝載樣本資料：

```
import math
from IPython import display
from matplotlib import cm
from matplotlib import gridspec
from matplotlib import pyplot as plt
import numpy as np
import pandas as pd
from sklearn import metrics
import tensorflow as tf
from tensorflow. python. data import Dataset

tf. logging. set_verbosity(tf. logging. ERROR)
pd. options. display. max_rows = 10
pd. options. display. float_format = '{:.1f}'. format

california_housing_dataframe =
pd. read_csv(" https://storage. googleapis. com/mledu-datasets/california_housing_
train. csv", sep=",")
california_housing_dataframe = california_housing_dataframe. reindex(
    np. random. permutation(california_housing_dataframe. index))
```

定義了 2 個預處理函數，一個是預處理特徵資料；另一個是預處理標籤資料：

```
def preprocess_features(california_housing_dataframe):
""" Prepares input features from California housing data set.

Args:
  california_housing_dataframe: A Pandas DataFrame expected to contain data
    from the California housing data set.
Returns:
  A DataFrame that contains the features to be used for the model, including
    synthetic features.
"""
selected_features = california_housing_dataframe[
  [" latitude",
  " longitude",
  " housing_median_age",
  " total_rooms",
  " total_bedrooms",
  " population",
  " households",
  " median_income"]]
processed_features = selected_features. copy()
# Create a synthetic feature.
processed_features[" rooms_per_person"] = (
  california_housing_dataframe[" total_rooms"] /
  california_housing_dataframe[" population"])
return processed_features

def preprocess_targets(california_housing_dataframe):
""" Prepares target features (i. e., labels) from California housing data set.

Args:
```

```
  california_housing_dataframe: A Pandas DataFrame expected to contain data
    from the California housing data set.
Returns:
  A DataFrame that contains the target feature.
"""
output_targets = pd. DataFrame()
# Scale the target to be in units of thousands of dollars.
output_targets[" median_house_value"] = (
  california_housing_dataframe[" median_house_value"] / 1000.0)
return output_targets
```

抽取前面 12,000 個樣本資料為訓練集，最後 5,000 個樣本資料為驗證集：

```
# Choose the first 12000 (out of 17000) examples for training.
training_examples =
preprocess_features(california_housing_dataframe. head(12000))
training_targets = preprocess_targets(california_housing_dataframe. head(12000))

# Choose the last 5000 (out of 17000) examples for validation.
validation_examples =
preprocess_features(california_housing_dataframe. tail(5000))
validation_targets =
preprocess_targets(california_housing_dataframe. tail(5000))
```

下面影印各個資料集的統計資訊：

```
# Double-check that we' ve done the right thing.
print " Training examples summary:"
display. display(training_examples. describe())
```

結果如圖 8-51 所示。

Training examples summary:

	latitude	longitude	housing_median_age	total_rooms	total_bedrooms	population	households	median_income	rooms_per_person
count	12000.0	12000.0	12000.0	12000.0	12000.0	12000.0	12000.0	12000.0	12000.0
mean	35.6	-119.6	28.6	2642.5	539.9	1430.6	502.0	3.9	2.0
std	2.1	2.0	12.6	2182.8	423.6	1149.9	386.6	1.9	1.2
min	32.5	-124.3	1.0	2.0	1.0	3.0	1.0	0.5	0.1
25%	33.9	-121.8	18.0	1463.0	297.0	789.0	281.0	2.6	1.5
50%	34.2	-118.5	29.0	2127.0	432.0	1169.0	409.0	3.6	1.9
75%	37.7	-118.0	37.0	3153.0	649.0	1719.2	605.0	4.8	2.3
max	42.0	-114.3	52.0	37937.0	5471.0	35682.0	5189.0	15.0	55.2

圖 8-51　各資料集的統計資訊

```
print " Validation examples summary:"
display. display(validation_examples. describe())
```

結果如圖 8-52 所示。

Validation examples summary:

	latitude	longitude	housing_median_age	total_rooms	total_bedrooms	population	households	median_income	rooms_per_person
count	5000.0	5000.0	5000.0	5000.0	5000.0	5000.0	5000.0	5000.0	5000.0
mean	35.6	-119.6	28.6	2646.4	538.2	1427.1	499.3	3.9	2.0
std	2.1	2.0	12.6	2173.3	416.5	1143.1	379.4	1.9	1.2
min	32.6	-124.3	1.0	11.0	3.0	9.0	2.0	0.5	0.0
25%	33.9	-121.8	18.0	1457.8	296.0	791.0	282.0	2.5	1.5
50%	34.3	-118.5	29.0	2128.0	438.0	1161.0	409.0	3.5	2.0
75%	37.7	-118.0	37.0	3148.5	648.0	1725.2	607.0	4.7	2.3
max	42.0	-114.5	52.0	32627.0	6445.0	28566.0	6082.0	15.0	41.3

圖 8-52　有效資料概況

```
print " Training targets summary:"
display. display(training_targets. describe())
```

結果如圖 8-53 所示。

Training targets summary:

	median_house_value
count	12000.0
mean	207.2
std	115.6
min	15.0
25%	120.8
50%	179.9
75%	264.3
max	500.0

圖 8-53　訓練目標概況

```
print " Validation targets summary:"
display. display(validation_targets. describe())
```

結果如圖 8-54 所示。

Validation targets summary:

	median_house_value
count	5000.0
mean	207.5
std	116.8
min	15.0
25%	117.6
50%	181.3
75%	266.9
max	500.0

圖 8-54　有效目標概況

在講到相關性度量的時候，有一個係數用來度量相似性（距離），這個係數叫作皮爾森係數，在統計學中學過，只是當時不知道還能用到機器學習中來（這更加讓筆者覺得機器學習離不開統計學）。皮爾森相關係數（Pearson Correlation Coefficient）用於度量兩個變量之間的相關性，其值介於 -1 與 1 之間，值越大則說明相關性越強。兩個變量之間的皮爾森相關係數定義為兩個變量之間的協方差和標準差的商。比如，各個特徵之間，或者各個特徵與標籤之間。它的值的意思如下。

· -1.0：完全負相關。

· 0.0：不相關。

· 1.0：完全正相關。

下面讓我們來看一下樣本資料的相關性：

```
correlation_dataframe = training_examples. copy()
correlation_dataframe[" target"] = training_targets[" median_house_value"]
correlation_dataframe. corr()
```

結果如圖 8-55 所示。

	latitude	longitude	housing_median_age	total_rooms	total_bedrooms	population	households	median_income	rooms_per_person	target
latitude	1.0	-0.9	0.0	-0.0	-0.1	-0.1	-0.1	-0.1	0.1	-0.1
longitude	-0.9	1.0	-0.1	0.0	0.1	0.1	0.1	-0.0	-0.1	-0.1
housing_median_age	0.0	-0.1	1.0	-0.4	-0.3	-0.3	-0.3	-0.1	-0.1	0.1
total_rooms	-0.0	0.0	-0.4	1.0	0.9	0.9	0.9	0.2	0.1	0.1
total_bedrooms	-0.1	0.1	-0.3	0.9	1.0	0.9	1.0	-0.0	0.0	0.0
population	-0.1	0.1	-0.3	0.9	0.9	1.0	0.9	-0.0	-0.1	-0.0
households	-0.1	0.1	-0.3	0.9	1.0	0.9	1.0	0.0	-0.0	0.1
median_income	-0.1	-0.0	-0.1	0.2	-0.0	-0.0	0.0	1.0	0.2	0.7
rooms_per_person	0.1	-0.1	-0.1	0.1	0.0	-0.1	-0.0	0.2	1.0	0.2
target	-0.1	-0.1	0.1	0.1	0.0	-0.0	0.1	0.7	0.2	1.0

圖 8-55　樣本資料的相關性

理想情況下，我們選取那些與標籤具有強相關性的特徵，同時特徵之間儘量不具有強相關性（即都是儘量獨立的資訊）。

我們定義一個特徵列結構：

```
def construct_feature_columns(input_features):
  """ Construct the TensorFlow Feature Columns.
Args:
  input_features: The names of the numerical input features to use.
Returns:
```

```
  A set of feature columns
"""
return set([tf. feature_column. numeric_column(my_feature)
for my_feature in input_features])
```

定義一個輸入函數：

```
def my_input_fn(features, targets, batch_size=1, shuffle=True, num_epochs=None):
""" Trains a linear regression model.
Args:
  features: pandas DataFrame of features
  targets: pandas DataFrame of targets
  batch_size: Size of batches to be passed to the model
  shuffle: True or False. Whether to shuffle the data.
  num_epochs: Number of epochs for which data should be repeated. None = repeat
indefinitely
Returns:
  Tuple of (features, labels) for next data batch
"""

# Convert pandas data into a dict of np arrays.
features = {key: np. array(value) for key, value in dict(features). items()}

# Construct a dataset, and configure batching/repeating.
ds = Dataset. from_tensor_slices((features, targets)) # warning: 2GB limit
ds = ds. batch(batch_size). repeat(num_epochs)

# Shuffle the data, if specified.
if shuffle:
  ds = ds. shuffle(10000)
# Return the next batch of data.
features, labels = ds. make_one_shot_iterator(). get_next()
return features, labels
```

定義一個模型訓練函數：

```
def train_model(
  learning_rate,
  steps,
  batch_size,
  training_examples,
  training_targets,
  validation_examples,
  validation_targets):
""" Trains a linear regression model.

In addition to training, this function also prints training progress information,
as well as a plot of the training and validation loss over time.

Args:
  learning_rate: A `float`, the learning rate.
  steps: A non-zero `int`, the total number of training steps. A training step
    consists of a forward and backward pass using a single batch.
  batch_size: A non-zero `int`, the batch size.
  training_examples: A `DataFrame` containing one or more columns from
    `california_housing_dataframe` to use as input features for training.
  training_targets: A `DataFrame` containing exactly one column from
    `california_housing_dataframe` to use as target for training.
  validation_examples: A `DataFrame` containing one or more columns from
    `california_housing_dataframe` to use as input features for validation.
  validation_targets: A `DataFrame` containing exactly one column from
    `california_housing_dataframe` to use as target for validation.



Returns:
  A `LinearRegressor` object trained on the training data.
```

```
"""

periods = 10
steps_per_period = steps / periods

# Create a linear regressor object.
my_optimizer = tf. train. GradientDescentOptimizer(learning_rate=learning_rate)
my_optimizer = tf. contrib. estimator. clip_gradients_by_norm(my_optimizer, 5.0)
linear_regressor = tf. estimator. LinearRegressor(
   feature_columns=construct_feature_columns(training_examples),
   optimizer=my_optimizer
)

# Create input functions.
training_input_fn = lambda: my_input_fn(training_examples,
                                        training_targets[" median_house_value"],
                                        batch_size=batch_size)
predict_training_input_fn = lambda: my_input_fn(training_examples,

training_targets[" median_house_value"],
                                        num_epochs=1,
                                        shuffle=False)
predict_validation_input_fn = lambda: my_input_fn(validation_examples,

validation_targets[" median_house_value"],
                                        num_epochs=1,
                                        shuffle=False)

# Train the model, but do so inside a loop so that we can periodically assess
# loss metrics.
print " Training model..."
print " RMSE (on training data):"
```

```
training_rmse = []
validation_rmse = []
for period in range (0, periods):
   # Train the model, starting from the prior state.
   linear_regressor. train(
      input_fn=training_input_fn,
      steps=steps_per_period,
   )
   # Take a break and compute predictions.
   training_predictions =
linear_regressor. predict(input_fn=predict_training_input_fn)
   training_predictions = np. array([item[' predictions'][0] for item in
training_predictions])

   validation_predictions =
linear_regressor. predict(input_fn=predict_validation_input_fn)
   validation_predictions = np. array([item[' predictions'][0] for item in
validation_predictions])

   # Compute training and validation loss.
   training_root_mean_squared_error = math. sqrt(
      metrics. mean_squared_error(training_predictions, training_targets))
   validation_root_mean_squared_error = math. sqrt(
      metrics. mean_squared_error(validation_predictions, validation_targets))
   # Occasionally print the current loss.
   print " period %02d : %0.2f" % (period, training_root_mean_squared_error)
   # Add the loss metrics from this period to our list.
   training_rmse. append(training_root_mean_squared_error)
   validation_rmse. append(validation_root_mean_squared_error)
print " Model training finished."

# Output a graph of loss metrics over periods.
```

```
plt. ylabel(" RMSE")
plt. xlabel(" Periods")
plt. title(" Root Mean Squared Error vs. Periods")
plt. tight_layout()
plt. plot(training_rmse, label=" training")
plt. plot(validation_rmse, label=" validation")
plt. legend()

return linear_regressor
```

我們選取了收入和緯度作為特徵變量，獲取相關的訓練集和驗證集，然後訓練模型：

```
minimal_features = [
  " median_income",
  " latitude",
]

minimal_training_examples = training_examples[minimal_features]
minimal_validation_examples = validation_examples[minimal_features]

_ = train_model(
   learning_rate=0.01,
   steps=500,
   batch_size=5,
   training_examples=minimal_training_examples,
   training_targets=training_targets,
   validation_examples=minimal_validation_examples,
   validation_targets=validation_targets)
```

訓練結果如圖 8-56、圖 8-57 所示。

```
Training model...
RMSE (on training data):
  period 00 : 165.29
  period 01 : 123.02
  period 02 : 116.80
  period 03 : 116.04
  period 04 : 115.14
  period 05 : 116.23
  period 06 : 114.02
  period 07 : 113.71
  period 08 : 112.88
  period 09 : 112.43
Model training finished.
```

圖 8-56　訓練資料

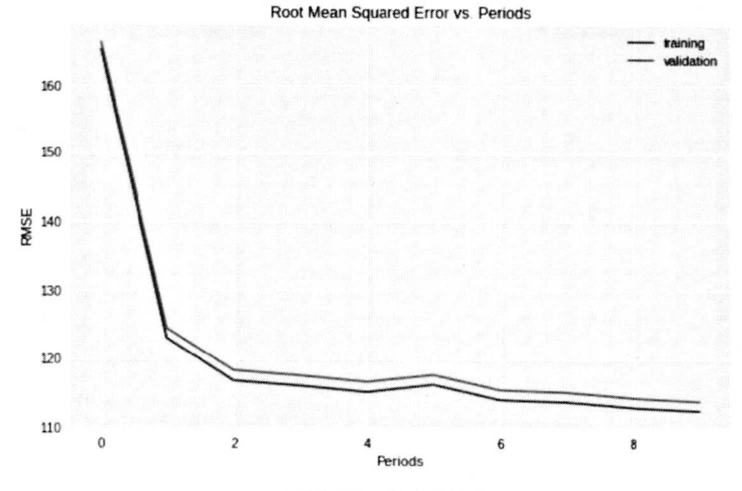

圖 8-57　訓練結果

正如前面所討論的，latitude 和 median_ house_ value 並不是線性關係，而是在洛杉磯和舊金山附近有兩個突起。執行下面的程式碼來查看：

```
plt. scatter(training_examples[" latitude"],
```

```
training_targets[" median_house_value"])
```

結果如圖 8-58 所示。

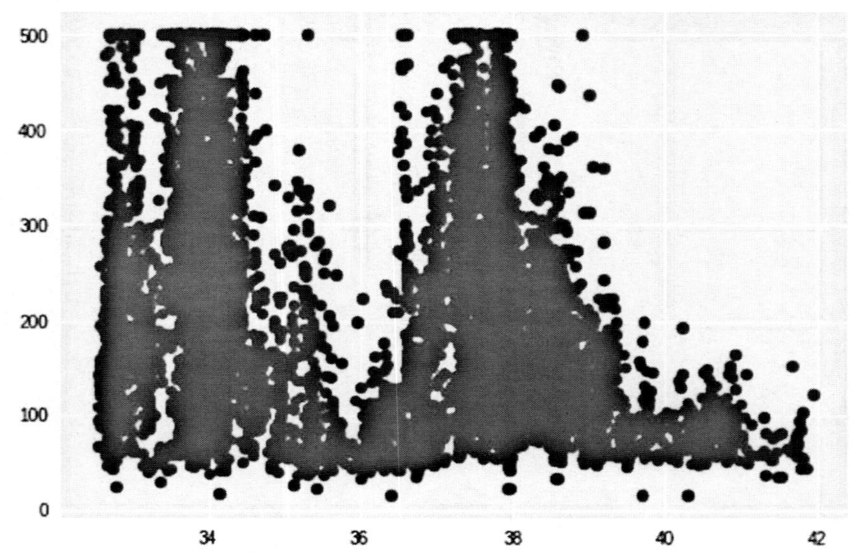

圖 8-58　latitude 和 median_ house_ value 無線性關係

下面我們採用分桶技術來更好的使用緯度特徵：

```
LATITUDE_RANGES = zip(xrange(32, 44), xrange(33, 45))

def select_and_transform_features(source_df):
  selected_examples = pd. DataFrame()
  selected_examples[" median_income"] = source_df[" median_income"]
  for r in LATITUDE_RANGES:
  selected_examples[" latitude_% d_to_% d" % r] = source_df[" latitude"]. apply(
    lambda l: 1.0 if l >= r[0] and l < r[1] else 0.0)
  return selected_examples

selected_training_examples = select_and_transform_features(training_examples)
```

```
selected_validation_examples =
select_and_transform_features(validation_examples)
```

開始訓練模型：

```
_ = train_model(
  learning_rate=0.01,
  steps=500,
  batch_size=5,
  training_examples=selected_training_examples,
  training_targets=training_targets,
  validation_examples=selected_validation_examples,
  validation_targets=validation_targets)
```

結果如圖 8-59、圖 8-60 所示。

```
Training model...
RMSE (on training data):
  period 00 : 227.05
  period 01 : 216.86
  period 02 : 206.77
  period 03 : 196.81
  period 04 : 186.92
  period 05 : 177.17
  period 06 : 167.59
  period 07 : 158.18
  period 08 : 149.00
  period 09 : 140.08
Model training finished.
```

圖 8-59　訓練資料

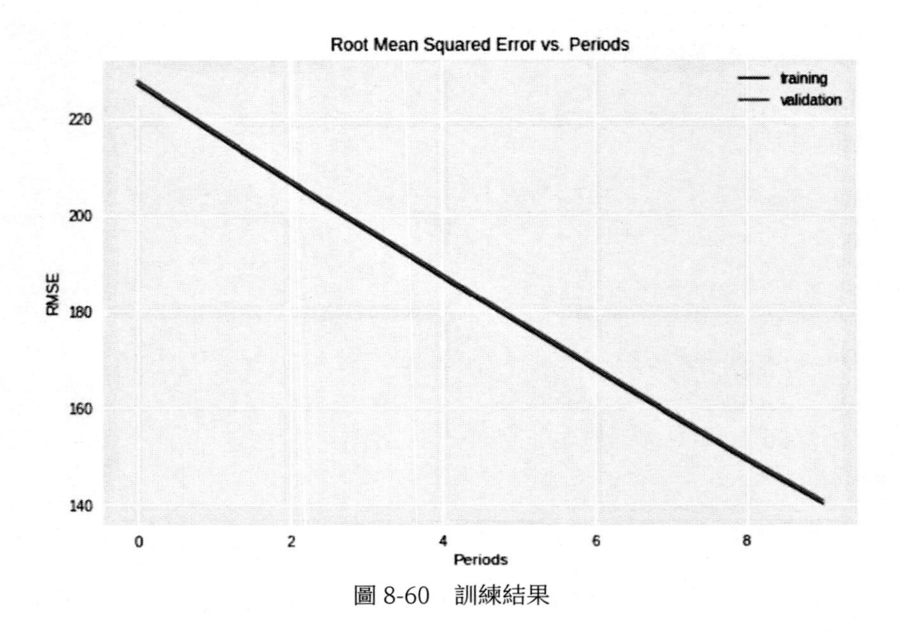
Root Mean Squared Error vs. Periods
training
validation
RMSE
220
200
180
160
140
0
2
4
6
8
Periods

圖 8-60　訓練結果

第 9 章　TensorFlow 高階知識

本章是第 8 章內容的延續，主要闡述幾個高階主題，包括特徵交叉、正則化、邏輯迴歸和分類。

9.1　特徵交叉

特徵交叉（Feature Crosses）是透過將單獨的特徵進行組合（相乘或求笛卡爾積）而形成的合成特徵。特徵交叉有助於把非線性關係表示為線性關係。比如，對於如圖 9-1 所示的非線性問題，我們無法畫任何一條線來分開藍色（深色）和黃色（淺色）的點（它們可能代表健康和不健康）。

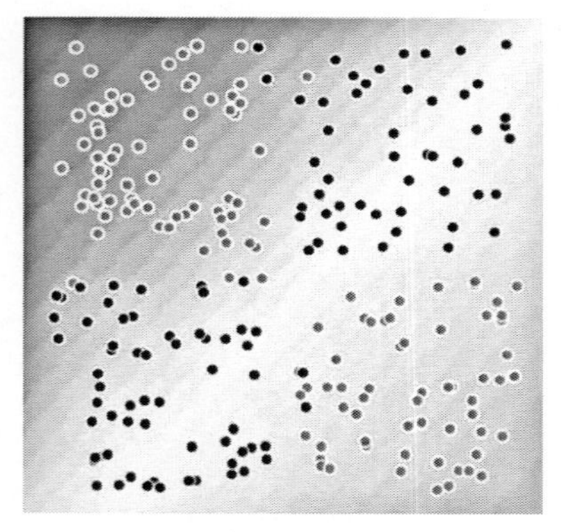

圖 9-1　非線性問題

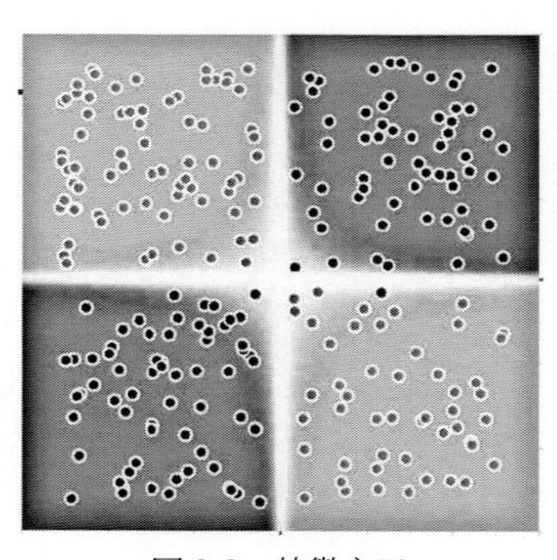

圖 9-2　特徵交叉

9.1.1　什麼是特徵交叉

要解決圖 9-1 所示的非線性問題，我們可以創建一個特徵交叉（見圖 9-2）。特徵交叉是指透過將兩個或多個輸入特徵相乘來對特徵空間中的非線性規律進行編碼的合成特徵。cross（交叉）這一術語來自 cross product（向量積）。我們透過將 x_1 與 x_2 交叉組合來創建一個名為 x_3 的特徵交叉： $x_3 = x_1x_2$。像處理任何其他特徵一樣來處理這個新建的 x_3

特徵交叉。線性公式變為： $y = b + w_1x_1 + w_2x_2 + w_3x_3$。這樣就可以使用線性演算法了。雖然 w_3 編碼了非線性資訊，但我們不需要改變線性模型的訓練方式就能確定 w_3 的值。

我們可以創建很多不同種類的特徵交叉，例如：

·[A×B]：將兩個特徵的值相乘形成的特徵交叉。

·[A×B×C×D×E]：將 5 個特徵的值相乘形成的特徵交叉。

·[A×A]：對單個特徵的值求平方形成的特徵交叉。

透過採用隨機梯度下降法可以有效地訓練線性模型。因此，在使用擴展的線性模型時輔以特徵交叉一直都是訓練大規模資料集的有效方法。在實際工作中，機器學習模型很少會交叉具有連續值的特徵。機器學習模型卻經常交叉獨熱（one hot）特徵向量，將獨熱特徵向量的特徵交叉視為邏輯連接。例如，假設具有兩個特徵：國家和語言。對每個特徵進行獨熱編碼會生成具有二元特徵的向量，這些二元特徵可解讀為 country ＝ USA、country ＝ France 或 language ＝ English、language ＝ Spanish。然後，如果你對這些獨熱編碼進行特徵交叉，就會得到可解讀為邏輯連接的二元特徵，如下所示：

```
country: usa AND language: spanish
```

再舉一個例子，假設你對緯度和經度進行分箱，獲得單獨的獨熱 5 元素特徵向量。例如，一個特定的緯度和經度可以表示如下：

```
binned_latitude = [0, 0, 0, 1, 0]
 binned_longitude = [0, 1, 0, 0, 0]
```

假設我們創建了這兩個特徵向量的特徵交叉：

```
binned_latitude X binned_longitude
```

此特徵交叉是一個 25 元素獨熱向量（24 個 0 和 1 個 1）。該交叉組合中的唯一一個 1 表示緯度與經度的連接。然後，我們就可以了解關於這種連接的特定關聯性。假設我們更粗略的對緯度和經度進行分箱，如下所示：

```
binned_latitude(lat) = [
  0 < lat <= 10
  10 < lat <= 20
  20 < lat <= 30
]
binned_longitude(lon) = [
  0 < lon <= 15
  15 < lon <= 30
]
```

針對上述這些分箱創建特徵交叉會生成具有以下含義的合成特徵：

```
binned_latitude_X_longitude(lat, lon) = [
  0 < lat <= 10 AND 0 < lon <= 15
  0 < lat <= 10 AND 15 < lon <= 30
  10 < lat <= 20 AND 0 < lon <= 15
  10 < lat <= 20 AND 15 < lon <= 30
  20 < lat <= 30 AND 0 < lon <= 15
  20 < lat <= 30 AND 15 < lon <= 30
]
```

現在，假設我們的模型需要根據以下兩個特徵來預測狗主人對狗的滿意程度：

```
behavior type（吠叫、叫、偎依等）
Time of day（時段）
```

如果我們根據這兩個特徵建構以下特徵交叉：

```
[behavior type X time of day]
```

最終獲得的預測能力將遠遠超過任一特徵單獨的預測能力。例如，如果狗在下午 5 點主人下班回來時（快樂的）叫喊，我們可以預測主人滿意度是很正面的。如果狗在凌晨 3 點主人熟睡時（也許痛苦的）哀叫，我們可以預測主人滿意度是很負面的。

總之，線性學習器可以很好的擴展到大量資料。在大規模資料集上使用特徵交叉是學習高度複雜模型的一種有效策略。神經網路可提供另一種策略。

9.1.2 FTRL 實踐

我們還是使用加州房價這個樣本資料集。裝載資料和創建訓練集／驗證集的程式碼與 8.4.7 節一樣。在下面的程式碼中，我們將原來的 SGD 梯度下降訓練學習器換成了 FTRL（Follow-The-Regularized-Leader）訓練學習器。

FTRL 是對每一維分開訓練更新的，每一維使用的是不同的學習速率（步長）。與所有特徵維度使用統一的學習速率相比，這種方法考慮了訓練樣本本身在不同特徵上分布的不均勻性，如果某一個維度特徵的訓練樣本很少，每一個樣本都很珍貴，那麼該特徵維度對應的訓練速率可以獨自保持比較大的值，每來一個包含該特徵的樣本，就可以在該樣本的梯度上前進一大步，而不需要與其他特徵維度的前進步調強行保持一致。

訓練模型程式碼如下，要注意的是，我們在使用 FtrlOptimizer：

```
def train_model(
    learning_rate,
    steps,
    batch_size,
```

```
    feature_columns,
    training_examples,
    training_targets,
    validation_examples,
    validation_targets):
""" Trains a linear regression model.

In addition to training, this function also prints training progress information,
as well as a plot of the training and validation loss over time.

Args:
    learning_rate: A `float`, the learning rate.
steps: A non-zero `int`, the total number of training steps. A training step
    consists of a forward and backward pass using a single batch.
feature_columns: A `set` specifying the input feature columns to use.
training_examples: A `DataFrame` containing one or more columns from
    `california_housing_dataframe` to use as input features for training.
training_targets: A `DataFrame` containing exactly one column from
    `california_housing_dataframe` to use as target for training.
validation_examples: A `DataFrame` containing one or more columns from
    `california_housing_dataframe` to use as input features for validation.
validation_targets: A `DataFrame` containing exactly one column from
    `california_housing_dataframe` to use as target for validation.

Returns:
    A `LinearRegressor` object trained on the training data.
"""
periods = 10
steps_per_period = steps / periods
# Create a linear regressor object.
my_optimizer = tf. train. FtrlOptimizer(learning_rate=learning_rate)
my_optimizer = tf. contrib. estimator. clip_gradients_by_norm(my_optimizer, 5.0)
```

```
linear_regressor = tf. estimator. LinearRegressor(
   feature_columns=feature_columns,
   optimizer=my_optimizer
)
training_input_fn = lambda: my_input_fn(training_examples,
                                 training_targets[" median_house_value"],
                                 batch_size=batch_size)
predict_training_input_fn = lambda: my_input_fn(training_examples,
training_targets[" median_house_value"],
                                 num_epochs=1,
                                 shuffle=False)
predict_validation_input_fn = lambda: my_input_fn(validation_examples,
validation_targets[" median_house_value"],
                                 num_epochs=1,
                                 shuffle=False)
# Train the model, but do so inside a loop so that we can periodically assess
# loss metrics.
print " Training model..."
print " RMSE (on training data):"
training_rmse = []
validation_rmse = []
for period in range (0, periods):
   # Train the model, starting from the prior state.
   linear_regressor. train(
      input_fn=training_input_fn,
      steps=steps_per_period
   )
   # Take a break and compute predictions.
   training_predictions =
linear_regressor. predict(input_fn=predict_training_input_fn)
   training_predictions = np. array([item[' predictions'][0] for item in
training_predictions])
```

```
  validation_predictions =
linear_regressor. predict(input_fn=predict_validation_input_fn)
  validation_predictions = np. array([item[' predictions'][0] for item in
validation_predictions])

# Compute training and validation loss.
training_root_mean_squared_error = math. sqrt(
    metrics. mean_squared_error(training_predictions, training_targets))
validation_root_mean_squared_error = math. sqrt(
    metrics. mean_squared_error(validation_predictions, validation_targets))
# Occasionally print the current loss.
print " period %02d : %0.2f" % (period, training_root_mean_squared_error)
# Add the loss metrics from this period to our list.
training_rmse. append(training_root_mean_squared_error)
validation_rmse. append(validation_root_mean_squared_error)
print " Model training finished."

# Output a graph of loss metrics over periods.
plt. ylabel(" RMSE")
plt. xlabel(" Periods")
plt. title(" Root Mean Squared Error vs. Periods")
plt. tight_layout()
plt. plot(training_rmse, label=" training")
plt. plot(validation_rmse, label=" validation")
plt. legend()
return linear_regressor
```

下面我們進行訓練：

```
= train_model(
  learning_rate=1.0,
  steps=500,
  batch_size=100,
```

```
feature_columns=construct_feature_columns(training_examples),
training_examples=training_examples,
training_targets=training_targets,
validation_examples=validation_examples,
validation_targets=validation_targets)
```

結果如圖 9-3、圖 9-4 所示。

```
Training model...
RMSE (on training data):
  period 00 : 139.43
  period 01 : 114.77
  period 02 : 187.46
  period 03 : 174.08
  period 04 : 138.04
  period 05 : 151.82
  period 06 : 125.63
  period 07 : 129.71
  period 08 : 117.78
  period 09 : 139.91
Model training finished.
```

圖 9-3　訓練資料

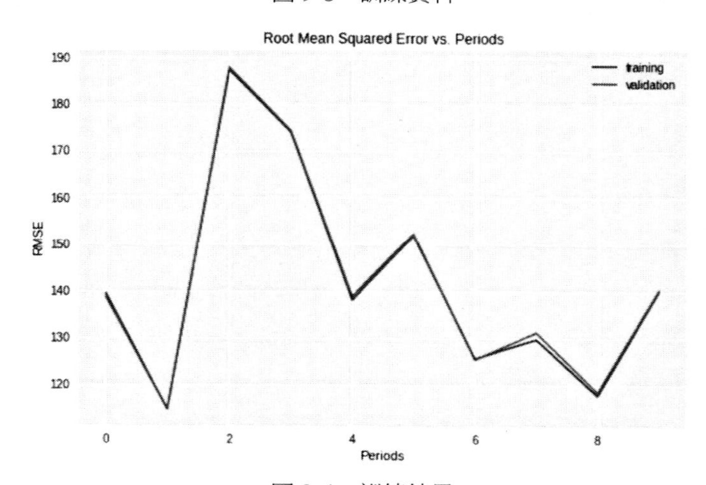

圖 9-4　訓練結果

9.1.3　分桶（分箱）程式碼實例

分桶也稱為分箱。例如，我們可以將population分為以下3個分桶。

·bucket_0（＜ 5000）：對應於人口分布較少的街區。

·bucket_1（5000 － 25000）：對應於人口分布適中的街區。

·bucket_2（＞ 25000）：對應於人口分布較多的街區。

根據前面的分桶定義，以下 population 向量：

```
[[10001], [42004], [2500], [18000]]
```

將變成以下經過分桶的特徵向量：

```
[[1], [2], [0], [1]]
```

這些特徵值現在是分桶索引。請注意，這些索引被視為離散特徵。通常情況下，這些特徵將被進一步轉換為獨熱編碼表示，但這是以透明方式實現的。要為分桶特徵定義特徵列，我們可以使用 bucketized_ column（而不是使用 numeric_ column），bucketized_ column 將數字列作為輸入，並使用 boundaries 參數中指定的分桶邊界將其轉換為分桶特徵。以下程式碼為 households 和 longitude 定義了分桶特徵列。get_ quantile_ based_ boundaries函數會根據分位數（quantile）運算邊界（boundaries），以便每個分桶包含相同數量的元素。

```
def get_quantile_based_boundaries(feature_values, num_buckets):
  boundaries = np. arange(1.0, num_buckets) / num_buckets
  quantiles = feature_values. quantile(boundaries)
  return [quantiles[q] for q in quantiles. keys()]

# Divide households into 7 buckets.
households = tf. feature_column. numeric_column(" households")
bucketized_households = tf. feature_column. bucketized_column(
```

```
    households, boundaries=get_quantile_based_boundaries(
      california_housing_dataframe[" households"], 7))

# Divide longitude into 10 buckets.
longitude = tf. feature_column. numeric_column(" longitude")
bucketized_longitude = tf. feature_column. bucketized_column(
    longitude, boundaries=get_quantile_based_boundaries(
      california_housing_dataframe[" longitude"], 10))
```

在前面的程式碼塊中，兩個實值列（即 households 和 longitude）已被轉換為分桶特徵列。剩下的任務是對其餘的列進行分桶，然後運行程式碼來訓練模型。我們使用了分位數技巧，透過這種方式選擇分桶邊界後，每個分桶將包含相同數量的樣本。

```
def construct_feature_columns():
  """ Construct the TensorFlow Feature Columns.

Returns:
  A set of feature columns
"""
households = tf. feature_column. numeric_column(" households")
longitude = tf. feature_column. numeric_column(" longitude")
latitude = tf. feature_column. numeric_column(" latitude")
housing_median_age = tf. feature_column. numeric_column(" housing_median_
age")
median_income = tf. feature_column. numeric_column(" median_income")
rooms_per_person = tf. feature_column. numeric_column(" rooms_per_person")

# Divide households into 7 buckets.
bucketized_households = tf. feature_column. bucketized_column(
  households, boundaries=get_quantile_based_boundaries(
    training_examples[" households"], 7))
```

```
# Divide longitude into 10 buckets.
bucketized_longitude = tf. feature_column. bucketized_column(
  longitude, boundaries=get_quantile_based_boundaries(
    training_examples[" longitude"], 10))

# Divide latitude into 10 buckets.
bucketized_latitude = tf. feature_column. bucketized_column(
  latitude, boundaries=get_quantile_based_boundaries(
    training_examples[" latitude"], 10))

# Divide housing_median_age into 7 buckets.
bucketized_housing_median_age = tf. feature_column. bucketized_column(
  housing_median_age, boundaries=get_quantile_based_boundaries(
    training_examples[" housing_median_age"], 7))

# Divide median_income into 7 buckets.
bucketized_median_income = tf. feature_column. bucketized_column(
  median_income, boundaries=get_quantile_based_boundaries(
    training_examples[" median_income"], 7))

# Divide rooms_per_person into 7 buckets.
bucketized_rooms_per_person = tf. feature_column. bucketized_column(
  rooms_per_person, boundaries=get_quantile_based_boundaries(
    training_examples[" rooms_per_person"], 7))

feature_columns = set([
  bucketized_longitude,
  bucketized_latitude,
  bucketized_housing_median_age,
  bucketized_households,
  bucketized_median_income,
```

```
    bucketized_rooms_per_person])

  return feature_columns
```

分桶後，開始訓練模型：

```
_ = train_model(
    learning_rate=1.0,
    steps=500,
    batch_size=100,
    feature_columns=construct_feature_columns(),
    training_examples=training_examples,
    training_targets=training_targets,
    validation_examples=validation_examples,
    validation_targets=validation_targets)
```

運行結果如圖 9-5、圖 9-6 所示。

```
Training model...
RMSE (on training data):
  period 00 : 169.90
  period 01 : 143.48
  period 02 : 126.97
  period 03 : 115.86
  period 04 : 108.04
  period 05 : 102.22
  period 06 : 97.78
  period 07 : 94.34
  period 08 : 91.42
  period 09 : 89.05
Model training finished.
```

圖 9-5　訓練資料

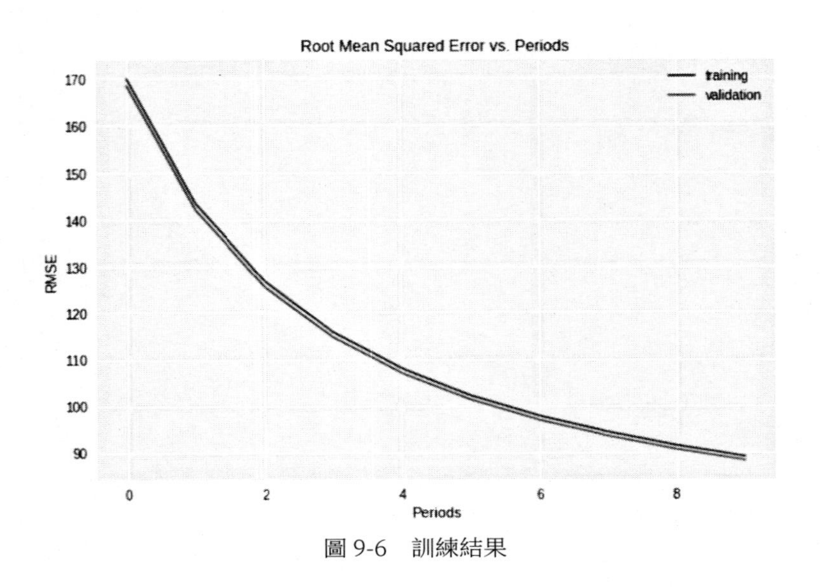

圖 9-6　訓練結果

9.1.4　特徵交叉程式碼實例

交叉組合的兩個（或更多個）特徵是使用線性模型來學習非線性關係的一種聰明做法。在我們的例子中，如果只使用 latitude 特徵進行學習，那麼該模型可能會發現在一個特定緯度（或在一個特定緯度範圍內，因為我們已經將其分桶）的城市街區更可能比其他街區住房成本高昂。longitude 特徵的情況與此類似。但是，如果我們將 longitude 與 latitude 交叉組合，那麼產生的交叉組合特徵則代表一個明確的城市街區。如果模型發現某些城市街區（位於特定緯度和經度範圍內）更可能比其他街區住房成本高昂，那麼就是比單獨使用兩個特徵更合適。

目前，特徵列 API 僅支援交叉組合離散特徵。如果要組合兩個連續的值（比如 latitude 或 longitude），我們可以對其進行分桶。如果交叉組合 latitude 和 longitude 特徵（例如，longitude 被分到 2 個分桶中，而 latitude 有 3 個分桶），那麼我們實際上會得到 6 個交叉組合的二值特徵（binary feature）。當我們訓練模型時，每個特徵都會分別獲得自己的權重。

下面在模型中添加 longitude 與 latitude 的特徵組合，訓練模型，然後確定結果是否有所改善。我們使用 TensorFlow API 的 crossed_ column() 來交叉組合建構特徵列。hash_ bucket_ size 設為 1,000。

```
def construct_feature_columns():
""" Construct the TensorFlow Feature Columns.

Returns:
  A set of feature columns
"""
households = tf. feature_column. numeric_column(" households")
longitude = tf. feature_column. numeric_column(" longitude")
latitude = tf. feature_column. numeric_column(" latitude")
housing_median_age = tf. feature_column. numeric_column(" housing_median_
age")
median_income = tf. feature_column. numeric_column(" median_income")
rooms_per_person = tf. feature_column. numeric_column(" rooms_per_person")

# Divide households into 7 buckets.
bucketized_households = tf. feature_column. bucketized_column(
  households, boundaries=get_quantile_based_boundaries(
    training_examples[" households"], 7))

# Divide longitude into 10 buckets.
bucketized_longitude = tf. feature_column. bucketized_column(
  longitude, boundaries=get_quantile_based_boundaries(
```

```
        training_examples[" longitude"], 10))

# Divide latitude into 10 buckets.
bucketized_latitude = tf. feature_column. bucketized_column(
    latitude, boundaries=get_quantile_based_boundaries(
        training_examples[" latitude"], 10))

# Divide housing_median_age into 7 buckets.
bucketized_housing_median_age = tf. feature_column. bucketized_column(
    housing_median_age, boundaries=get_quantile_based_boundaries(
        training_examples[" housing_median_age"], 7))

# Divide median_income into 7 buckets.
bucketized_median_income = tf. feature_column. bucketized_column(
    median_income, boundaries=get_quantile_based_boundaries(
        training_examples[" median_income"], 7))

# Divide rooms_per_person into 7 buckets.
bucketized_rooms_per_person = tf. feature_column. bucketized_column(
    rooms_per_person, boundaries=get_quantile_based_boundaries(
        training_examples[" rooms_per_person"], 7))

# Make a feature column for the long_x_lat feature cross
long_x_lat = tf. feature_column. crossed_column(
set([bucketized_longitude, bucketized_latitude]), hash_bucket_size=1000)
feature_columns = set([
    bucketized_longitude,
    bucketized_latitude,
    bucketized_housing_median_age,
    bucketized_households,
    bucketized_median_income,
    bucketized_rooms_per_person,
```

```
    long_x_lat])
return feature_columns
```

開始訓練模型：

```
= train_model(
    learning_rate=1.0,
    steps=500,
    batch_size=100,
    feature_columns=construct_feature_columns(),
    training_examples=training_examples,
    training_targets=training_targets,
    validation_examples=validation_examples,
    validation_targets=validation_targets)
```

結果如圖 9-7、圖 9-8 所示。

```
Training model...
RMSE (on training data):
  period 00 : 162.70
  period 01 : 134.54
  period 02 : 117.50
  period 03 : 106.27
  period 04 : 98.40
  period 05 : 92.55
  period 06 : 88.21
  period 07 : 84.75
  period 08 : 82.01
  period 09 : 79.73
Model training finished.
```

圖 9-7　訓練資料

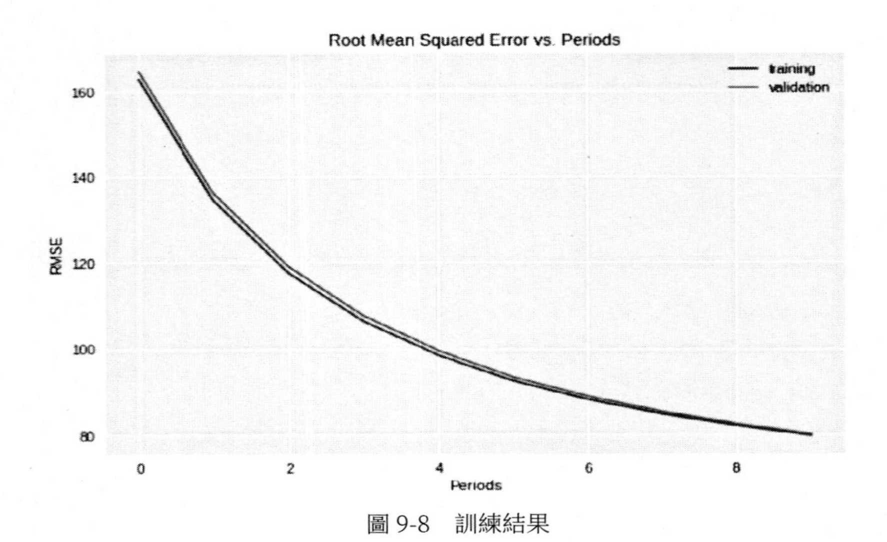

圖 9-8　訓練結果

9.2　L2 正則化

正則化在機器學習領域很重要，主要是針對模型過擬合問題而提出來的。在前面的章節中，我們一直在探討如何讓訓練誤差降至最低。對於正則化，簡單來說，就是不要過於信賴訓練樣本。如圖 9-9 所示，從過擬合曲線可以看出：隨著進行越來越多次疊代，訓練誤差會減少，越來越少，並一直減少。

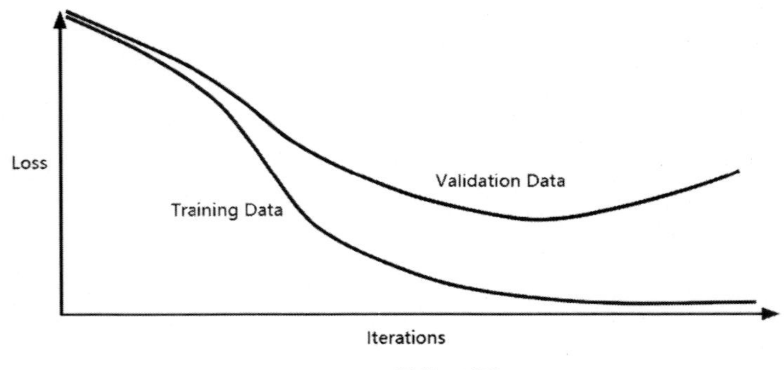

圖 9-9　疊代示例

訓練資料（Training Data）曲線會不斷下降，最終它會在某種程度上收斂於底端。但實際上驗證資料（Validation Data）曲線開始上升。驗證資料是我們真正要關注的。儘管我們在對訓練樣本進行訓練，但想要泛化到新的樣本，也就是測試樣本。我們希望將樣本的損失控制在較低的範圍。那麼如何抑制驗證資料曲線上升呢？這表示什麼情況呢？首先說明出現了過擬合。我們在處理訓練資料樣本方面做得很好，開始在某種程度上過擬合訓練資料樣本的一些獨特資料。

那麼該如何處理過擬合呢？我們可以透過正則化來避免過擬合。正則化有很多不同的策略。其中一種策略是「早停法」，也就是在訓練資料的效果實際收斂前停止訓練。儘量抵達驗證資料曲線的底端，這是一種常用策略，但實際操作起來可能有些困難。其他正則化策略包括嘗試添加模型複雜度懲罰項。我們可以在模型訓練期間添加模型複雜度懲罰項。

在這之前，我們的訓練僅專注於一個重要方面，也就是獲取正確的訓練樣本，最大程度的減少經驗風險，即經驗風險最小化：

$$\text{minimize}(\text{Loss}(\text{Data}|\text{Model}))$$

現在引入第二項以對模型複雜度進行懲罰：

$$\text{minimize}(\text{Loss}(\text{Data}|\text{Model}) + \text{complexity}(\text{Model}))$$

這稱為結構風險最小化（structural risk minimization）。我們要平衡這兩個關鍵因素（誤差和複雜度），確保獲取正確的訓練資料，但又不過度信賴訓練資料以免使模型過於複雜。那麼，如何定義模型複雜度呢？我們可以採用多種方法。一種常見的策略是定義一個基於所有特徵權重的函數。這個方法是儘量選擇較小的權重，也就是使參數盡可能小，同時仍能獲取正確的訓練樣本。換句話說，權重越高，複雜度越高。

我們使用 L2 正則化公式來量化模型的複雜度：

$$L_2 \text{ regularization term} = ||\boldsymbol{w}||_2^2 = w_1^2 + w_2^2 + \ldots + w_n^2$$

上面定義了一個正則項（regularization term），它是所有權重的平方和，用於衡量模型複雜度。在上面的公式中，如果權重非常小（比如趨近於 0），那麼對複雜度的影響很小。離群值（outlier）的權重一般對複雜度影響大。假定我們有以下權重的線性模型：

$$\{w_1 = 0.2, w_2 = 0.5, w_3 = 5, w_4 = 1, w_5 = 0.25, w_6 = 0.75\}$$

那麼：

$$\begin{aligned} &\omega_1^2 + \omega_2^2 + \omega_3^2 + \omega_4^2 + \omega_5^2 + \omega_6^2 \\ =&0.2^2 + 0.5^2 + 5^2 + 1^2 + 0.25^2 + 0.75^2 \\ =&0.04 + 0.25 + 25 + 1 + 0.0625 + 0.5625 \\ =&26.915 \end{aligned}$$

所以，L2 正則化項為 26.915。在上面的貢獻度上，我們發現 w_3 是 25，基本上貢獻了最多的複雜度。目前，我們在訓練最佳化方面添加了兩項：第一項是訓練誤差，取決於訓練資料；第二項是模型複雜度。第二項與資料無關，只是要簡化模型。在實際使用中，我們把這兩項透過 lambda 實現了平衡，公式如下：

$$\text{minimize}(\text{Loss}(\text{Data}|\text{Model}) + \lambda\ \text{complexity}(\text{Model}))$$

lambda 是一個係數，也叫 regularization rate（正則率）。這代表我們對獲取正確樣本（越正確，訓練誤差越小，越擬合）與簡化模型的關注程度之比，增加 lambda 值則會加強正則化效果。一般而言，如果我們有大量的訓練資料，訓練資料和測試資料看起來一致，並且統計情況呈現獨立同分布，那麼可能不需要進行多少正則化。如果訓練資料不多，或者訓練資料與測試資料有所不同，那麼可能需要進行大量正則化。我們可能需要利用交叉驗證，或使用單獨的測試集進行調整。

如果 lambda 過高，那麼模型相對簡單，這時會發生欠擬合資料的風險。如果 lambda 過低，那麼模型可能變得過於複雜，這時會發生過擬合資料的風險。這時，模型過於擬合訓練資料，但不能泛化到新的資料上。最理想的 lambda 的值是使得模型能夠良好的泛化到新資料上。當然，理想值是依賴於資料的，需要多次調試來獲得。總之，正則化主要是用來降低過擬合的，減少過擬合的其他方法有增加訓練集數量等。對於資料集有限的情況，防止過擬合就是降低模型的複雜度，這就是正則化。

9.3 邏輯迴歸

邏輯迴歸（Logistic Regression，LR）模型其實僅在線性迴歸的基礎上套用了一個邏輯函數，但也由於這個邏輯函數，使得邏輯迴歸模型成為機器學習領域一顆耀眼的明星。在迴歸模型中，y 是一個定性變量，比如 y ＝ 0 或 1，邏輯迴歸主要應用於研究某些事件發生的機率。比如，如何預測硬幣拋出後硬幣正面朝上的機率？機率為 0 到 1 之間的值。這就是邏輯迴歸。這是一種非常實用的預測方法，我們經常將這種方法映射到分類任務上，比如想確定某封電子郵件是否是垃圾郵件。整體來說，邏輯迴歸的用途如下。

- 預測：根據模型，預測在不同自變量的情況下，發生某種疾病或某種情況的機率有多大。
- 判別：實際上跟預測有些類似，也是根據模型，判斷某人屬於某種疾病或屬於某種情況的機率有多大，也就是看一下這個人有多大的可能性屬於某種疾病或某種情況。

邏輯迴歸分析非常有用。以胃癌病情分析為例，選擇兩組人群，一組是胃癌組，另一組是非胃癌組，兩組人群必定具有不同的體徵與生活方式等。因此，因變量就為是否患有胃癌，值為「是」或「否」，自變量就可以包括很多了，如年齡、性別、飲食習慣、幽門螺旋桿菌感染等。自變量既可以是連續的，也可以是分類的。然後透過邏輯迴歸分析，可以得到自變量的權重，從而可以大致了解到底哪些因素是導致胃癌的危險因素。同時，透過該權值可以根據危險因素預測一個人患癌症的可能性。

邏輯迴歸中的邏輯函數（或稱為 Sigmoid 函數）的形式為：

$$y = \frac{1}{1 + e^{-z}}$$

它對應的圖形如圖 9-10 所示。

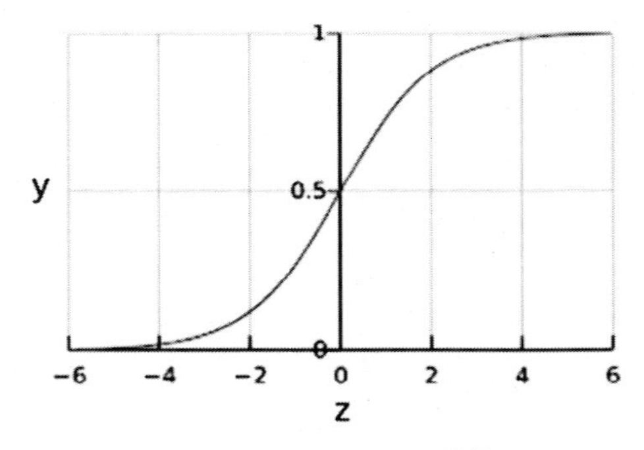

圖 9-10　Sigmoid 函數

上述函數可以提供 0 ～ 1 的有界值，兩邊有漸近線。其中，$z = b + w_1x_1 + w_2x_2 + \ldots\ldots + w_Nx_N$。w 是模型權重，b 是偏差，x 是特徵變量。所以，圖 9-10 也可以描述為如圖 9-11 所示的曲線。

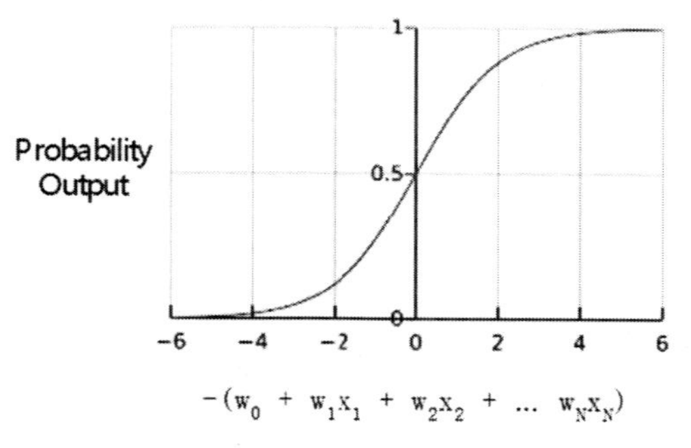

圖 9-11　Sigmoid 函數

從數學的角度，我們還可以得出如下公式：

$$y' = \frac{1}{1+e^{-(1)}} = 0.731$$

下面我們來看一個例子。假定有一個邏輯迴歸模型，它有三個特徵變量，權重和偏差是 b = 1，w_1 = 2，w_2 = -1，w_3 = 5。假定我們有一個樣本資料進來： x_1 = 0，x_2 = 10，x_3 = 2。那麼，我們可以運算出 z = （1）＋（2）（0）＋（-1）（10）＋（5）（2）＝ 1。

$$y' = \frac{1}{1+e^{-(1)}} = 0.731$$

所以，機率為 73.1%，如圖 9-12 所示。

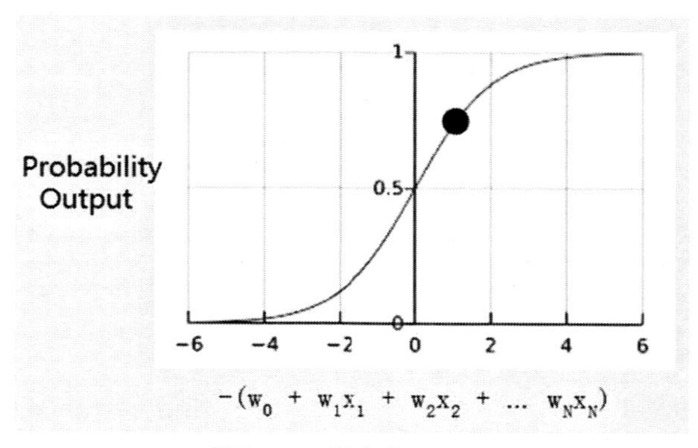

圖 9-12　機率為 73.1%

在訓練時，我們使用的是不同的誤差函數。線性迴歸用的是平方損失。而邏輯迴歸使用的是對數誤差函數：

$$\text{Log Loss} = \sum_{(x,y)\in D} -y\log(y') - (1-y)\log(1-y')$$

其中，(x，y) 屬於資料集，包含很多已經標籤了的樣本資料，y 是標籤，0 或 1。對於給定的 x，y'是預測值，在 0 和 1 之間。如果你仔細看這個公式就會發現，它看起來很像 Shannon 資訊論中的熵測量。上述對數誤差函數的圖形如圖 9-13 所示（如果不好理解這個數學公式，看懂圖就行了）。

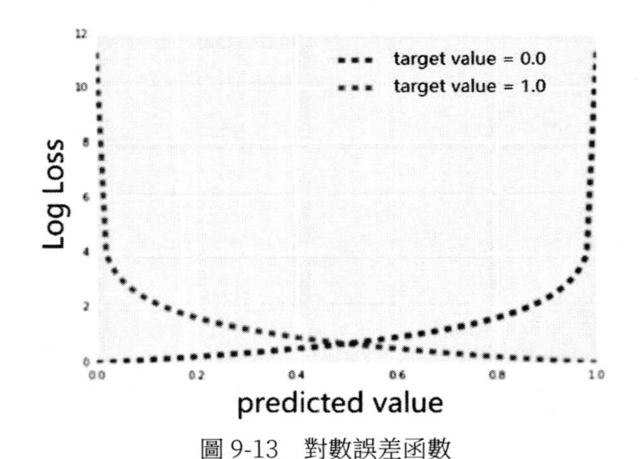

圖 9-13　對數誤差函數

圖 9-13 表示，越接近其中一個條線，誤差就會變得越大，而且變化速度也非常驚人。我們看到了漸近線的作用。由於這些漸近線的存在，我們需要將正則化納入機器學習中。否則，在指定的資料集上，模型可能會儘量更緊密的擬合資料，努力讓這些誤差接近 0。L2 正則化在這裡會非常有用，它可以確保權重不會嚴重失衡。

線性邏輯迴歸很流行，它的速度非常快，能夠非常高效能的進行訓練和預測。因此，如果我們需要一種方法來很好的擴展到大量的資料，或者需要將某種方法用於延遲時間極短的預測，那麼線性邏輯迴歸可謂是理想之選。如果我們需要使用非線性邏輯迴歸，則可以透過添加特徵交叉乘積來實現。

9.4 分類

分類（Classification）是一種重要的資料挖掘演算法。分類的目的是構造一個分類函數或分類模型（即分類器），透過分類器將資料對象映射到某一個給定的類別中。分類器的主要評價指標有精確率（Precision）、召回率（Recall）、準確率（Accuracy）、ROC、AOC等。

我們想利用機器學習模型進行分類，比如郵件是不是垃圾郵件。在 9.3 節中，我們可以將邏輯迴歸用作分類的基礎。例如，郵件為垃圾郵件的機率超過 0.8，我們可能就會將其標記為垃圾郵件。0.8 就是分類閾值（classification threshold）。那麼，選定分類閾值之後，如何評估相應模型的品質呢？

評估分類效果的一種傳統方式是使用準確率，它指的是正確結果數除以總數，就是正確結果所占的百分比。值得注意的是，雖然準確率是一種非常直覺且廣泛使用的指標，但它也有一些重大缺陷。如果問題中存在類別不平衡的情況，那麼準確率指標的效果就會大打折扣。假設有一個用於展示廣告的廣告點擊率的預測模型，我們要嘗試使用準確率指標來評估此模型的品質。對於展示廣告，點擊率通常為千分之一、萬分之一，甚至更低。因此，可能存在這樣一個模型，這個模型只有一個始終預測「假」的偏差特徵。這個始終預測「假」的模型預測的準確率為 99.999%，但這毫無意義。顯然，準確率並不適用於這種情況。

我們再看一個例子，雖然準確率確實是一個很好、很直覺的評價指標，但是有時候準確率高並不能代表一個演算法就好。比如某個地區某天地震的預測，假設有一堆的特徵作為地震分類的屬性，類別只有兩個，即 0：不發生地震；1：發生地震。一個不加思考的分類器，對每一個測試用例都將類別劃分為 0，那麼它就可能達到 99% 的準確率，但真的地震來臨時，這個分類器毫無察覺，這個分類帶來的損失是龐大的。為什麼 99% 準確率的分類器卻不是我們想要的，因為這裡資料的分布不均衡，類別 1 的資料太少，完全錯分類別 1 依然可以達到很高的準確率，卻忽視了我們關注的東西。接下來詳細介紹一下分類演算法的評價指標。

9.4.1　評價指標——準確率

我們首先介紹幾個常見的模型評價術語。假設我們的分類目標只有兩類，即正例（Positive）和負例（Negative），分別如下。

- True Positives（TP）：被正確的劃分為正例的個數，即實際為正例且被分類器劃分為正例的實例數（樣本數）。
- False Positives（FP）：被錯誤的劃分為正例的個數，即實際為負例但被分類器劃分為正例的實例數。
- False Negatives（FN）：被錯誤的劃分為負例的個數，即實際為正例但被分類器劃分為負例的實例數。
- True Negatives（TN）：被正確的劃分為負例的個數，即實際為負例且被分類器劃分為負例的實例數。

這裡只要記住 True、False 描述的是分類器是否判斷正確，Positive、Negative 是分類器的分類結果。為了幫助大家理解，我們使用「狼來了」這則故事。假定「狼來了」是正類（Positive Class），那麼「狼沒來」就是負類（Negative Class）。小男孩是一個牧童，狼來到鎮上，如果他正確的指出來，就是真正例。他看到了狼並說「狼來了」。真正例對應的結果是小鎮的羊得救，這很好。假正例則是小男孩說「狼來了」，但其實並沒有狼。這就是假正例，這會令所有人非常惱火。假負例的後果可能更嚴重。假負例對應的情形是，狼來了而小男孩睡著了或沒看到，狼進入小鎮並吃掉了所有的羊。這可真的太慘了。真負例對應的情形是小男孩沒喊「狼來了」，狼也確實沒出現，一切安好。以上可以總結為如圖 9-14 所示的 4 種情況。

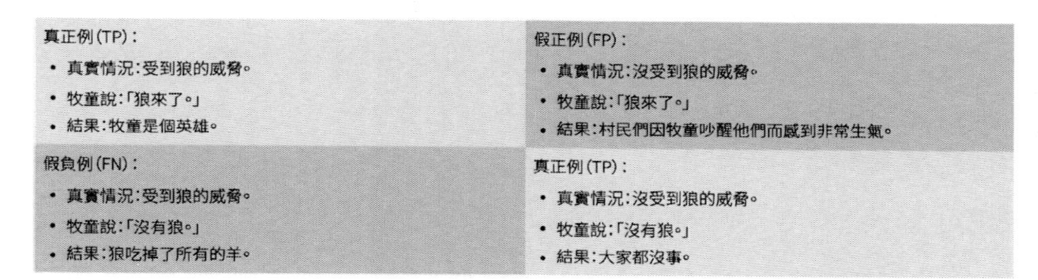

圖 9-14 「狼來了」模型的 4 種情況

我們可以將這些預期情況組合成幾個不同的指標。準確率（Accuracy）是我們最常見的評價指標，Accuracy ＝ (TP ＋ TN) ／所有樣本數，這個很容易理解，就是被分對的樣本數除以所有的樣本數。通常來說，準確率越高，分類器越好。所有樣本數＝ TP ＋ FP ＋ FN ＋ TN。下面試著運算一下圖 9-15 中模型的準確率，該模型將 100 個腫瘤分為惡性（正類別）或良性（負類別）。

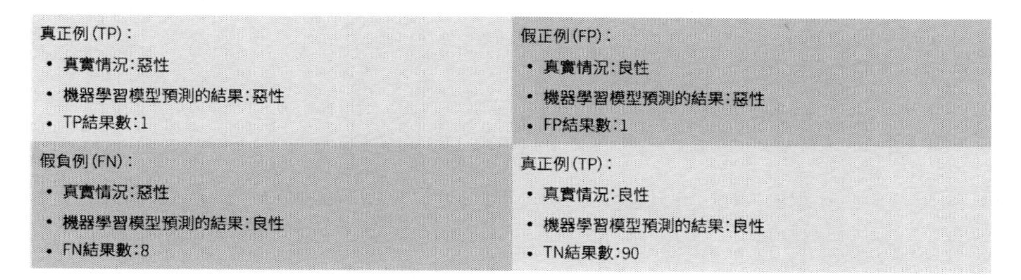

圖 9-15 腫瘤模型的 4 種情況

$$\text{Accuracy} = \frac{TP + TN}{TP + TN + FP + FN} = \frac{1 + 90}{1 + 90 + 1 + 8} = 0.91$$

準確率為 0.91，即 91%（總共 100 個樣本中有 91 個預測正確）。這表示腫瘤分類器在辨識惡性腫瘤方面表現得非常出色，對嗎？實際上，只要我們仔細分析一下正類別和負類別，就可以更好的了解模型的效果。在 100 個腫瘤樣本中，91 個為良性（90 個 TN 和 1 個 FP），9 個為惡性（1 個 TP 和 8 個 FN）。在 91 個良性腫瘤中，該模型將 90 個正確辨識為良性。這很好。不過，在 9 個惡性腫瘤中，該模型僅將 1 個正確辨識為惡性。這是多麼可怕的結果！ 9 個惡性腫瘤中有 8 個未被診斷出來！

雖然 91% 的準確率可能乍一看還不錯，但如果另一個腫瘤分類器模型總是預測良性，那麼這個模型使用我們的樣本進行預測也會實現相同的準確率（100 個中有 91 個預測正確）。換言之，我們的模型與那些沒有預測能力來區分惡性腫瘤和良性腫瘤的模型差不多。

當你使用分類不平衡的資料集（比如正類別標籤和負類別標籤的數量之間存在明顯差異）時，單單準確率一項並不能反映全面情況。所以，我們需要兩個能夠更好的評估分類不平衡問題的指標：精確率和召回率。

9.4.2　評價指標——精確率

精確率（precision）指標嘗試回答以下問題：在被辨識為正類別的樣本中，確實為正類別的比例是多少？以前面的狼來了例子為例，這個參數的意思是我們是否說「狼來了」太多了。在小男孩說「狼來了」的情況中，有多少次是對的？他說「狼來了」的精確率如何？

精確率的定義如下：

$$\text{Precision} = \frac{TP}{TP + FP}$$

從上面公式看出，如果模型的預測結果中沒有假正例，則模型的精確率為 1.0。讓我們來運算一下上一部分中用於分析腫瘤的機器學習模型的精確率：

$$\text{精確率} = \frac{\text{TP}}{\text{TP+FP}} = \frac{1}{1+1} = 0.5$$

該模型的精確率為 0.5，也就是說，該模型在預測惡性腫瘤方面的精確率是 50%。

9.4.3 指標——召回率

回答問題：在所有正類別樣本中，被正確辨識為正類別的比例是多少？以前面的「狼來了」為例，這個參數的意思是我們錯過了多少「狼來了」。召回率指標則是指在所有試圖進入村莊的狼中，我們發現了多少頭？從數學上講，召回率的定義如下：

$$\text{召回率} = \frac{TP}{TP + FN}$$

從上面的公式看出，如果模型的預測結果中沒有假負例，則模型的召回率為 1.0。讓我們運算一下腫瘤分類器的召回率：

$$\text{召回率} = \frac{TP}{TP + FN} = \frac{1}{1 + 8} = 0.11$$

該模型的召回率是 0.11，也就是說，該模型能夠正確辨識出所有惡性腫瘤的百分比是 11%。

比如前面講的地震預測，沒有誰能準確預測地震的發生，但我們能容忍一定程度的誤報，假設 1,000 次預測中，有 5 次預測為發現地震，其中一次真的發生了地震，而其他 4 次為誤報，那麼準確率從原來的 999 ／ 1000×100% ＝ 99.9% 下降到 996 ／ 1000×100% ＝ 99.6%，但召回率從 0 ／ 1×100% ＝ 0% 上升為 1 ／ 1×100% ＝ 100%，這樣雖然謊報了幾次地震，但真的地震來臨時，我們沒有錯過，這樣的分類器才是我們想要的，在一定準確率的前提下，我們要求分類器的召回率盡可能高。

9.4.4　評價指標之綜合考慮

要全面評估模型的有效性，必須同時檢查精確率和召回率。遺憾的是，精確率和召回率往往是此消彼長的情況。也就是說，提高精確率通常會降低召回率。這是因為，如果我們希望在召回率方面做得更好，那麼即使只是聽到灌木叢中傳出一點點聲響，小孩也說「狼來了」。但是，如果我們希望非常精確，那麼正確的做法是只在完全確定時才說「狼來了」。前一種做法會降低分類閾值，後一種做法會提高分類閾值。怎麼在這兩個方面都做好非常重要。這也意味著，每當有人告訴你精確率是多少時，還需要問召回率是多少，然後才能評價模型的優劣。我們再來看幾個例子。圖 9-16 顯示了電子郵件分類模型做出的 30 項預測。分類閾值右側的被歸類為「垃圾郵件」，左側的則被歸類為「非垃圾郵件」。我們選擇特定的分類閾值後，精確率和召回率值便都可以確定。

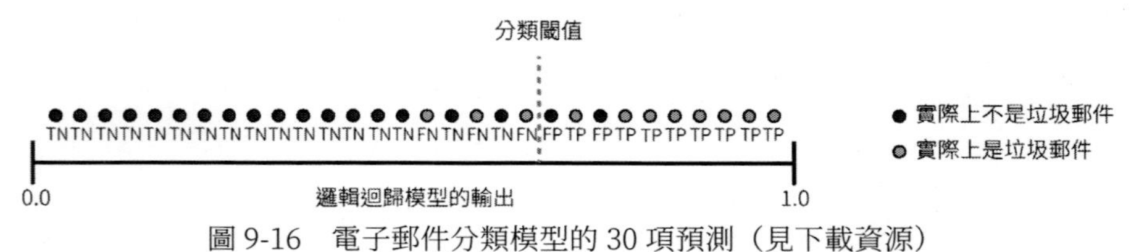

圖 9-16　電子郵件分類模型的 30 項預測（見下載資源）

根據圖 9-16 所示的結果來運算精確率和召回率，4 種情況如圖

9-17 所示。

真正例(TP)：8	假正例(FP)：2
假負例(FN)：3	真負例(TN)：17

圖 9-17　四種情況

精確率指的是被標記為垃圾郵件的電子郵件中正確分類的電子郵件所占的百分比，即圖中閾值線右側的綠點所占的百分比：

$$\text{Precision} = \frac{TP}{TP + FP} = \frac{8}{8+2} = 0.8$$

召回率指的是實際垃圾郵件中正確分類的電子郵件所占的百分比，即圖中閾值線右側的綠點所占的百分比：

$$\text{Recall} = \frac{TP}{TP + FN} = \frac{8}{8+3} = 0.73$$

下面我們提高分類閾值，看看產生什麼樣的效果，如圖 9-18 所示。

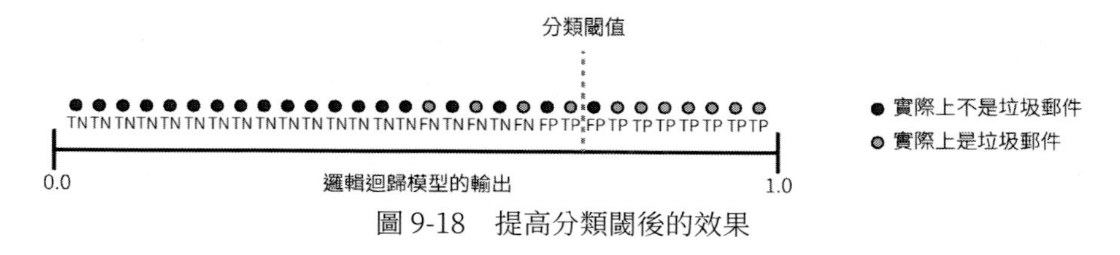

圖 9-18　提高分類閾後的效果

假正例數量會減少，但假負例數量會相應的增加。結果，精確率有所提高，而召回率則有所降低，4 種情況如圖 9-19 所示。

真正例(TP)：7	假正例(FP)：1
假負例(FN)：4	真負例(TN)：18

圖 9-19　4 種情況

$$\text{Precision} = \frac{TP}{TP + FP} = \frac{7}{7+1} = 0.88$$

$$\text{Recall} = \frac{TP}{TP + FN} = \frac{7}{7 + 4} = 0.64$$

如果我們降低分類閾值（從最初始位置開始），那麼產生的效果是什麼樣的呢？如圖 9-20 所示。

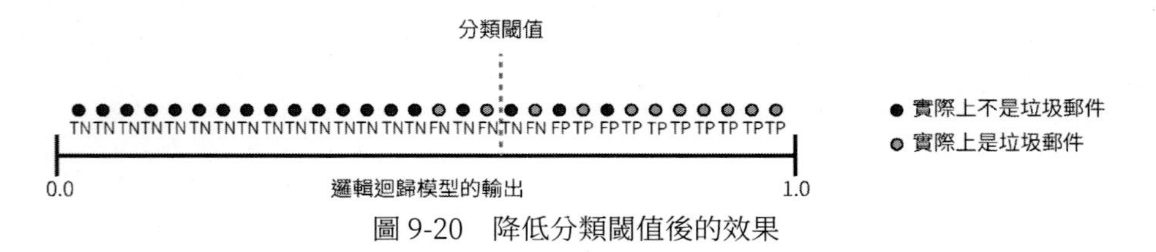

圖 9-20　降低分類閾值後的效果

假正例數量會增加，而假負例數量會減少。結果這一次，精確率有所降低，而召回率則有所提高，4 種情況如圖 9-21 所示。

真正例 (TP)：9	假正例 (FP)：3
假負例 (FN)：2	真負例 (TN)：16

圖 9-21　4 種情況

$$\text{Precision} = \frac{TP}{TP + FP} = \frac{9}{9 + 3} = 0.75$$

$$\text{Recall} = \frac{TP}{TP + FN} = \frac{9}{9 + 2} = 0.82$$

我們可能無法事先得知最合適的分類閾值，合理的做法是嘗試使用許多不同的分類閾值來評估我們的模型。另外，有一個指標可以衡量模型在所有可能的分類閾值下的效果。該指標稱為 ROC 曲線，即「接收者操作特徵曲線」。

9.4.5　ROC 曲線

ROC 曲線（接收者操作特徵曲線）是一種顯示分類模型在所有分類閾值下的效果的圖表。該曲線繪製了以下兩個參數：

· 真正例率。

· 假正例率。

真正例率（TPR）是召回率的同義詞，因此定義如下：

$$TPR = \frac{TP}{TP + FN}$$

TRP 也叫靈敏度，表示所有正例中被分對的比例，衡量了分類器對正例的辨識能力。假正例率（FPR）的定義如下：

$$FPR = \frac{FP}{FP + TN}$$

假正例率運算的是分類器錯認為正類的負實例占所有負實例的比例。

ROC 曲線由兩個變量繪製。橫坐標是假正例率，縱坐標是真正例率。ROC 曲線用於繪製採用不同分類閾值時的真正例率與假正例率。具體做法是：我們對每個可能的分類閾值進行評估，並觀察相應閾值下的真正例率和假正例率。然後繪製一條曲線將這些點連接起來。圖 9-22 顯示了一個典型的 ROC 曲線。

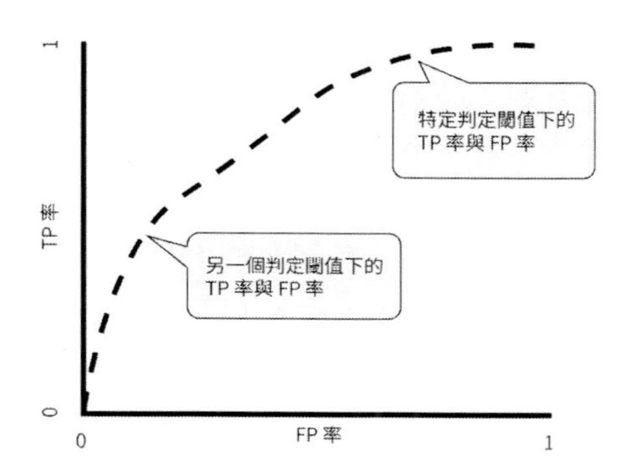

圖 9-22　不同分類閾值下的真正例率與假正例率

降低分類閾值會導致將更多樣本歸為正類別，從而增加假正例和真正例的個數。我們在上面提到，為了運算 ROC 曲線上的點，可以使用不同的分類閾值多次評估邏輯迴歸模型，但這樣做效率非常低。幸運的是，有一種基於排序的高效能演算法可以為我們提供此類資訊，這種演算法稱為曲線下面積。曲線下面積表示「ROC 曲線下面積（Area Under the ROC Curve，AUC）」。也就是說，曲線下面積測量的是從（0，0）到（1，1）整個 ROC 曲線以下的整個平面面積。

借助曲線下面積，我們可以有效解讀機率。如果要拿一個隨機正分類樣本，閉上眼睛從分布區域中拿起一個，再拿起一個隨機負分類樣本，則模型正確的將較高分數分配給正分類樣本而非負分類樣本的機率是多少？在某種意義上，出現配對順序不正確的機率是多少？結果顯示，這個機率正好等於 ROC 曲線下面積代表的機率值。因此，如果看到 ROC 曲線下面積的值是 0.9，那麼這就是得出正確的配對比較結果的機率。

9.4.6　預測偏差

預測偏差是透過將我們預測的所有項的總和與觀察到的所有項的總和進行比較來定義的。整體來說，我們希望預測的預期值與觀察到的值相等。如果不相等，則稱模型存在一定的偏差。偏差為 0 表示預測值的總和與觀察值的總和相等。

邏輯迴歸預測應當無偏差，即「預測平均值」應當約等於「觀察平均值」。預測偏差指的是這兩個平均值之間的差值，即預測偏差＝（預測平均值－資料集中相應標籤的平均值）。如果出現非常高的非零預測偏差，則說明模型某處存在錯誤，因為這顯示模型對正類別標籤的出現頻率預測有誤。例如，假設所有電子郵件中平均有 1%的郵件是垃圾郵件。一個出色的垃圾郵件模型應該預測到電子郵件平均有 1% 的可能性是垃圾郵件（換言之，如果我們運算單個電子郵件是垃圾郵件的預測可能性的平均值，則結果應該是 1%）。然而，如果該模型預測電子郵件是垃圾郵件的平均可能性為 20%，那麼我們可以得出結論，該模型出現了預測偏差。如果某個模型偏差不為零，則意味著可能存在問題，告知我們需要探究某些方面來調試模型。

邏輯迴歸可預測 0 ～ 1 的值。不過，所有帶標籤樣本都正好是 0（例如，0 表示「非垃圾郵件」）或 1（例如，1 表示「垃圾郵件」）。因此，在檢查預測偏差時，無法僅根據一個樣本準確的確定預測偏差，必須在「一大桶」樣本中檢查預測偏差。也就是說，只有將足夠的樣本組合在一起，以便能夠比較預測值（例如 0.392）與觀察值（例如 0.394），邏輯迴歸的預測偏差才有意義。所以，我們透過以下方式建構桶：

- 以線性方式分解目標預測。
- 建構分位數。

請看以下某個特定模型的校準曲線（見圖 9-23）。每個點表示包含 1,000 個值的分桶。兩個軸具有以下含義：

- x 軸表示模型針對該桶預測的平均值。
- y 軸表示該桶的資料集中的實際平均值。

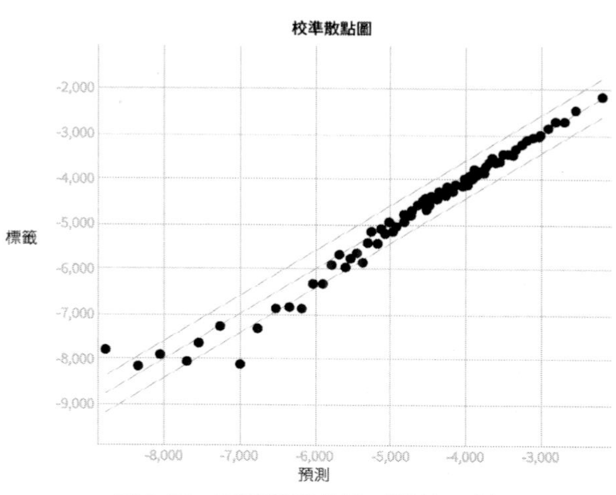

圖 9-23　預測偏差曲線（對數尺度）

兩個軸均採用對數尺度。

在上面的例子中，對於校準曲線，我們採集多組資料，將資料分桶處理，然後比較相應桶中各項資料的平均預測值與平均觀察值。顯然，我們需要大量分桶資料才能使校準有意義。

9.4.7　分類程式碼實例

在前面的例子中，房屋中位價 median_ house_ value 是一個數字特徵，包含連續的數字。下面使用分類閥值（比如 75%）把連續值變成布爾值，所有超過閥值的就被標記為 1，其他的就是 0。我們的模型要預測某一個城市街區是否是高房價街區。

我們先裝載資料集：

```
import math

from IPython import display
from matplotlib import cm
from matplotlib import gridspec
from matplotlib import pyplot as plt
import numpy as np
import pandas as pd
from sklearn import metrics
import tensorflow as tf
from tensorflow. python. data import Dataset

tf. logging. set_verbosity(tf. logging. ERROR)
pd. options. display. max_rows = 10
pd. options. display. float_format = '{:.1f}'. format

california_housing_dataframe =
```

```
pd. read_csv(" https://storage. googleapis. com/mledu-datasets/california_housing_
train. csv", sep=",")

california_housing_dataframe = california_housing_dataframe. reindex(
  np. random. permutation(california_housing_dataframe. index))
```

分類閥值 75% 所對應的房價大概是 265,000。下面的程式碼用於創建一個二元標籤 median_ house_ value_ is_ high 來判斷是否為高價房。

```
def preprocess_features(california_housing_dataframe):
""" Prepares input features from California housing data set.

Args:
  california_housing_dataframe: A Pandas DataFrame expected to contain data
    from the California housing data set.
Returns:
  A DataFrame that contains the features to be used for the model, including
  synthetic features.
"""
selected_features = california_housing_dataframe[
[" latitude",
  " longitude",
  " housing_median_age",
  " total_rooms",
  " total_bedrooms",
  " population",
  " households",
  " median_income"]]
processed_features = selected_features. copy()
# Create a synthetic feature.
processed_features[" rooms_per_person"] = (
```

```
    california_housing_dataframe[" total_rooms"] /
    california_housing_dataframe[" population"])
  return processed_features

def preprocess_targets(california_housing_dataframe):
  """ Prepares target features (i. e., labels) from California housing data set.

  Args:
    california_housing_dataframe: A Pandas DataFrame expected to contain data
    from the California housing data set.
  Returns:
    A DataFrame that contains the target feature.
  """
  output_targets = pd. DataFrame()
  # Create a boolean categorical feature representing whether the
  # median_house_value is above a set threshold.
  output_targets[" median_house_value_is_high"] = (
    california_housing_dataframe[" median_house_value"] > 265000). astype(float)
  return output_targets
```

創建訓練資料集和評估資料集如下：

```
# Choose the first 12000 (out of 17000) examples for training.
training_examples =
preprocess_features(california_housing_dataframe. head(12000))
training_targets = preprocess_targets(california_housing_dataframe. head(12000))

# Choose the last 5000 (out of 17000) examples for validation.
validation_examples =
preprocess_features(california_housing_dataframe. tail(5000))
validation_targets =
preprocess_targets(california_housing_dataframe. tail(5000))
```

```
# Double-check that we' ve done the right thing.
print " Training examples summary : "
display. display(training_examples. describe())
print " Validation examples summary : "
display. display(validation_examples. describe())

print " Training targets summary : "
display. display(training_targets. describe())
print " Validation targets summary : "
display. display(validation_targets. describe())
```

結果如圖 9-24 ～圖 9-27 所示。

Training examples summary:

	latitude	longitude	housing_median_age	total_rooms	total_bedrooms	population	households	median_income	rooms_per_person
count	12000.0	12000.0	12000.0	12000.0	12000.0	12000.0	12000.0	12000.0	12000.0
mean	35.6	-119.6	28.6	2636.4	536.3	1420.0	498.8	3.9	2.0
std	2.1	2.0	12.6	2181.1	419.0	1095.7	381.7	1.9	1.1
min	32.5	-124.3	1.0	2.0	2.0	6.0	2.0	0.5	0.1
25%	33.9	-121.8	18.0	1458.0	295.0	790.8	280.0	2.6	1.5
50%	34.2	-118.5	29.0	2119.5	430.0	1160.0	406.0	3.5	1.9
75%	37.7	-118.0	37.0	3127.2	647.0	1710.2	603.0	4.8	2.3
max	42.0	-114.3	52.0	32054.0	5290.0	15507.0	5050.0	15.0	52.0

圖 9-24　訓練示例概括

Validation examples summary:

	latitude	longitude	housing_median_age	total_rooms	total_bedrooms	population	households	median_income	rooms_per_person
count	5000.0	5000.0	5000.0	5000.0	5000.0	5000.0	5000.0	5000.0	5000.0
mean	35.6	-119.6	28.6	2661.0	546.8	1452.5	507.1	3.9	2.0
std	2.1	2.0	12.6	2177.3	427.5	1264.2	391.2	1.9	1.2
min	32.5	-124.2	2.0	8.0	1.0	3.0	1.0	0.5	0.0
25%	33.9	-121.8	18.0	1469.8	300.8	787.8	284.0	2.6	1.5
50%	34.3	-118.5	28.0	2145.0	444.0	1183.0	416.0	3.5	1.9
75%	37.7	-118.0	37.0	3190.2	652.0	1758.5	608.0	4.7	2.3
max	41.9	-114.5	52.0	37937.0	6445.0	35682.0	6082.0	15.0	55.2

圖 9-25　驗證示例概括

Training targets summary:

	median_house_value_is_high
count	12000.0
mean	0.2
std	0.4
min	0.0
25%	0.0
50%	0.0
75%	0.0
max	1.0

圖 9-26　訓練目標概括

Validation targets summary:

	median_house_value_is_high
count	5000.0
mean	0.3
std	0.4
min	0.0
25%	0.0
50%	0.0
75%	1.0
max	1.0

圖 9-27　驗證目標概括

下面比較線性迴歸和邏輯迴歸的效果。下面的程式碼是訓練基於線性迴歸的模型。這個模型使用值為 {0，1} 的標籤，然後預測連續值。

```
def construct_feature_columns(input_features):
  """ Construct the TensorFlow Feature Columns.

Args:
  input_features: The names of the numerical input features to use.
Returns:
  A set of feature columns
"""
return set([tf. feature_column. numeric_column(my_feature)
        for my_feature in input_features])
def my_input_fn(features, targets, batch_size=1, shuffle=True, num_epochs=None):
  """ Trains a linear regression model.
Args:
    features: pandas DataFrame of features
    targets: pandas DataFrame of targets
    batch_size: Size of batches to be passed to the model
    shuffle: True or False. Whether to shuffle the data.
```

```
    num_epochs: Number of epochs for which data should be repeated. None =
repeat
indefinitely
Returns:
  Tuple of (features, labels) for next data batch
"""
# Convert pandas data into a dict of np arrays.
features = {key: np. array(value) for key, value in dict(features). items()}

# Construct a dataset, and configure batching/repeating.
ds = Dataset. from_tensor_slices((features, targets)) # warning: 2GB limit
ds = ds. batch(batch_size). repeat(num_epochs)

# Shuffle the data, if specified.
if shuffle:
  ds = ds. shuffle(10000)

# Return the next batch of data.
features, labels = ds. make_one_shot_iterator(). get_next()
return features, labels

def train_linear_regressor_model(
  learning_rate,
  steps,
  batch_size,
  training_examples,
  training_targets,
  validation_examples,
  validation_targets):
""" Trains a linear regression model.

In addition to training, this function also prints training progress information,
```

```
as well as a plot of the training and validation loss over time.

Args:
  learning_rate: A `float`, the learning rate.
  steps: A non-zero `int`, the total number of training steps. A training step
    consists of a forward and backward pass using a single batch.
  batch_size: A non-zero `int`, the batch size.
  training_examples: A `DataFrame` containing one or more columns from
    `california_housing_dataframe` to use as input features for training.
  training_targets: A `DataFrame` containing exactly one column from
    `california_housing_dataframe` to use as target for training.
  validation_examples: A `DataFrame` containing one or more columns from
    `california_housing_dataframe` to use as input features for validation.
  validation_targets: A `DataFrame` containing exactly one column from
    `california_housing_dataframe` to use as target for validation.

Returns:
  A `LinearRegressor` object trained on the training data.
"""
periods = 10
steps_per_period = steps / periods

# Create a linear regressor object.
my_optimizer = tf. train. GradientDescentOptimizer(learning_rate=learning_rate)
my_optimizer = tf. contrib. estimator. clip_gradients_by_norm(my_optimizer, 5.0)
linear_regressor = tf. estimator. LinearRegressor(
    feature_columns=construct_feature_columns(training_examples),
    optimizer=my_optimizer
)
# Create input functions.
training_input_fn = lambda: my_input_fn(training_examples,
```

```
training_targets[" median_house_value_is_high"],
                              batch_size=batch_size)
  predict_training_input_fn = lambda: my_input_fn(training_examples,
training_targets[" median_house_value_is_high"],
                              num_epochs=1,
predict_validation_input_fn = lambda: my_input_fn(validation_examples,
validation_targets[" median_house_value_is_high"],
                              num_epochs=1,
                              shuffle=False)
# Train the model, but do so inside a loop so that we can periodically assess
# loss metrics.
print " Training model..."
print " RMSE (on training data):"
training_rmse = []
validation_rmse = []
for period in range (0, periods):
  # Train the model, starting from the prior state.
  linear_regressor. train(
    input_fn=training_input_fn,
    steps=steps_per_period
)
  # Take a break and compute predictions.
  training_predictions =
linear_regressor. predict(input_fn=predict_training_input_fn)
  training_predictions = np. array([item[' predictions'][0] for item in
training_predictions])

validation_predictions =
linear_regressor. predict(input_fn=predict_validation_input_fn)
validation_predictions = np. array([item[' predictions'][0] for item in
validation_predictions])
```

```
# Compute training and validation loss.
  training_root_mean_squared_error = math. sqrt(
    metrics. mean_squared_error(training_predictions, training_targets))
  validation_root_mean_squared_error = math. sqrt(
    metrics. mean_squared_error(validation_predictions, validation_targets))
  # Occasionally print the current loss.
  print " period %02d : %0.2f" % (period, training_root_mean_squared_error)
  # Add the loss metrics from this period to our list.
  training_rmse. append(training_root_mean_squared_error)
  validation_rmse. append(validation_root_mean_squared_error)
print " Model training finished."

# Output a graph of loss metrics over periods.
plt. ylabel(" RMSE")
plt. xlabel(" Periods")
plt. title(" Root Mean Squared Error vs. Periods")
plt. tight_layout()
plt. plot(training_rmse, label=" training")
plt. plot(validation_rmse, label=" validation")
plt. legend()

return linear_regressor
linear_regressor = train_linear_regressor_model(
  learning_rate=0.000001,
  steps=200,
  batch_size=20,
  training_examples=training_examples,
  training_targets=training_targets,
  validation_examples=validation_examples,
  validation_targets=validation_targets)
```

結果如圖 9-28、圖 9-29 所示。

```
Training model...
RMSE (on training data):
  period 00 : 0.45
  period 01 : 0.45
  period 02 : 0.44
  period 03 : 0.44
  period 04 : 0.44
  period 05 : 0.44
  period 06 : 0.44
  period 07 : 0.44
  period 08 : 0.44
  period 09 : 0.44
Model training finished.
```

圖 9-28　訓練資料

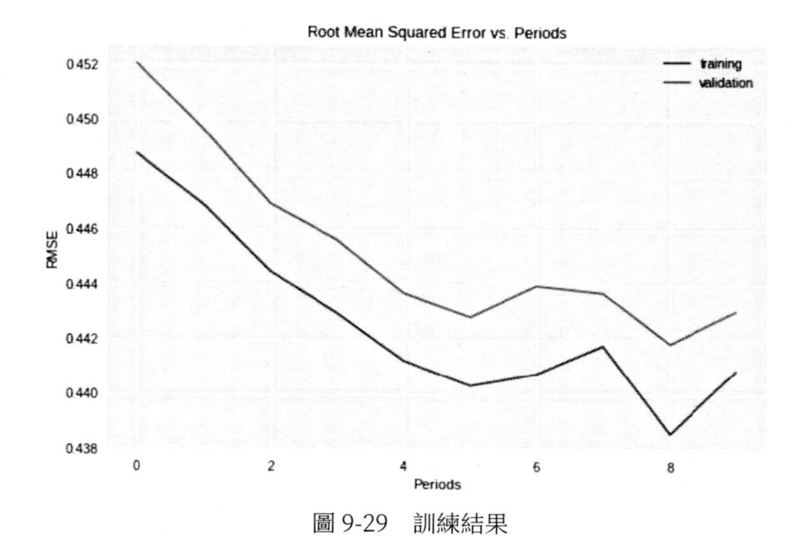

圖 9-29　訓練結果

線性迴歸使用 L2 誤差。當把輸出結果轉化為機率時，它不能很好的懲罰分類錯誤的情況。比如，如果把一個負例分類為正例，那麼 0.9 的機率和 0.9999 的機率應該有很大的區別。但是，L2 誤差無法很強的區分這兩種情況。如果我們使用 LogLoss，那麼會對分類錯誤產生更重的懲罰：

$$LogLoss = \sum_{(x,y)\in D} -y \cdot log(y_{pred}) - (1-y) \cdot log(1-y_{pred})$$

下面我們使用 LinearRegressor. predict 來獲得預測值，然後使用這個值和標籤值來運算 LogLoss。其程式碼如下：

```
predict_validation_input_fn = lambda: my_input_fn(validation_examples,

validation_targets[" median_house_value_is_high"],
                                        num_epochs=1,
                                        shuffle=False)
validation_predictions =
linear_regressor. predict(input_fn=predict_validation_input_fn)
validation_predictions = np. array([item[' predictions'][0] for item in
validation_predictions])

_ = plt. hist(validation_predictions)
```

結果如圖 9-30 所示。

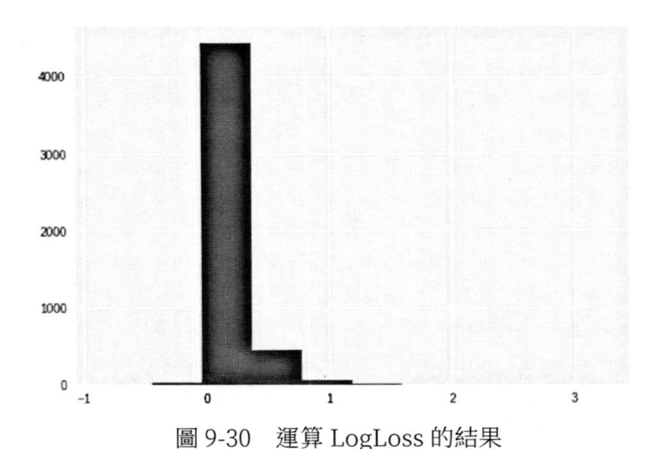

圖 9-30　運算 LogLoss 的結果

下面使用邏輯迴歸。我們將 LinearRegressor 替換為 LinearClassifier。當在 LinearClassifier 模型上運行 train() 和 predict() 時，predictions[" probabilities"] 的 probabilities 鍵是預測的機率值。我們還使用 sklearn 的 log_ loss 函數來運算這些機率的 LogLoss，程式碼如下：

```
def train_linear_classifier_model(
    learning_rate,
    steps,
    batch_size,
    training_examples,
    training_targets,
    validation_examples,
    validation_targets):
""" Trains a linear classification model.

In addition to training, this function also prints training progress information,
as well as a plot of the training and validation loss over time.

Args:
    learning_rate: A `float`, the learning rate.
    steps: A non-zero `int`, the total number of training steps. A training step
        consists of a forward and backward pass using a single batch.
    batch_size: A non-zero `int`, the batch size.
    training_examples: A `DataFrame` containing one or more columns from
        `california_housing_dataframe` to use as input features for training.
    training_targets: A `DataFrame` containing exactly one column from
        `california_housing_dataframe` to use as target for training.
    validation_examples: A `DataFrame` containing one or more columns from
        `california_housing_dataframe` to use as input features for validation.
    validation_targets: A `DataFrame` containing exactly one column from
```

```
    `california_housing_dataframe` to use as target for validation.

Returns:
A `LinearClassifier` object trained on the training data.
"""

periods = 10
steps_per_period = steps / periods

# Create a linear classifier object.
my_optimizer = tf. train. GradientDescentOptimizer(learning_rate=learning_rate)
my_optimizer = tf. contrib. estimator. clip_gradients_by_norm(my_optimizer, 5.0)
linear_classifier = tf. estimator. LinearClassifier(
  feature_columns=construct_feature_columns(training_examples),
  optimizer=my_optimizer
)

  # Create input functions.
  training_input_fn = lambda: my_input_fn(training_examples,
training_targets[" median_house_value_is_high"],
                                        batch_size=batch_size)
predict_training_input_fn = lambda: my_input_fn(training_examples,
training_targets[" median_house_value_is_high"],
                                        num_epochs=1,
                                        shuffle=False)
predict_validation_input_fn = lambda: my_input_fn(validation_examples,
validation_targets[" median_house_value_is_high"],
                                        num_epochs=1,
                                        shuffle=False)
# Train the model, but do so inside a loop so that we can periodically assess
# loss metrics.
print " Training model..."
```

```
print " LogLoss (on training data):"
training_log_losses = []
validation_log_losses = []
for period in range (0, periods):
  # Train the model, starting from the prior state.
  linear_classifier. train(
    input_fn=training_input_fn,
    steps=steps_per_period
)
  # Take a break and compute predictions.
  training_probabilities =
linear_classifier. predict(input_fn=predict_training_input_fn)
  training_probabilities = np. array([item[' probabilities'] for item in
training_probabilities])

  validation_probabilities =
linear_classifier. predict(input_fn=predict_validation_input_fn)
  validation_probabilities = np. array([item[' probabilities'] for item in
validation_probabilities])

  training_log_loss = metrics. log_loss(training_targets,
training_probabilities)
  validation_log_loss = metrics. log_loss(validation_targets,
validation_probabilities)
  # Occasionally print the current loss.
  print " period %02d : %0.2f" % (period, training_log_loss)
  # Add the loss metrics from this period to our list.
  training_log_losses. append(training_log_loss)
  validation_log_losses. append(validation_log_loss)
print " Model training finished."
# Output a graph of loss metrics over periods.
plt. ylabel(" LogLoss")
```

```
plt. xlabel(" Periods")
plt. title(" LogLoss vs. Periods")
plt. tight_layout()
plt. plot(training_log_losses, label=" training")
plt. plot(validation_log_losses, label=" validation")
plt. legend()

return linear_classifier
```

開始訓練：

```
linear_classifier = train_linear_classifier_model(
  learning_rate=0.000005,
  steps=500,
  batch_size=20,
  training_examples=training_examples,
  training_targets=training_targets,
  validation_examples=validation_examples,
  validation_targets=validation_targets)
```

結果如圖 9-31、圖 9-32 所示。

```
Training model...
LogLoss (on training data):
  period 00 : 0.62
  period 01 : 0.58
  period 02 : 0.58
  period 03 : 0.56
  period 04 : 0.55
  period 05 : 0.53
  period 06 : 0.53
  period 07 : 0.53
  period 08 : 0.52
  period 09 : 0.52
Model training finished.
```

圖 9-31　訓練資料

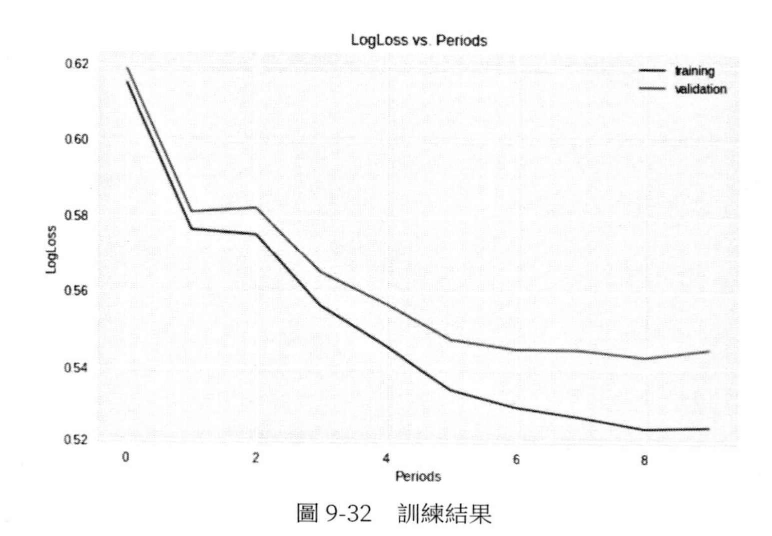

圖 9-32　訓練結果

分類的幾個評價指標有準確率、ROC 曲線、AUC（ROC 曲線下面積）等。下面的程式碼使用 LinearClassifier. evaluate 來運算一些指標值：

```
evaluation_metrics =
linear_classifier. evaluate(input_fn=predict_validation_input_fn)
print " AUC on the validation set :%0.2f " % evaluation_metrics[' auc']
print " Accuracy on the validation set :%0.2f " % evaluation_metrics[' accuracy']
```

結果如圖 9-33 所示。

```
AUC on the validation set: 0.72
Accuracy on the validation set: 0.75
```

圖 9-33　一些指標值的運算結果

為了畫出 ROC 曲線，我們使用 sklearn 的 roc_ curve 來獲得真正例和假正例的比率。其程式碼如下：

```
validation_probabilities =
linear_classifier. predict(input_fn=predict_validation_input_fn)
# Get just the probabilities for the positive class.
validation_probabilities = np. array([item[' probabilities'][1] for item in
```

```
validation_probabilities])

false_positive_rate, true_positive_rate, thresholds = metrics. roc_curve(
    validation_targets, validation_probabilities)
plt. plot(false_positive_rate, true_positive_rate, label=" our model")
plt. plot([0, 1], [0, 1], label=" random classifier")
_ = plt. legend(loc=2)
```

結果如圖 9-34 所示。

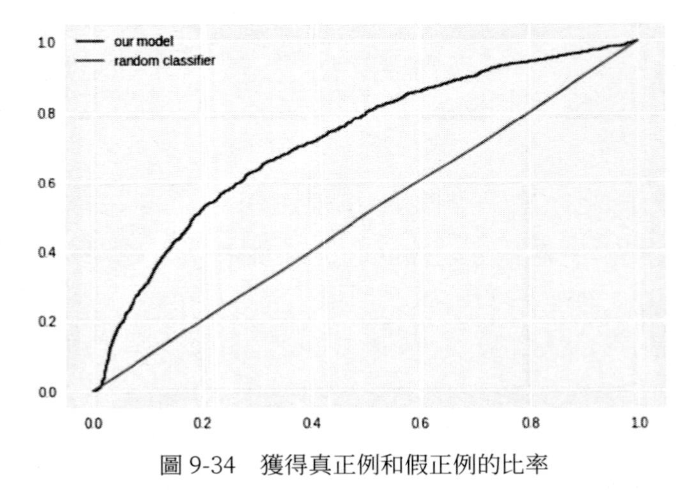

圖 9-34　獲得真正例和假正例的比率

下面調整一些參數，看看能否改進 AUC。一種方法是增加疊代的次數；另一種方法是加大批次處理大小。

```
linear_classifier = train_linear_classifier_model(
    learning_rate=0.000003,
    steps=20000,
    batch_size=500,
    training_examples=training_examples,
    training_targets=training_targets,
    validation_examples=validation_examples,
    validation_targets=validation_targets)
```

```
evaluation_metrics =
linear_classifier. evaluate(input_fn=predict_validation_input_fn)

print " AUC on the validation set: %0.2f" % evaluation_metrics[' auc']
print " Accuracy on the validation set: %0.2f" % evaluation_metrics[' accuracy']
```

結果如圖 9-35、圖 9-36 所示。

```
Training model...
LogLoss (on training data):
  period 00 : 0.49
  period 01 : 0.47
  period 02 : 0.47
  period 03 : 0.46
  period 04 : 0.46
  period 05 : 0.46
  period 06 : 0.46
  period 07 : 0.46
  period 08 : 0.46
  period 09 : 0.46
Model training finished.
AUC on the validation set: 0.80
Accuracy on the validation set: 0.78
```

圖 9-35　訓練資料

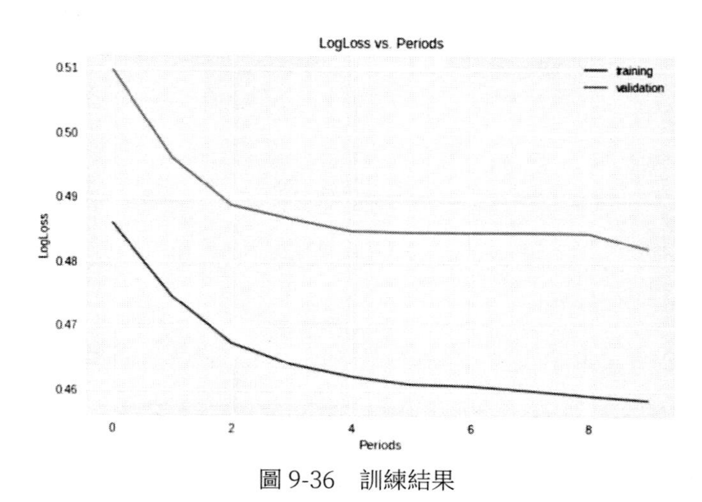

圖 9-36　訓練結果

9.5　L1 正則化

我們再來研究一下特徵交叉組合（Feature Cross）。特徵交叉組合很有用，但也可能會帶來一些問題，尤其是將稀疏特徵交叉組合起來的時候。稀疏向量通常包含許多維度，創建特徵交叉組合會導致包含更多維度。由於使用此類高維度特徵向量，因此模型可能會非常龐大，並且需要大量的 RAM。在高維度稀疏向量中，最好盡可能使權重正好降至 0。正好為 0 的權重基本上會使相應特徵從模型中移除。將特徵權重設為 0 可節省 RAM 空間，且可以減少模型中的噪點。例如，以一個涵蓋全世界（不只是涵蓋加州）的住房資料集為例。如果按分（每度為 60 分）對全球緯度進行分桶，則在一次稀疏編碼過程中會產生大約 1 萬個維度；如果按分對全球經度進行分桶，則在一次稀疏編碼過程中會產生大約 2 萬個維度。這兩種特徵的特徵交叉組合會產生大約 2 億個維度。這 2 億個維度中，很多維度代表非常有限的居住區域（例如海洋裡），很難使用這些資料進行有效泛化。如果為這些不需要的維度浪費 RAM，就太不值得了。因此，最好使無意義維度的權重正好降至 0。

從上面的例子可以看出，即便我們擁有大量的訓練資料，但其中仍有許多組合會非常罕見，因此我們最終可能會得到一些雜訊係數，並可能遇到過擬合問題。可想而知，如果遇到過擬合問題，我們就要進行正則化。遺憾的是，L2 正則化不能完成此任務。L2 正則化可以使權重變小，但是並不能使它們正好為 0。

那麼，能不能以特定方式進行正則化，既能縮減模型大小，又能降低記憶體使用量呢？我們要做的就是將部分權重設為 0，這樣就不必處理其中的一些特定組合了。這樣既節省了記憶體，還有可能幫助我們解決過擬合問題。不過必須小心一點，因為我們只想去掉那些額外的雜訊係數，而不想失去正確的係數。所以要做的就是明確的將一些權重設為0，也就是所謂的 L0 正則化，它對不是 0 的權重進行懲罰。但是，它沒有凸性（convex），難以最佳化。因此，L0 正則化這種想法在實踐中並不是一種有效的方法。

如果我們將條件放寬至 L1 正則化，只對權重的絕對值總和進行處罰，那麼仍可以促使模型變得非常稀疏。這也會讓其中的許多係數歸零。這種正則化與 L2 正則化略有不同（因為 L2 也會嘗試設定較小的權重，但實際上並不會讓權重歸零）。

在線性迴歸模型中，一個權重為 0 的特徵等同於不用這個特徵。為了減少模型複雜性，一種方法是使用正則函數來鼓勵一些權重為 0。除了避免過擬合外，這種做法也會更有效。下面我們透過一些程式碼實例來體會。

先裝載資料集：

```
import math

from IPython import display
from matplotlib import cm
from matplotlib import gridspec
from matplotlib import pyplot as plt
import numpy as np
import pandas as pd
from sklearn import metrics
import tensorflow as tf
from tensorflow. python. data import Dataset

tf. logging. set_verbosity(tf. logging. ERROR)
pd. options. display. max_rows = 10
pd. options. display. float_format = '{:.1f}'. format
```

```
california_housing_dataframe =
pd. read_csv(" https://storage. googleapis. com/mledu-datasets/california_housing_
train. csv", sep=",")

california_housing_dataframe = california_housing_dataframe. reindex(
  np. random. permutation(california_housing_dataframe. index))
```

定義特徵預處理函數：

```
def preprocess_features(california_housing_dataframe):
""" Prepares input features from California housing data set.

Args:
  california_housing_dataframe: A Pandas DataFrame expected to contain data
    from the California housing data set.
Returns:
  A DataFrame that contains the features to be used for the model, including
  synthetic features.
"""
selected_features = california_housing_dataframe[
  [" latitude",
  " longitude",
  " housing_median_age",
  " total_rooms",
  " total_bedrooms",
  " population",
  " households",
  " median_income"]]
processed_features = selected_features. copy()
# Create a synthetic feature.
processed_features[" rooms_per_person"] = (
  california_housing_dataframe[" total_rooms"] /
  california_housing_dataframe[" population"])
```

```
return processed_features

def preprocess_targets(california_housing_dataframe):
""" Prepares target features (i. e., labels) from California housing data set.

Args:
  california_housing_dataframe: A Pandas DataFrame expected to contain data
    from the California housing data set.
Returns:
  A DataFrame that contains the target feature.
"""
output_targets = pd. DataFrame()
# Create a boolean categorical feature representing whether the
# median_house_value is above a set threshold.
output_targets[" median_house_value_is_high"] = (
  california_housing_dataframe[" median_house_value"] > 265000). astype(float)
return output_targets
```

定義訓練集和評估集：

```
# Choose the first 12000 (out of 17000) examples for training.
training_examples =
preprocess_features(california_housing_dataframe. head(12000))
training_targets = preprocess_targets(california_housing_dataframe. head(12000))

# Choose the last 5000 (out of 17000) examples for validation.
validation_examples =
preprocess_features(california_housing_dataframe. tail(5000))
validation_targets =
preprocess_targets(california_housing_dataframe. tail(5000))
# Double-check that we' ve done the right thing.
print " Training examples summary："
display. display(training_examples. describe())
```

```
print " Validation examples summary："
display. display(validation_examples. describe())

print " Training targets summary："
display. display(training_targets. describe())
print " Validation targets summary："
display. display(validation_targets. describe())
```

結果如圖 9-37 ～圖 9-40 所示。

Training examples summary:

	latitude	longitude	housing_median_age	total_rooms	total_bedrooms	population	households	median_income	rooms_per_person
count	12000.0	12000.0	12000.0	12000.0	12000.0	12000.0	12000.0	12000.0	12000.0
mean	35.6	-119.6	28.5	2643.6	539.9	1429.9	501.9	3.9	2.0
std	2.1	2.0	12.5	2149.5	416.9	1154.5	381.5	1.9	1.2
min	32.5	-124.3	1.0	12.0	3.0	8.0	3.0	0.5	0.0
25%	33.9	-121.8	18.0	1471.8	298.0	791.0	282.0	2.6	1.5
50%	34.2	-118.5	29.0	2136.0	437.0	1170.0	410.0	3.6	1.9
75%	37.7	-118.0	37.0	3164.2	651.0	1726.0	607.0	4.8	2.3
max	42.0	-114.3	52.0	32627.0	6445.0	35682.0	6082.0	15.0	55.2

圖 9-37　訓練示例概括

Validation examples summary:

	latitude	longitude	housing_median_age	total_rooms	total_bedrooms	population	households	median_income	rooms_per_person
count	5000.0	5000.0	5000.0	5000.0	5000.0	5000.0	5000.0	5000.0	5000.0
mean	35.6	-119.6	28.7	2643.7	538.4	1428.7	499.6	3.9	2.0
std	2.1	2.0	12.8	2251.5	432.4	1131.9	391.7	1.9	0.9
min	32.5	-124.3	1.0	2.0	1.0	3.0	1.0	0.5	0.1
25%	33.9	-121.8	18.0	1433.8	294.8	788.0	279.8	2.5	1.5
50%	34.3	-118.5	29.0	2112.0	429.0	1159.0	405.0	3.5	1.9
75%	37.7	-118.0	37.0	3112.0	643.0	1707.0	597.0	4.7	2.3
max	41.8	-114.6	52.0	37937.0	5471.0	16122.0	5189.0	15.0	29.4

圖 9-38　驗證示例概括

Training targets summary:

	median_house_value_is_high
count	12000.0
mean	0.3
std	0.4
min	0.0
25%	0.0
50%	0.0
75%	1.0
max	1.0

圖 9-39　訓練目標概括

Validation targets summary:

	median_house_value_is_high
count	5000.0
mean	0.2
std	0.4
min	0.0
25%	0.0
50%	0.0
75%	0.0
max	1.0

圖 9-40　驗證目標概括

定義輸入函數：

```
def my_input_fn(features, targets, batch_size=1, shuffle=True, num_epochs=None):
""" Trains a linear regression model.

Args:
  features: pandas DataFrame of features
  targets: pandas DataFrame of targets
  batch_size: Size of batches to be passed to the model
  shuffle: True or False. Whether to shuffle the data.
  num_epochs: Number of epochs for which data should be repeated. None = repeat
indefinitely
Returns:
  Tuple of (features, labels) for next data batch
"""
# Convert pandas data into a dict of np arrays.
features = {key: np. array(value) for key, value in dict(features). items()}

# Construct a dataset, and configure batching/repeating.
ds = Dataset. from_tensor_slices((features, targets)) # warning: 2GB limit
```

```
ds = ds. batch(batch_size). repeat(num_epochs)

# Shuffle the data, if specified.
if shuffle:
  ds = ds. shuffle(10000)

# Return the next batch of data.
features, labels = ds. make_one_shot_iterator(). get_next()
return features, labels
```

```
def get_quantile_based_buckets(feature_values, num_buckets):
  quantiles = feature_values. quantile(
    [(i+1.)/(num_buckets + 1.) for i in xrange(num_buckets)])
  return [quantiles[q] for q in quantiles. keys()]
def construct_feature_columns():
""" Construct the TensorFlow Feature Columns.

Returns:
  A set of feature columns
"""
bucketized_households = tf. feature_column. bucketized_column(
  tf. feature_column. numeric_column(" households"),
  boundaries=get_quantile_based_buckets(training_examples[" households"], 10))
bucketized_longitude = tf. feature_column. bucketized_column(
  tf. feature_column. numeric_column(" longitude"),
  boundaries=get_quantile_based_buckets(training_examples[" longitude"], 50))
bucketized_latitude = tf. feature_column. bucketized_column(
  tf. feature_column. numeric_column(" latitude"),
  boundaries=get_quantile_based_buckets(training_examples[" latitude"], 50))
bucketized_housing_median_age = tf. feature_column. bucketized_column(
  tf. feature_column. numeric_column(" housing_median_age"),
```

```
    boundaries=get_quantile_based_buckets(
        training_examples[" housing_median_age"], 10))
bucketized_total_rooms = tf. feature_column. bucketized_column(
    tf. feature_column. numeric_column(" total_rooms"),
    boundaries=get_quantile_based_buckets(training_examples[" total_rooms"],
10))
bucketized_total_bedrooms = tf. feature_column. bucketized_column(
    tf. feature_column. numeric_column(" total_bedrooms"),
    boundaries=get_quantile_based_buckets(training_examples[" total_
bedrooms"],10))
bucketized_population = tf. feature_column. bucketized_column(
    tf. feature_column. numeric_column(" population"),
    boundaries=get_quantile_based_buckets(training_examples[" population"], 10))
bucketized_median_income = tf. feature_column. bucketized_column(
    tf. feature_column. numeric_column(" median_income"),
    boundaries=get_quantile_based_buckets(training_examples[" median_
income"],10))
bucketized_rooms_per_person = tf. feature_column. bucketized_column(
    tf. feature_column. numeric_column(" rooms_per_person"),
    boundaries=get_quantile_based_buckets(
        training_examples[" rooms_per_person"], 10))
long_x_lat = tf. feature_column. crossed_column(
    set([bucketized_longitude, bucketized_latitude]), hash_bucket_size=1000)
feature_columns = set([
    long_x_lat,
    bucketized_longitude,
    bucketized_latitude,
    bucketized_housing_median_age,
    bucketized_total_rooms,
    bucketized_total_bedrooms,
    bucketized_population,
    bucketized_households,
```

```
    bucketized_median_income,
    bucketized_rooms_per_person])

return feature_columns
```

下面使用 Estimators API 來運算模型大小（為了簡單起見，就是運算不是 0 的參數的個數）：

```
def model_size(estimator):
    variables = estimator. get_variable_names()
    size = 0
    for variable in variables:
        if not any(x in variable
              for x in [' global_step',
                        ' centered_bias_weight',
                        ' bias_weight',
                        ' Ftrl']
              ):
    size += np. count_nonzero(estimator. get_variable_value(variable))
return size
```

下面使用 L1 正則化來減少模型大小（600），並確保在驗證集上的 log-loss 小於 0.35：

```
def train_linear_classifier_model(
    learning_rate,
    regularization_strength,
    steps,
    batch_size,
    feature_columns,
    training_examples,
    training_targets,
    validation_examples,
```

```
    validation_targets):
""" Trains a linear regression model.

In addition to training, this function also prints training progress information,
as well as a plot of the training and validation loss over time.

Args:
  learning_rate: A `float`, the learning rate.
  regularization_strength: A `float` that indicates the strength of the L1
    regularization. A value of `0.0` means no regularization.
  steps: A non-zero `int`, the total number of training steps. A training step
    consists of a forward and backward pass using a single batch.
  feature_columns: A `set` specifying the input feature columns to use.
  training_examples: A `DataFrame` containing one or more columns from
    `california_housing_dataframe` to use as input features for training.
  training_targets: A `DataFrame` containing exactly one column from
    `california_housing_dataframe` to use as target for training.
  validation_examples: A `DataFrame` containing one or more columns from
    `california_housing_dataframe` to use as input features for validation.
  validation_targets: A `DataFrame` containing exactly one column from
    `california_housing_dataframe` to use as target for validation.

Returns:
  A `LinearClassifier` object trained on the training data.
"""
periods = 7
steps_per_period = steps / periods
  # Create a linear classifier object.
  my_optimizer = tf. train. FtrlOptimizer(learning_rate=learning_rate,
l1_regularization_strength=regularization_strength)
  my_optimizer = tf. contrib. estimator. clip_gradients_by_norm(my_optimizer, 5.0)
  linear_classifier = tf. estimator. LinearClassifier(
```

```
        feature_columns=feature_columns,
        optimizer=my_optimizer
)

    # Create input functions.
training_input_fn = lambda: my_input_fn(training_examples,
    training_targets[" median_house_value_is_high"],
batch_size=batch_size)
predict_training_input_fn = lambda: my_input_fn(training_examples,

training_targets[" median_house_value_is_high"],
                                                num_epochs=1,
                                                shuffle=False)
    predict_validation_input_fn = lambda: my_input_fn(validation_examples,
validation_targets[" median_house_value_is_high"],
                                                num_epochs=1,
                                                shuffle=False)

# Train the model, but do so inside a loop so that we can periodically assess
# loss metrics.
print " Training model..."
print " LogLoss (on validation data):"
training_log_losses = []
validation_log_losses = []
for period in range (0, periods):
    # Train the model, starting from the prior state.
    linear_classifier. train(
        input_fn=training_input_fn,
        steps=steps_per_period
)
    # Take a break and compute predictions.
    training_probabilities =
```

```
linear_classifier. predict(input_fn=predict_training_input_fn)
   training_probabilities = np. array([item[' probabilities'] for item in
training_probabilities])

   validation_probabilities =
linear_classifier. predict(input_fn=predict_validation_input_fn)
   validation_probabilities = np. array([item[' probabilities'] for item in
validation_probabilities])

   # Compute training and validation loss.
   training_log_loss = metrics. log_loss(training_targets,
training_probabilities)
   validation_log_loss = metrics. log_loss(validation_targets,
validation_probabilities)
   # Occasionally print the current loss.
   print " period %02d : %0.2f" % (period, validation_log_loss)
   # Add the loss metrics from this period to our list.
   training_log_losses. append(training_log_loss)
   validation_log_losses. append(validation_log_loss)
print " Model training finished."

# Output a graph of loss metrics over periods.
plt. ylabel(" LogLoss")
plt. xlabel(" Periods")
plt. title(" LogLoss vs. Periods")
plt. tight_layout()
plt. plot(training_log_losses, label=" training")
plt. plot(validation_log_losses, label=" validation")
plt. legend()

return linear_classifier
```

使用 regularization strength = 0.1 開始訓練：

```
linear_classifier = train_linear_classifier_model(
  learning_rate=0.1,
  regularization_strength=0.1,
  steps=300,
  batch_size=100,
  feature_columns=construct_feature_columns(),
  training_examples=training_examples,
  training_targets=training_targets,
  validation_examples=validation_examples,
  validation_targets=validation_targets)
  print " Model size:", model_size(linear_classifier)
```

結果如圖 9-41、圖 9-42 所示。

```
Training model...
LogLoss (on validation data):
  period 00 : 0.31
  period 01 : 0.28
  period 02 : 0.27
  period 03 : 0.26
  period 04 : 0.25
  period 05 : 0.25
  period 06 : 0.24
Model training finished.
Model size: 762
```

圖 9-41　訓練資料

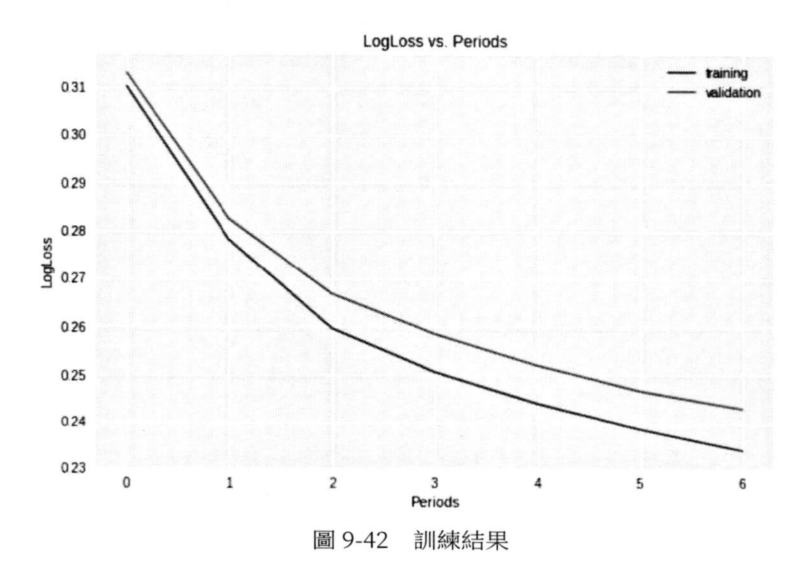

圖 9-42　訓練結果

要注意的是，正則化越強，模型越小，但是會影響分類誤差。

第 10 章　神經網路

本章，我們以 TensorFlow 環境為基礎，闡述神經網路。

10.1　什麼是神經網路

我們在 9.1 節中提到如圖 10-1 所示的分類問題屬於非線性問題。

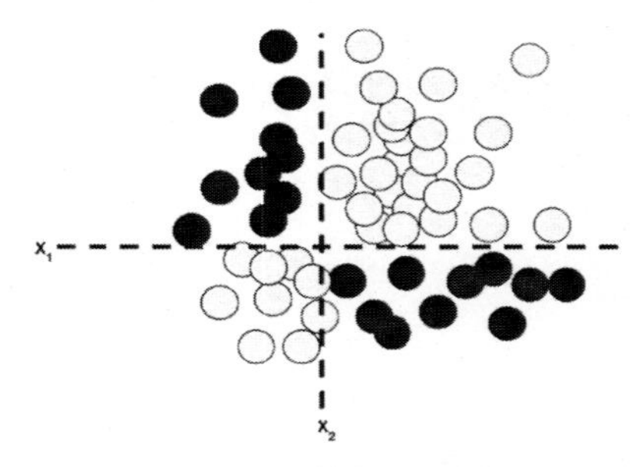

圖 10-1　非線性分類問題

「非線性」意味著你無法使用形式為 $b + w_1x_1 + w_2x_2$ 的模型準確預測標籤。我們採用特徵交叉對非線性問題進行建模，從而解決了如圖 10-1 所示的問題。但是，如果資料集如圖 10-2 所示，那麼會怎麼樣呢？

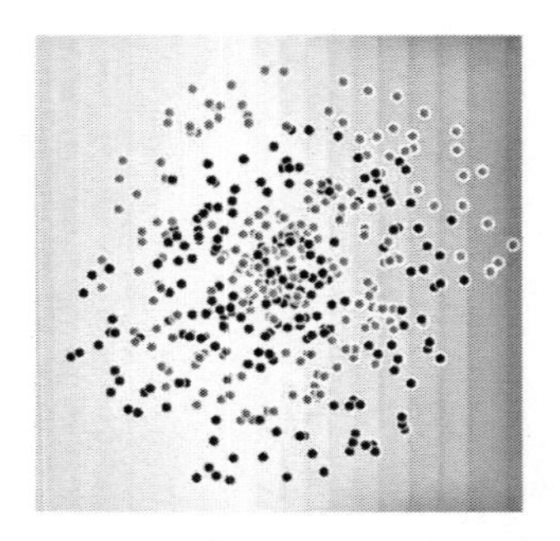

圖 10-2　更難的非線性分類問題

圖 10-2 所示的資料集問題是一個互相交錯的螺旋組合，無法用線性模型解決。我們可以考慮如何添加正確的特徵交叉乘積來解決。但很顯然，我們的資料集可能會越來越複雜。最終還是希望透過某種方式讓

模型自行學習非線性規律，而不用我們手動為它們指定參數。這可以透過深度神經網路來實現。深度神經網路可以非常出色的處理複雜資料，例如圖片資料、音訊資料以及影片資料等。我們將在本章詳細了解神經網路。

10.1.1 隱藏層

我們希望模型能夠自行學習非線性規律，而不用手動為它們指定參數。這需要神經網路來幫助解決這類非線性問題。那麼，什麼是神經網路呢？首先用圖表呈現一個線性模型，如圖 10-3 所示。

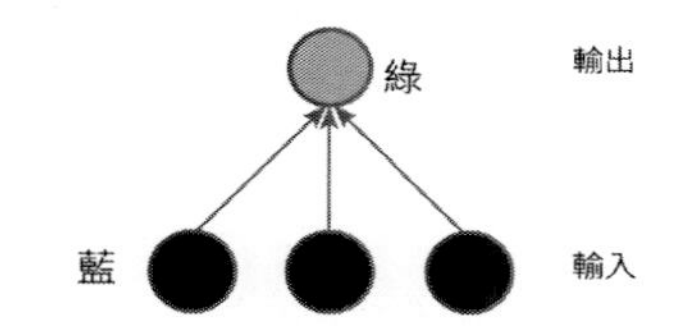

圖 10-3　用圖表呈現的線性模型

該模型中有一些輸入，每個輸入都具有一個權重，這些權重以線性方式結合到一起產生輸出。每個藍色圓圈（最下面一層）均表示一個輸入特徵，綠色圓圈（最上面一層）表示各個輸入的加權和。為了提高此模型處理非線性問題的能力，我們可以如何更改它？

在圖 10-4（顏色請參看下載資源中的相關文件）所示的模型中，我們添加了一個表示中間值的「隱藏層」。隱藏層中的每個黃色節點（中間層）均是藍色輸入節點（最下面一層）值的加權和。輸出的是黃色節點（中間層）的加權和。

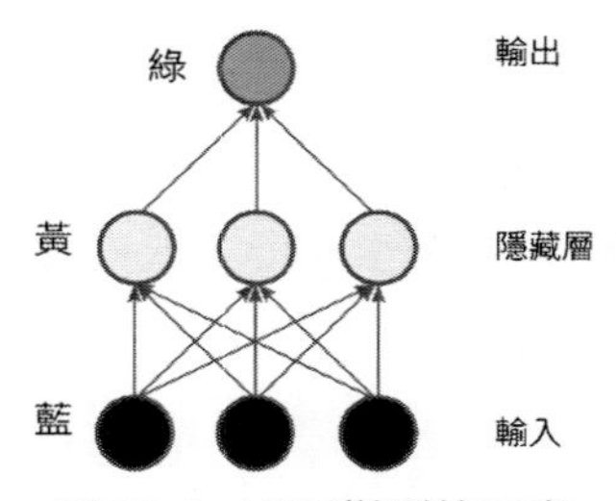

圖 10-4　兩層模型的圖表

此模型是線性的，因為其輸出仍是其輸入的線性組合。在圖 10-5 所示的模型中，我們又添加了一個表示加權和的「隱藏層」。

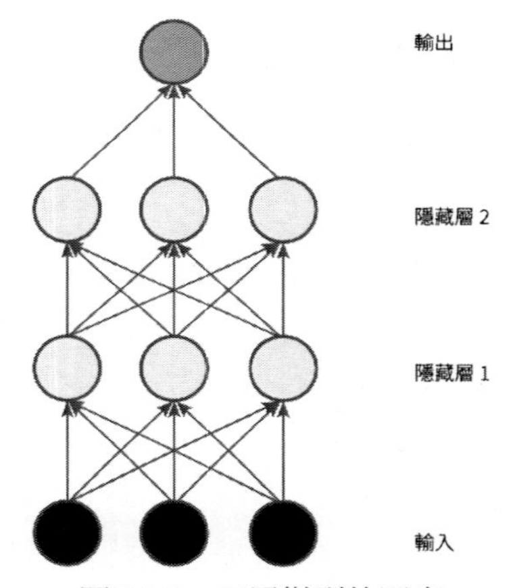

圖 10-5　三層模型的圖表

此模型仍是線性的。當你將輸出表示為輸入的函數並進行簡化時，只是獲得輸入的另一個加權和而已。該加權和無法對圖 10-2 中的非線性問題進行有效建模。因為即使我們添加任意多的分層，所有線性函數的組合依然是線性函數。因此，我們要從其他方面著手。所謂的從其他方面著手，也就是說，我們需要添加非線性函數。

10.1.2　激勵函數

要對非線性問題進行建模，我們可以直接引入非線性函數。這種非線性函數可位於任何小的隱藏式節點的輸出中。我們可以用非線性函數將每個隱藏層節點像管道一樣連接起來。在圖 10-6 所示的模型中，在「隱藏層 1」中的各個節點的值傳遞到下一層進行加權求和之前，我們採用一個非線性函數對其進行了轉換。這種非線性函數稱為激勵函數。

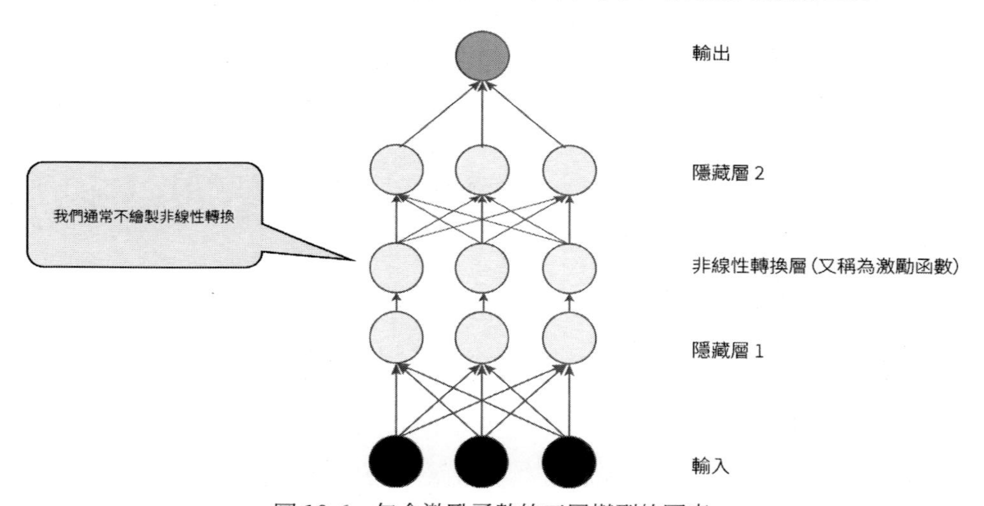

圖 10-6　包含激勵函數的三層模型的圖表

透過在非線性上堆疊非線性，我們能夠對輸入和預測輸出之間極其複雜的關係進行建模。下面我們來看一些常見的激勵函數。S 型激勵函數將「加權和」轉換為介於 0 和 1 之間的值。

$$F(x) = \frac{1}{1 + e^{-x}}$$

曲線圖如圖 10-7 所示。

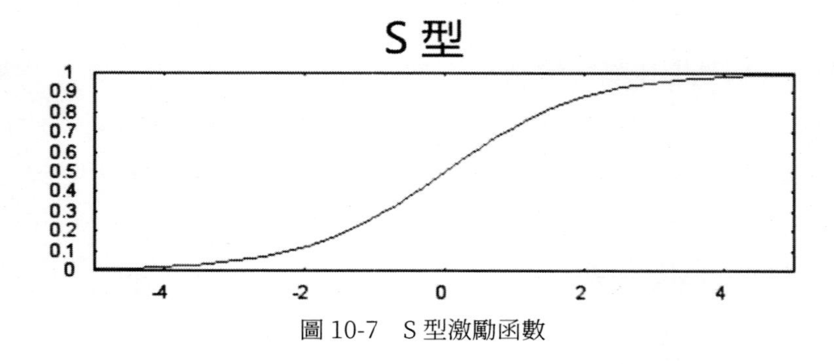

圖 10-7　S 型激勵函數

10.1.3　ReLU

相較於 S 型函數等平滑函數，以下修正線性單元激勵函數（ReLU）的效果通常要好一點，同時還非常易於運算。

$$F(x) = max(0, x)$$

ReLU 是一種常用的非線性激勵函數。如圖 10-8 所示，它會接受線性函數，並在零值處將其截斷。若返回值在零值以上，則為線性函數。若函數返回值小於零，則輸出為零。這是一種最簡單的非線性函數，我們可以使用該函數來創建非線性模型。ReLU 的優勢在於操作起來非常簡單，擁有更實用的響應範圍。

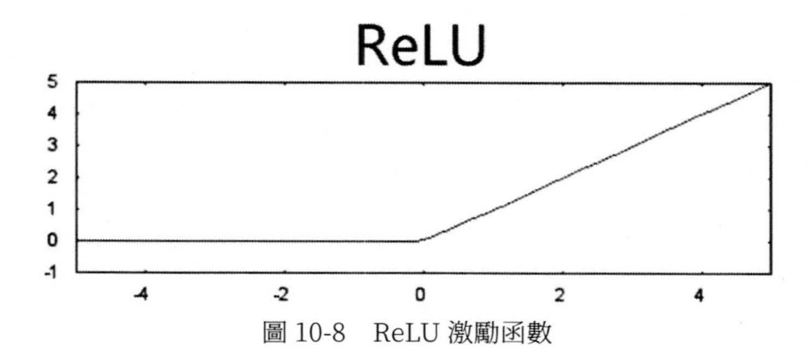

圖 10-8　ReLU 激勵函數

實際上，所有數學函數均可作為激勵函數。假設 σ 表示激勵函數（ReLU、S 型函數等），網路中節點的值由以下公式指定：

$$\sigma(\boldsymbol{w} \cdot \boldsymbol{x} + b)$$

TensorFlow 為各種激勵函數提供「開箱即用型」支援。但是，我們仍然建議從 ReLU 著手。然後，可以將這些層級堆疊起來，並創建任意複雜程度的神經網路。總之，我們的模型擁有了人們通常所說的「神經網路」所有標準組件：

- 一組節點，類似於神經元，位於層中。
- 一組權重，表示每個神經網路層與其下方的層之間的關係。下方的層可能是另一個神經網路層，也可能是其他類型的層。
- 一組偏差，每個節點一個偏差。
- 一個激勵函數，對層中每個節點的輸出進行轉換。不同的層可能擁有不同的激勵函數。

還需要注意的是，神經網路不一定始終比特徵組合好，但它確實適用於特徵組合很難處理的場景。

10.1.4 實例程式碼

下面我們用 TensorFlow 的 DNNRegressor 類來定義一個神經網路（Neural Network，NN）和它的隱藏層。然後訓練一個神經網路來學習資料集中的非線性，並展示神經網路比一個線性迴歸模型能獲得更好的性能。我們先裝載資料：

```
import math

from IPython import display
from matplotlib import cm
```

```
from matplotlib import gridspec
from matplotlib import pyplot as plt
import numpy as np
import pandas as pd

from sklearn import metrics
import tensorflow as tf
from tensorflow. python. data import Dataset

tf. logging. set_verbosity(tf. logging. ERROR)
pd. options. display. max_rows = 10
pd. options. display. float_format = '{:.1f}'. format

california_housing_dataframe =
pd. read_csv(" https://storage. googleapis. com/mledu-datasets/california_housing_
train. csv", sep=",")

california_housing_dataframe = california_housing_dataframe. reindex(
  np. random. permutation(california_housing_dataframe. index))
```

然後預處理資料：

```
def preprocess_features(california_housing_dataframe):
""" Prepares input features from California housing data set.

Args:
  california_housing_dataframe: A Pandas DataFrame expected to contain data
    from the California housing data set.
Returns:
  A DataFrame that contains the features to be used for the model, including
  synthetic features.
"""
selected_features = california_housing_dataframe[
```

```
    [" latitude",
    " longitude",
    " housing_median_age",
    " total_rooms",
    " total_bedrooms",
    " population",
    " households",
    " median_income"]]
processed_features = selected_features. copy()
# Create a synthetic feature.
processed_features[" rooms_per_person"] = (
  california_housing_dataframe[" total_rooms"] /
  california_housing_dataframe[" population"])
return processed_features

def preprocess_targets(california_housing_dataframe):
""" Prepares target features (i. e., labels) from California housing data set.

Args:
  california_housing_dataframe: A Pandas DataFrame expected to contain data
    from the California housing data set.
Returns:
  A DataFrame that contains the target feature.
"""
output_targets = pd. DataFrame()
# Scale the target to be in units of thousands of dollars.
output_targets[" median_house_value"] = (
  california_housing_dataframe[" median_house_value"] / 1000.0)
return output_targets
```

創建訓練集和驗證集：

```
# Choose the first 12000 (out of 17000) examples for training.
training_examples =
preprocess_features(california_housing_dataframe. head(12000))
training_targets = preprocess_targets(california_housing_dataframe. head(12000))

# Choose the last 5000 (out of 17000) examples for validation.
validation_examples =
preprocess_features(california_housing_dataframe. tail(5000))
validation_targets =
preprocess_targets(california_housing_dataframe. tail(5000))

# Double-check that we' ve done the right thing.
print " Training examples summary："
display. display(training_examples. describe())
print " Validation examples summary："
display. display(validation_examples. describe())

print " Training targets summary："
display. display(training_targets. describe())
print " Validation targets summary："
display. display(validation_targets. describe())
```

結果如圖 10-9 ～圖 10-12 所示。

Training examples summary:

	latitude	longitude	housing_median_age	total_rooms	total_bedrooms	population	households	median_income	rooms_per_person
count	12000.0	12000.0	12000.0	12000.0	12000.0	12000.0	12000.0	12000.0	12000.0
mean	35.6	-119.6	28.6	2644.9	539.5	1432.0	501.4	3.9	2.0
std	2.1	2.0	12.6	2186.6	421.8	1168.0	384.9	1.9	1.0
min	32.5	-124.3	1.0	2.0	1.0	3.0	1.0	0.5	0.0
25%	33.9	-121.8	18.0	1468.0	298.0	791.0	282.0	2.6	1.5
50%	34.2	-118.5	29.0	2140.0	434.5	1168.0	409.0	3.5	1.9
75%	37.7	-118.0	37.0	3156.5	650.0	1720.0	607.0	4.8	2.3
max	42.0	-114.3	52.0	32627.0	6445.0	35682.0	6082.0	15.0	34.2

圖 10-9　訓練示例概括

Validation examples summary:

	latitude	longitude	housing_median_age	total_rooms	total_bedrooms	population	households	median_income	rooms_per_person
count	5000.0	5000.0	5000.0	5000.0	5000.0	5000.0	5000.0	5000.0	5000.0
mean	35.6	-119.5	28.6	2640.7	539.2	1423.8	500.8	3.9	2.0
std	2.1	2.0	12.5	2164.2	420.9	1098.1	383.6	1.9	1.5
min	32.5	-124.3	1.0	18.0	4.0	8.0	4.0	0.5	0.1
25%	33.9	-121.8	18.0	1448.8	294.0	786.8	280.0	2.5	1.5
50%	34.2	-118.5	29.0	2112.5	432.0	1165.0	408.0	3.5	1.9
75%	37.7	-118.0	37.0	3129.5	646.0	1724.2	601.0	4.7	2.3
max	42.0	-114.6	52.0	37937.0	5471.0	16122.0	5189.0	15.0	55.2

圖 10-10　驗證示例概括

Training targets summary:

	median_house_value
count	12000.0
mean	208.4
std	116.2
min	15.0
25%	120.8
50%	181.6
75%	266.3
max	500.0

圖 10-11　訓練目標概括

Validation targets summary:

	median_house_value
count	5000.0
mean	204.7
std	115.4
min	22.5
25%	117.4
50%	176.9
75%	261.1
max	500.0

圖 10-12　驗證示例概括

下面來創建一個神經網路，透過 DNNRegressor 類來完成。我們使用 hidden_ units 來定義神經網路的結構。hidden_ units 提供了一個整數列表，每個整數對應一個隱藏層，代表隱藏層中節點的個數，比如：

```
hidden_units=[3,10]
```

上面指定了包含 2 個隱藏層的神經網路。第一個隱藏層包含 3 個節點，第二個隱藏層包含 10 個節點。如果我們想添加更多的層，就可以添加更多的整數到列表中。比如，hidden_ units ＝ [10，20，30，40] 將創建 4 層，分別包含 10、20、30 和 40 個節點。默認情況下，所有隱藏層使用 ReLU 激勵函數，並完全連接。

定義特徵列和輸入函數：

```
def construct_feature_columns(input_features):
""" Construct the TensorFlow Feature Columns.

Args:
  input_features: The names of the numerical input features to use.
Returns:
  A set of feature columns
"""
return set([tf. feature_column. numeric_column(my_feature)
        for my_feature in input_features])
def my_input_fn(features, targets, batch_size=1, shuffle=True, num_epochs=None):
""" Trains a neural net regression model.

Args:
  features: pandas DataFrame of features
  targets: pandas DataFrame of targets
  batch_size: Size of batches to be passed to the model
  shuffle: True or False. Whether to shuffle the data.
  num_epochs: Number of epochs for which data should be repeated. None = repeat
indefinitely
Returns:
  Tuple of (features, labels) for next data batch
"""

# Convert pandas data into a dict of np arrays.
features = {key: np. array(value) for key, value in dict(features). items()}

# Construct a dataset, and configure batching/repeating.
ds = Dataset. from_tensor_slices((features, targets)) # warning: 2GB limit
```

```
ds = ds. batch(batch_size). repeat(num_epochs)

# Shuffle the data, if specified.
if shuffle:
ds = ds. shuffle(10000)

# Return the next batch of data.
features, labels = ds. make_one_shot_iterator(). get_next()
return features, labels
```

定義神經網路：

```
def train_nn_regression_model(
    learning_rate,
    steps,
    batch_size,
    hidden_units,
    training_examples,
    training_targets,
    validation_examples,
    validation_targets):
""" Trains a neural network regression model.

In addition to training, this function also prints training progress information,
as well as a plot of the training and validation loss over time.

Args:
    learning_rate: A `float`, the learning rate.
    steps: A non-zero `int`, the total number of training steps. A training step
        consists of a forward and backward pass using a single batch.


    batch_size: A non-zero `int`, the batch size.
```

```
  hidden_units: A `list` of int values, specifying the number of neurons in each
layer.
  training_examples: A `DataFrame` containing one or more columns from
    `california_housing_dataframe` to use as input features for training.
  training_targets: A `DataFrame` containing exactly one column from
    `california_housing_dataframe` to use as target for training.
  validation_examples: A `DataFrame` containing one or more columns from
    `california_housing_dataframe` to use as input features for validation.
  validation_targets: A `DataFrame` containing exactly one column from
    `california_housing_dataframe` to use as target for validation.
Returns:
  A `DNNRegressor` object trained on the training data.
"""

periods = 10
steps_per_period = steps / periods

# Create a DNNRegressor object.
my_optimizer = tf. train. GradientDescentOptimizer(learning_rate=learning_rate)
my_optimizer = tf. contrib. estimator. clip_gradients_by_norm(my_optimizer, 5.0)
dnn_regressor = tf. estimator. DNNRegressor(
  feature_columns=construct_feature_columns(training_examples),
  hidden_units=hidden_units,
  optimizer=my_optimizer,
)
# Create input functions.
training_input_fn = lambda: my_input_fn(training_examples,
                                        training_targets[" median_house_value"],
                                        batch_size=batch_size)
  predict_training_input_fn = lambda: my_input_fn(training_examples,
training_targets[" median_house_value"],
                                        num_epochs=1,
```

```
                                    shuffle=False)
  predict_validation_input_fn = lambda: my_input_fn(validation_examples,
validation_targets[" median_house_value"],
                                    num_epochs=1,
                                    shuffle=False)
# Train the model, but do so inside a loop so that we can periodically assess
# loss metrics.
print " Training model..."
print " RMSE (on training data):"
training_rmse = []
validation_rmse = []
for period in range (0, periods):
  # Train the model, starting from the prior state.
  dnn_regressor. train(
    input_fn=training_input_fn,
    steps=steps_per_period
)
# Take a break and compute predictions.
training_predictions =
dnn_regressor. predict(input_fn=predict_training_input_fn)
training_predictions = np. array([item[' predictions'][0] for item in
training_predictions])

  validation_predictions =
dnn_regressor. predict(input_fn=predict_validation_input_fn)
  validation_predictions = np. array([item[' predictions'][0] for item in
validation_predictions])

  # Compute training and validation loss.
  training_root_mean_squared_error = math. sqrt(
    metrics. mean_squared_error(training_predictions, training_targets))
  validation_root_mean_squared_error = math. sqrt(
```

```
        metrics. mean_squared_error(validation_predictions, validation_targets))
    # Occasionally print the current loss.
    print " period %02d : %0.2f" % (period, training_root_mean_squared_error)
    # Add the loss metrics from this period to our list.
    training_rmse. append(training_root_mean_squared_error)
    validation_rmse. append(validation_root_mean_squared_error)
print " Model training finished."

# Output a graph of loss metrics over periods.
plt. ylabel(" RMSE")
plt. xlabel(" Periods")
plt. title(" Root Mean Squared Error vs. Periods")
plt. tight_layout()
plt. plot(training_rmse, label=" training")
plt. plot(validation_rmse, label=" validation")
plt. legend()

print " Final RMSE (on training data): %0.2f" % training_root_mean_squared_error
print " Final RMSE (on validation data): %0.2f" %
validation_root_mean_squared_error
return dnn_regressor
```

下面我們訓練一個神經網路模型。調整一些超參數，把 RMSE 降低到 110 以下（在前面的線性迴歸例子中，我們認為 RMSE 110 是一個不錯的結果）。嘗試修改各個設定來提高驗證集上的準確率。

對於神經網路而言，過擬合是一個潛在風險。透過檢查訓練資料上的誤差和驗證資料上的誤差之間的差額，我們可以判斷是否開始過擬合了。如果差額開始增加，通常是一個過擬合的信號。

嘗試多種不同的設定。讀者可記錄這些設置和結果，並進行分析。當你獲得一個好的設定時，可以嘗試多運行幾次，看看能否重現結果。

一般而言，可以先使用小的神經網路權重開始，然後逐步加大，查看效果。

開始訓練：

```
dnn_regressor = train_nn_regression_model(
    learning_rate=0.01,
  steps=500,
  batch_size=10,
  hidden_units=[10, 2],
  training_examples=training_examples,
  training_targets=training_targets,
  validation_examples=validation_examples,
validation_targets=validation_targets)
```

結果如圖 10-13、圖 10-14 所示。

```
Training model...
RMSE (on training data):
  period 00 : 236.44
  period 01 : 234.27
  period 02 : 232.10
  period 03 : 229.94
  period 04 : 227.78
  period 05 : 225.64
  period 06 : 223.50
  period 07 : 221.37
  period 08 : 219.24
  period 09 : 217.13
Model training finished.
Final RMSE (on training data):   217.13
Final RMSE (on validation data): 213.50
```

圖 10-13　訓練資料

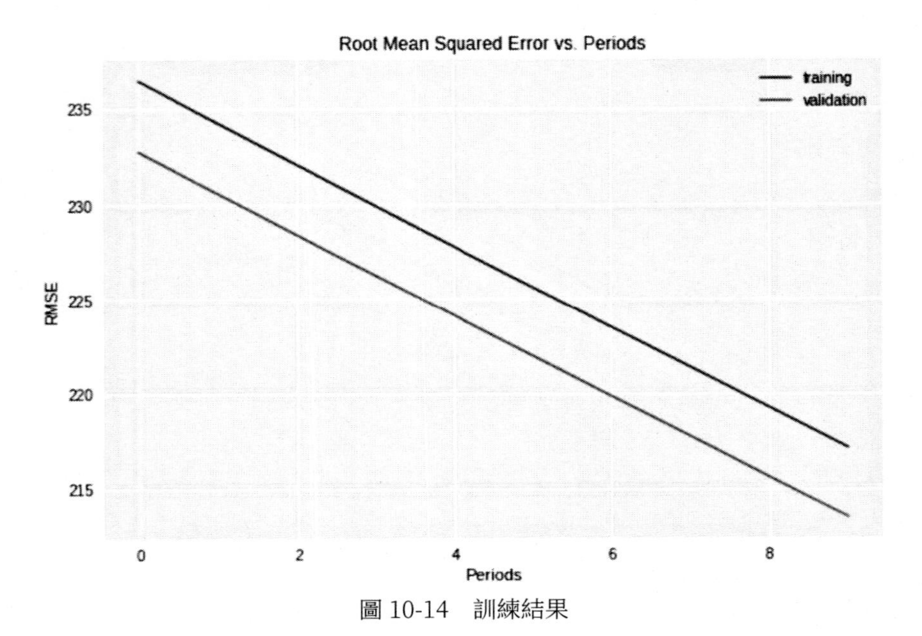

圖 10-14　訓練結果

下面我們嘗試不同的參數：

```
dnn_regressor = train_nn_regression_model(
  learning_rate=0.001,
  steps=2000,
  batch_size=100,
  hidden_units=[10, 10],
  training_examples=training_examples,
  training_targets=training_targets,
  validation_examples=validation_examples,
  validation_targets=validation_targets)
```

結果如圖 10-15、圖 10-16 所示。

```
Training model...
RMSE (on training data):
  period 00 : 171.73
  period 01 : 167.63
  period 02 : 166.95
  period 03 : 161.48
  period 04 : 157.08
  period 05 : 151.31
  period 06 : 144.11
  period 07 : 136.45
  period 08 : 127.93
  period 09 : 119.20
Model training finished.
Final RMSE (on training data):   119.20
Final RMSE (on validation data): 115.42
```

圖 10-15　訓練資料

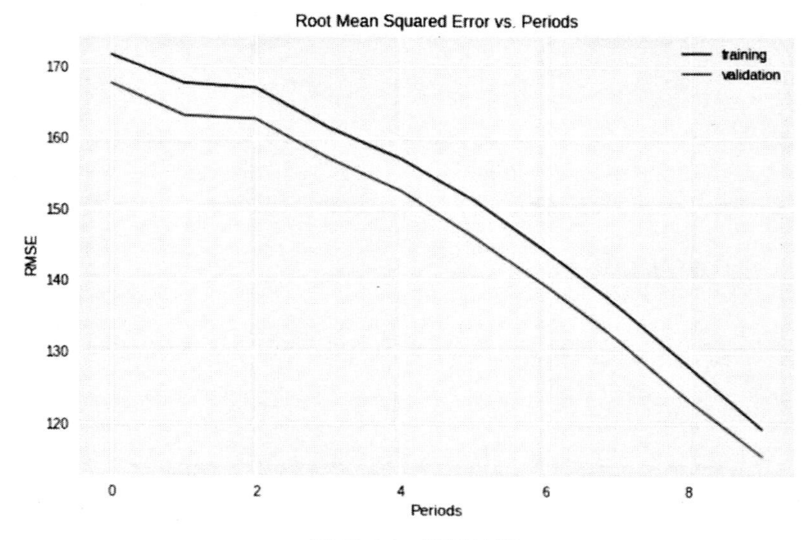

圖 10-16　訓練結果

一旦滿意在驗證集上的結果，接下來就可以在測試集上進行測試。在下面的程式碼中，裝載測試資料，預處理這些資料，然後調用預測函數。最後運算根均方值：

```
california_housing_test_data =
pd. read_csv(" https://storage. googleapis. com/mledu-datasets/california_housing_
test. csv", sep=",")
test_examples = preprocess_features(california_housing_test_data)

test_targets = preprocess_targets(california_housing_test_data)
predict_testing_input_fn = lambda: my_input_fn(test_examples,
                                               test_targets[" median_house_value"],
                                               num_epochs=1,
                                               shuffle=False)
test_predictions = dnn_regressor. predict(input_fn=predict_testing_input_fn)
test_predictions = np. array([item[' predictions'][0] for item in test_predictions])
root_mean_squared_error = math. sqrt(
    metrics. mean_squared_error(test_predictions, test_targets))

print " Final RMSE (on test data): %0.2f" % root_mean_squared_error
```

結果如下：

```
Final RMSE (on test data): 116.12
```

10.2　訓練神經網路

機器學習的常見任務就是擬合，也就是給定一些樣本點，用合適的曲線揭示這些樣本點隨著自變量的變化關係。深度學習同樣也是為了這個目的，只不過此時樣本點不再限定為（x，y）點對，而可以是由向量、矩陣等組成的廣義點對（X，Y）。此時，（X，Y）之間的關係也變得十分複雜，不太可能用一個簡單函數表示。正如前面提到的，我們可以用多層神經網路來表示這樣的關係。

Backpropagation（反向傳播）演算法是最常見的一種多層神經網路訓練演算法。借助這種演算法，梯度下降法在多層神經網路中將成為可行方法。反向傳播演算法對於快速訓練大型神經網路來說至關重要。TensorFlow 可自動處理反向傳播演算法，因此我們不需要對該演算法做深入研究。

10.2.1 正向傳播演算法

在學習反向傳播演算法的工作原理之前，我們首先了解一下什麼是正向傳播演算法。如圖 10-17 所示，這是一個簡單的神經網路（見左圖），其中包含一個輸入節點、一個輸出節點以及兩個隱藏層（分別有兩個節點）。相鄰的層中的節點透過權重 w_{ij} 相關聯，這些權重是網路參數。如圖 10-17 的中圖所示，每個節點都有一個輸入 x、一個激勵函數 f（x）以及一個輸出 y = f（x），必須是非線性函數，否則神經網路就只能學習線性模型。常用的激勵函數是 S 型函數，比如：

$$f(x)=\frac{1}{1+e^{-x}}$$

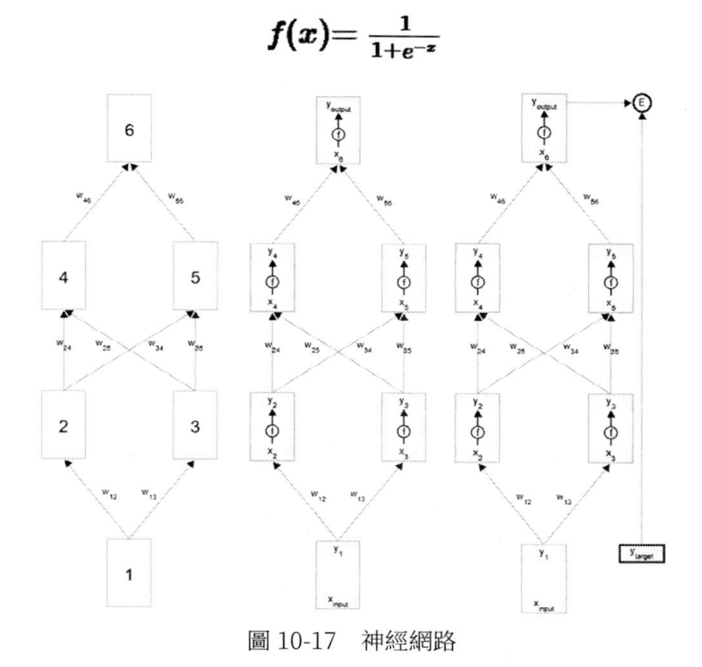

圖 10-17 神經網路

如圖 10-17 右圖所示，根據資料自動學習網路的權重，以便讓所有輸入 x_{input} 的預測輸出 y_{output} 接近目標 y_{target} 。為了衡量與該目標的差距，我們使用了一個誤差函數 E（見圖 10-17 右圖的右上端）。常用的誤差函數是：

$$E(y_{output}, y_{target}) = \frac{1}{2}(y_{output} - y_{target})^2$$

針對圖 10-17，我們首先看一下什麼是正向傳播（即從圖的底部往上看）。取一個輸入樣本 (x_{input}, y_{target})，並更新網路的輸入層。為了保持一致性，我們將輸入視為與其他任何節點相同，但不具有激勵函數，所以：

$$y_1 = x_{input}$$

然後，更新第一個隱藏層。我們取上一層節點的輸出 y，並使用權重來運算下一層節點的輸入 x，即：

$$x_j = \sum_{i \in in(j)} w_{ij} y_i + b_j$$

有了上面公式中的 x 值之後，更新第一個隱藏層中節點的輸出。為此，我們使用激勵函數 f（x），即 y = f（x）。使用這兩個公式，我們可以傳播到網路的其餘節點，並獲得網路的最終輸出（一直到最頂端）。

$$y = f(x)$$

$$x_j = \sum_{i \in in(j)} w_{ij} y_i + b_j$$

10.2.2　反向傳播演算法

在講解反向傳播演算法之前，我們先說明一下誤差導數。反向傳播演算法會對特定樣本的預測輸出和理想輸出進行比較，然後確定網路的每個權重的更新幅度。為此，需要運算誤差相對於每個權重的變化情況

（$\frac{dE}{dw_{ij}}$）。獲得誤差導數後，可以使用一種簡單的更新法則來更新權重：

$$w_{ij} = w_{ij} - \alpha \frac{dE}{dw_{ij}}$$

其中，α 是一個正常量，稱為「學習速率」，我們需要根據經驗對該常量進行微調。該更新法則非常簡單：如果在權重提高後誤差降低了（$\frac{dE}{dw_{ij}} < 0$），則提高權重；如果在權重提高後誤差也提高了（$\frac{dE}{dw_{ij}} > 0$），則降低權重。如圖 10-18 所示，每個權重的連線上都加了誤差導數。

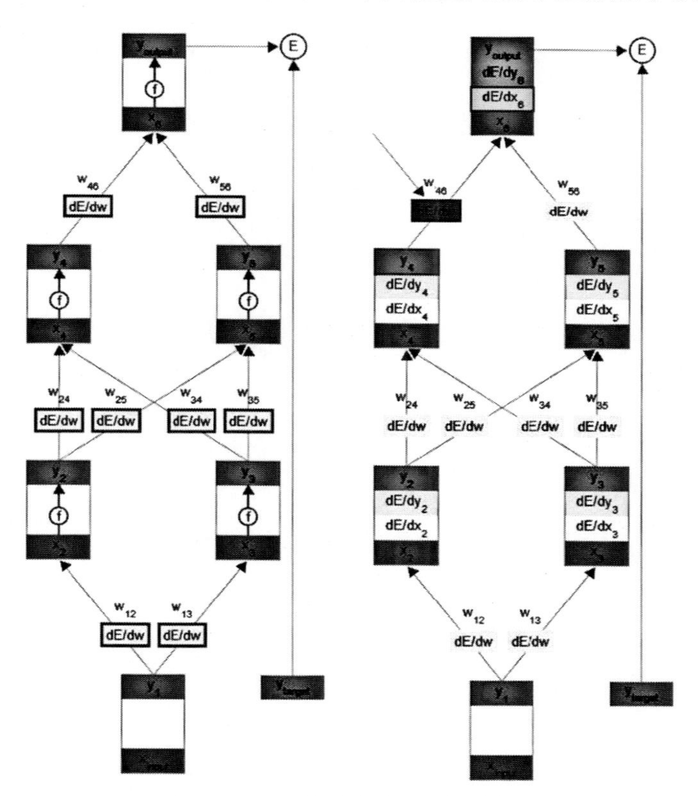

圖 10-18　帶誤差倒數的神經網路

為了幫助運算 $\frac{dE}{dw_{ij}}$ ，我們還為每個節點分別儲存了兩個導數：節點 dE/dx 的輸入以及節點 dE/dy 的輸出（見圖 10-18 的右圖，比較左圖和右圖）。

如圖 10-18 右圖所示（見圖上箭頭），下面開始反向傳播誤差導數。由於我們擁有此特定輸入樣本的預測輸出，因此可以運算誤差隨該輸出的變化情況。根據誤差函數：

$$E = \frac{1}{2}(y_{output} - y_{target})^2$$

可以得出：

$$\frac{\partial E}{\partial y_{output}} = y_{output} - y_{target}$$

有了 dE/dy，接下來便可以根據鏈式法則得出 dE/dx（見圖 10-18，從頂端往下走）。

$$\frac{\partial E}{\partial x} = \frac{dy}{dx}\frac{\partial E}{\partial y} = \frac{d}{dx}f(x)\frac{\partial E}{\partial y}$$

其中，當 f（x）是 S 型激勵函數時：

$$\frac{d}{dx}f(x) = f(x)(1 - f(x))$$

一旦得出相對於某節點的總輸入的誤差導數，我們便可以得出相對於進入該節點的權重的誤差導數：

$$\frac{\partial E}{\partial w_{ij}} = \frac{\partial x_j}{\partial w_{ij}}\frac{\partial E}{\partial x_j} = y_i\frac{\partial E}{\partial x_j}$$

根據鏈式法則，我們還可以根據上一層得出 dE/dy。此時，形成了一個完整的循環。

$$\frac{\partial E}{\partial y_i} = \sum_{j \in out(i)} \frac{\partial x_j}{\partial y_i} \frac{\partial E}{\partial x_j} = \sum_{j \in out(i)} w_{ij} \frac{\partial E}{\partial x_j}$$

接下來，只需重複前面的幾個公式，直到運算出所有誤差導數即可。反向傳播完成。

值得注意的是，很多常見情況都會導致反向傳播演算法出錯。

·梯度消失

反向傳播依賴於梯度。較低層（更接近輸入）的梯度可能會變得非常小。在深度網路中，運算這些梯度時，可能涉及許多小項的乘積。當較低層的梯度逐漸消失到 0 時，這些層的訓練速度會非常緩慢，甚至不再訓練。ReLU 激勵函數有助於防止梯度消失。一般來講，我們儘量將模型的深度限制為最小的有效深度。

·梯度爆炸

如果網路中的權重過大，那麼較低層的梯度會涉及許多大項的乘積。在這種情況下，梯度就會爆炸：梯度過大導致難以收斂。批次標準化可以降低學習速率，因而有助於防止梯度爆炸。如果學習速率太高，就會出現極不穩定的情況，模型中就可能出現 NaN。在這種情況下，就要以較低的學習速率再試一次。

·ReLU 單元消失

一旦 ReLU 單元的加權和低於 0，ReLU 單元就可能會停滯。它會輸出對網路輸出沒有任何貢獻的 0 激勵，而梯度在反向傳播演算法期間將無法再從中流過。如果最終所有內容都低於 0 值，梯度就無法反向傳播，由於梯度的來源被切斷，ReLU 的輸入可能無法做出足夠的改變來使加權和恢復到 0 以上。降低學習速率有助於防止 ReLU 單元消失。

10.2.3　標準化特徵值

訓練時，如果特徵值在輸入時就已經標準化（normalize），通常會對我們非常有用。如果範圍大致相同，就有助於提高神經網路的轉化速度。雖然範圍實際值並不重要，但是我們通常推薦的大致範圍是－1～＋1。正因為如此，標準化特徵值有時叫做「歸一化」。它是為了加快訓練網路的收斂性，避免空值。

由於採集的各資料單位不一致，因而須對資料進行 [－1，1] 歸一化處理，歸一化的具體作用是歸納統一樣本的統計分布性。歸一化在 0 和 1 之間是統計的機率分布，歸一化在－1 和＋1 之間是統計的坐標分布。無論是為了建模還是為了運算，首先基本度量單位要統一，神經網路是以樣本在事件中的統計機率來進行訓練（機率運算）和預測的，歸一化是統一在 0 和 1 之間的統計機率分布。

當所有樣本的輸入信號都為正值時，與第一隱含層神經元相連的權值只能同時增加或減小，從而導致學習速度很慢。為了避免出現這種情況，加快網路學習速度，可以對輸入信號進行歸一化，使得所有樣本的輸入信號的均值接近於 0 或與其均方差相比很小。

10.2.4　丟棄正則化

在訓練深度網路時還有一個很有用的技巧，即正則化的另一種形式，叫作丟棄（Dropout），可用於神經網路。其工作原理是，在梯度下降法的每一步中隨機丟棄一些網路單元。丟棄得越多，正則化效果就越強：

·0.0 ＝無丟棄正則化。

·1.0 ＝丟棄所有內容。模型學不到任何規律。

·0.0 和 1.0 之間的值更有用。

若一個都不丟棄，則模型便具備完整的複雜性；若在訓練過程中的某個位置進行丟棄，則相當於在這個位置應用了某種有效的正則化。丟棄的目的也是用來減少過擬合。而和 L1、L2 正則化不同的是，丟棄是改變神經網路本身的結構。假設有一個神經網路，按照前面的方法，根據輸入 X，先正向更新神經網路，得到輸出值，然後反向根據 backpropagation 演算法來更新權重和偏向。而丟棄不同的是：

（1）開始時隨機刪除掉隱藏層一半的神經元。

（2）然後，在刪除後的剩下一半神經元中正向和反向更新權重和偏向。

（3）再恢復之前刪除的神經元，重新隨機刪除一半的神經元，正向和反向更新 w 和 b。

（4）重複上述過程。

最後，學習出來的神經網路中的每個神經元都是在只有一半神經元的基礎上學習的，因為更新次數減半，學習的權重會偏大，所以當所有神經元被恢復後（上述步驟（2）），把得到的隱藏層的權重減半。

丟棄為什麼可以減少過擬合？原因為：一般情況下，對於同一組訓練資料，利用不同的神經網路訓練之後，求其輸出的平均值可以減少過擬合。Dropout 就是利用這個原理，每次丟掉一半的隱藏層神經元，相當於在不同的神經網路上進行訓練，這樣就減少了神經元之間的依賴性，即每個神經元不能依賴於某幾個其他的神經元（指層與層之間相連接的神經元），使神經網路更加能學習到與其他神經元之間的更加健壯的特徵。Dropout 不僅減少過擬合，還能提高準確率。

10.2.5 程式碼實例

本節透過將特徵標準化並應用各種最佳化演算法來提高神經網路的

性能。我們首先來裝載資料：

```
import math

from IPython import display
from matplotlib import cm
from matplotlib import gridspec
from matplotlib import pyplot as plt
import numpy as np
import pandas as pd
from sklearn import metrics
import tensorflow as tf
from tensorflow. python. data import Dataset

tf. logging. set_verbosity(tf. logging. ERROR)
pd. options. display. max_rows = 10
pd. options. display. float_format = '{:.1f}'. format

california_housing_dataframe =
pd. read_csv(" https://storage. googleapis. com/mledu-datasets/california_housing_
train. csv", sep=",")

california_housing_dataframe = california_housing_dataframe. reindex(
np. random. permutation(california_housing_dataframe. index))
```

定義預處理函數：

```
def preprocess_features(california_housing_dataframe):
""" Prepares input features from California housing data set.

Args:
  california_housing_dataframe: A Pandas DataFrame expected to contain data
    from the California housing data set.
```

```
Returns:
  A DataFrame that contains the features to be used for the model, including
  synthetic features.
"""
selected_features = california_housing_dataframe[
  [" latitude",
  " longitude",
  " housing_median_age",
  " total_rooms",
  " total_bedrooms",
  " population",
  " households",
  " median_income"]]
processed_features = selected_features. copy()
# Create a synthetic feature.
processed_features[" rooms_per_person"] = (
  california_housing_dataframe[" total_rooms"] /
  california_housing_dataframe[" population"])
return processed_features
def preprocess_targets(california_housing_dataframe):
""" Prepares target features (i. e., labels) from California housing data set.

Args:
  california_housing_dataframe: A Pandas DataFrame expected to contain data
    from the California housing data set.
Returns:
  A DataFrame that contains the target feature.
"""
output_targets = pd. DataFrame()
# Scale the target to be in units of thousands of dollars.
output_targets[" median_house_value"] = (
  california_housing_dataframe[" median_house_value"] / 1000.0)
```

```
return output_targets
```

創建訓練集和驗證集：

```
# Choose the first 12000 (out of 17000) examples for training.
training_examples =
preprocess_features(california_housing_dataframe. head(12000))
training_targets = preprocess_targets(california_housing_dataframe. head(12000))

# Choose the last 5000 (out of 17000) examples for validation.
validation_examples =
preprocess_features(california_housing_dataframe. tail(5000))
validation_targets =
preprocess_targets(california_housing_dataframe. tail(5000))

# Double-check that we' ve done the right thing.
print " Training examples summary："
display. display(training_examples. describe())
print " Validation examples summary："
display. display(validation_examples. describe())

print " Training targets summary："
display. display(training_targets. describe())
print " Validation targets summary："
display. display(validation_targets. describe())
```

結果如圖 10-19 ～圖 10-22 所示。

Training examples summary:

	latitude	longitude	housing_median_age	total_rooms	total_bedrooms	population	households	median_income	rooms_per_person
count	12000.0	12000.0	12000.0	12000.0	12000.0	12000.0	12000.0	12000.0	12000.0
mean	35.6	-119.6	28.6	2639.6	537.6	1422.6	499.5	3.9	2.0
std	2.1	2.0	12.6	2175.5	419.9	1124.6	382.3	1.9	1.2
min	32.5	-124.3	1.0	2.0	1.0	3.0	1.0	0.5	0.1
25%	33.9	-121.8	18.0	1454.8	295.0	784.0	281.0	2.6	1.5
50%	34.2	-118.5	29.0	2122.0	432.0	1161.0	408.0	3.5	1.9
75%	37.7	-118.0	37.0	3148.0	650.0	1718.0	603.0	4.8	2.3
max	42.0	-114.3	52.0	37937.0	6445.0	28566.0	6082.0	15.0	55.2

圖 10-19　訓練示例概括

Validation examples summary:

	latitude	longitude	housing_median_age	total_rooms	total_bedrooms	population	households	median_income	rooms_per_person
count	5000.0	5000.0	5000.0	5000.0	5000.0	5000.0	5000.0	5000.0	5000.0
mean	35.6	-119.6	28.5	2653.5	543.8	1446.4	505.5	3.9	2.0
std	2.1	2.0	12.5	2190.7	425.4	1201.9	389.9	1.9	1.0
min	32.5	-124.2	2.0	20.0	4.0	17.0	4.0	0.5	0.0
25%	33.9	-121.8	18.0	1472.8	302.0	801.0	283.0	2.6	1.5
50%	34.3	-118.5	29.0	2143.5	439.5	1180.0	412.0	3.5	1.9
75%	37.7	-118.0	37.0	3154.5	647.0	1730.0	609.0	4.7	2.3
max	41.9	-114.6	52.0	32054.0	5290.0	35682.0	5050.0	15.0	26.5

圖 10-20　驗證示例概括

Training targets summary:

	median_house_value
count	12000.0
mean	207.3
std	116.0
min	15.0
25%	119.1
50%	180.5
75%	265.2
max	500.0

圖 10-21　訓練目標概括

Validation targets summary:

	median_house_value
count	5000.0
mean	207.4
std	115.9
min	15.0
25%	120.2
50%	179.8
75%	264.2
max	500.0

圖 10-22　驗證目標概括

接下來，我們將訓練神經網路。定義特徵列結構和輸入函數：

```
def construct_feature_columns(input_features):
""" Construct the TensorFlow Feature Columns.
Args:
  input_features: The names of the numerical input features to use.
Returns:
  A set of feature columns
"""
return set([tf. feature_column. numeric_column(my_feature)
                    for my_feature in input_features])
def my_input_fn(features, targets, batch_size=1, shuffle=True, num_epochs=None):
""" Trains a linear regression model of one feature.

Args:
  features: pandas DataFrame of features
  targets: pandas DataFrame of targets
  batch_size: Size of batches to be passed to the model
  shuffle: True or False. Whether to shuffle the data.
  num_epochs: Number of epochs for which data should be repeated. None = repeat
indefinitely
Returns:
  Tuple of (features, labels) for next data batch
"""

# Convert pandas data into a dict of np arrays.
features = {key: np. array(value) for key, value in dict(features). items()}

# Construct a dataset, and configure batching/repeating
ds = Dataset. from_tensor_slices((features, targets)) # warning: 2GB limit
ds = ds. batch(batch_size). repeat(num_epochs)
# Shuffle the data, if specified
if shuffle:
     ds = ds. shuffle(10000)
```

```
# Return the next batch of data
features, labels = ds. make_one_shot_iterator(). get_next()
return features, labels
```

定義神經網路模型：

```
def train_nn_regression_model(
    my_optimizer,
    steps,
    batch_size,
    hidden_units,
    training_examples,
    training_targets,
    validation_examples,
    validation_targets):
""" Trains a neural network regression model.

In addition to training, this function also prints training progress information,
as well as a plot of the training and validation loss over time.

Args:
    my_optimizer: An instance of `tf. train. Optimizer`, the optimizer to use.
    steps: A non-zero `int`, the total number of training steps. A training step
      consists of a forward and backward pass using a single batch.
    batch_size: A non-zero `int`, the batch size.
    hidden_units: A `list` of int values, specifying the number of neurons in each
layer.
    training_examples: A `DataFrame` containing one or more columns from
      `california_housing_dataframe` to use as input features for training.
    training_targets: A `DataFrame` containing exactly one column from
      `california_housing_dataframe` to use as target for training.
    validation_examples: A `DataFrame` containing one or more columns from
```

```
      `california_housing_dataframe` to use as input features for validation.
   validation_targets: A `DataFrame` containing exactly one column from
      `california_housing_dataframe` to use as target for validation.
Returns:
   A tuple `(estimator, training_losses, validation_losses)`:
      estimator: the trained `DNNRegressor` object.
      training_losses: a `list` containing the training loss values taken during
training.
validation_losses: a `list` containing the validation loss values taken during
training.
"""

periods = 10
steps_per_period = steps / periods

# Create a linear regressor object.
my_optimizer = tf. contrib. estimator. clip_gradients_by_norm(my_optimizer, 5.0)
dnn_regressor = tf. estimator. DNNRegressor(
   feature_columns=construct_feature_columns(training_examples),
   hidden_units=hidden_units,
   optimizer=my_optimizer
)

# Create input functions
training_input_fn = lambda: my_input_fn(training_examples,
                                        training_targets[" median_house_value"],
                                        batch_size=batch_size)
   predict_training_input_fn = lambda: my_input_fn(training_examples,
training_targets[" median_house_value"],
                                        num_epochs=1,
                                        shuffle=False)
predict_validation_input_fn = lambda: my_input_fn(validation_examples,
```

```
validation_targets[" median_house_value"],
                                                    num_epochs=1,
                                                    shuffle=False)
# Train the model, but do so inside a loop so that we can periodically assess
# loss metrics.
print " Training model..."
print " RMSE (on training data):"
training_rmse = []
validation_rmse = []
for period in range (0, periods):
  # Train the model, starting from the prior state.
  dnn_regressor. train(
    input_fn=training_input_fn,
    steps=steps_per_period
)
  # Take a break and compute predictions.
  training_predictions =
dnn_regressor. predict(input_fn=predict_training_input_fn)
  training_predictions = np. array([item[' predictions'][0] for item in
training_predictions])

  validation_predictions =
dnn_regressor. predict(input_fn=predict_validation_input_fn)
  validation_predictions = np. array([item[' predictions'][0] for item in
validation_predictions])


  # Compute training and validation loss.
  training_root_mean_squared_error = math. sqrt(
    metrics. mean_squared_error(training_predictions, training_targets))
  validation_root_mean_squared_error = math. sqrt(
    metrics. mean_squared_error(validation_predictions, validation_targets))
```

```
    # Occasionally print the current loss.
    print " period %02d : %0.2f" % (period, training_root_mean_squared_error)
    # Add the loss metrics from this period to our list.
    training_rmse. append(training_root_mean_squared_error)
    validation_rmse. append(validation_root_mean_squared_error)
  print " Model training finished."

    # Output a graph of loss metrics over periods.
    plt. ylabel(" RMSE")
    plt. xlabel(" Periods")
    plt. title(" Root Mean Squared Error vs. Periods")
    plt. tight_layout()
    plt. plot(training_rmse, label=" training")
    plt. plot(validation_rmse, label=" validation")
    plt. legend()

    print " Final RMSE (on training data): %0.2f" % training_root_mean_squared_
error
    print " Final RMSE (on validation data): %0.2f" %
validation_root_mean_squared_error
return dnn_regressor, training_rmse, validation_rmse
```

開始訓練：

```
= train_nn_regression_model(
    my_optimizer=tf. train. GradientDescentOptimizer(learning_rate=0.0007),
    steps=5000,
    batch_size=70,
    hidden_units=[10, 10],
    training_examples=training_examples,
    training_targets=training_targets,
    validation_examples=validation_examples,
    validation_targets=validation_targets)
```

結果如圖 10-23 和圖 10-24 所示。

```
Training model...
RMSE (on training data):
  period 00 : 154.53
  period 01 : 140.22
  period 02 : 125.73
  period 03 : 112.86
  period 04 : 108.60
  period 05 : 109.13
  period 06 : 106.49
  period 07 : 106.29
  period 08 : 107.11
  period 09 : 104.40
Model training finished.
Final RMSE (on training data):   104.40
Final RMSE (on validation data): 104.71
```

圖 10-23　訓練資料

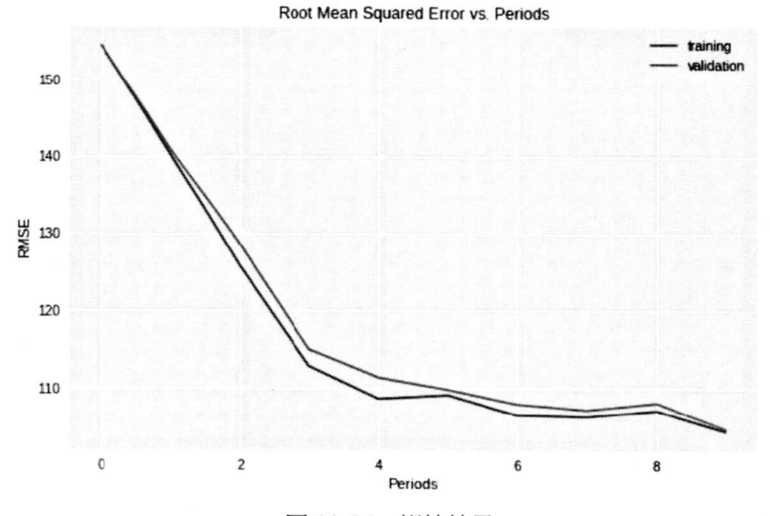

圖 10-24　訓練結果

下面進行線性縮放，即將輸入標準化，以使其位於（-1，1）範圍內，這可能是一種良好的標準做法。這樣一來，SGD 在一個維度中採用很大步長（或者在另一個維度中採用很小步長）時不會受阻。這種做法與使用預調節器（Preconditioner）的想法是有關聯的。其程式碼如下：

```
def linear_scale(series):
    min_val = series. min()
    max_val = series. max()
    scale = (max_val - min_val) / 2.0
    return series. apply(lambda x:((x - min_val) / scale) - 1.0)
```

下面我們使用線性縮放將特徵標準化，即將輸入標準化到（-1，1）範圍內。一般來說，當輸入特徵大致位於相同範圍時，神經網路的訓練效果最好。由於標準化會使用最小值和最大值，我們必須確保在整個資料集中一次性完成該操作。我們之所以可以這樣做，是因為所有的資料都在一個 DataFrame 中。如果我們有多個資料集，那麼最好從訓練集中導出標準化參數，然後以相同的方式將其應用於測試集。其程式碼如下：

```
def normalize_linear_scale(examples_dataframe):
    """ Returns a version of the input `DataFrame` that has all its features normalized
linearly."""
    processed_features = pd. DataFrame()
    processed_features[" latitude"] = linear_scale(examples_dataframe[" latitude"])
    processed_features[" longitude"] =
linear_scale(examples_dataframe[" longitude"])
    processed_features[" housing_median_age"] =
linear_scale(examples_dataframe[" housing_median_age"])
    processed_features[" total_rooms"] =
linear_scale(examples_dataframe[" total_rooms"])
    processed_features[" total_bedrooms"] =
linear_scale(examples_dataframe[" total_bedrooms"])
    processed_features[" population"] =
linear_scale(examples_dataframe[" population"])
    processed_features[" households"] =
```

```
linear_scale(examples_dataframe[" households"])
  processed_features[" median_income"] =
linear_scale(examples_dataframe[" median_income"])
  processed_features[" rooms_per_person"] =
linear_scale(examples_dataframe[" rooms_per_person"])
  return processed_features

normalized_dataframe =
normalize_linear_scale(preprocess_features(california_housing_dataframe))
normalized_training_examples = normalized_dataframe. head(12000)
normalized_validation_examples = normalized_dataframe. tail(5000)

_ = train_nn_regression_model(
  my_optimizer=tf. train. GradientDescentOptimizer(learning_rate=0.005),
  steps=2000,
  batch_size=50,
  hidden_units=[10, 10],
  training_examples=normalized_training_examples,
  training_targets=training_targets,
  validation_examples=normalized_validation_examples,
  validation_targets=validation_targets)
```

結果如圖 10-25、圖 10-26 所示。

```
Training model...
RMSE (on training data):
  period 00 : 186.42
  period 01 : 116.82
  period 02 : 106.83
  period 03 : 92.03
  period 04 : 79.42
  period 05 : 75.53
  period 06 : 73.90
  period 07 : 72.93
  period 08 : 71.98
  period 09 : 72.10
Model training finished.
Final RMSE (on training data):   72.10
Final RMSE (on validation data): 72.88
```

圖 10-25　訓練資料

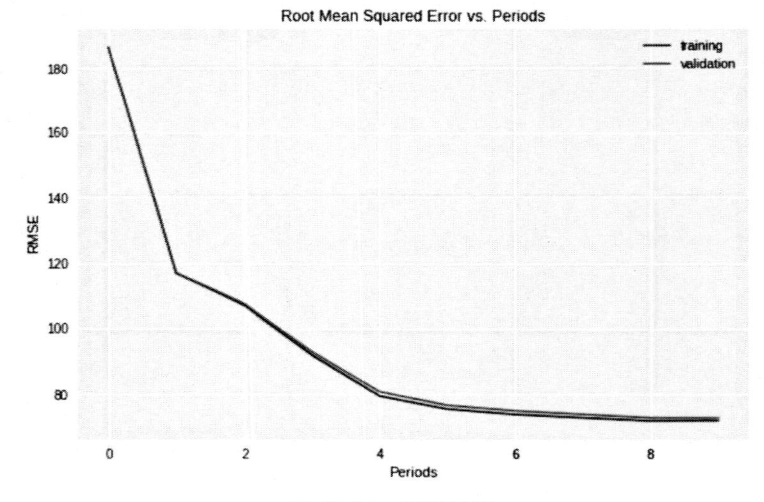

圖 10-26　訓練結果

下面我們嘗試其他優化器，使用 AdaGrad 和 Adam 優化器並對比其效果。AdaGrad 的核心是靈活的修改模型中每個係數的學習率。該優化器對於凸優化問題非常有效，但不一定適合非凸優化問題的神經網路訓練。透過指定 AdagradOptimizer（而不是 GradientDescentOptimizer）來使用 AdaGrad。對於 AdaGrad，可能需要使用較大的學習率。

對於非凸優化問題，Adam 有時比 AdaGrad 更有效。要使用 Adam，可調用 tf. train. AdamOptimizer 方法。此方法將幾個可選超參數作為參數，但解決方案僅指定其中一個（learning_ rate）。在應用設定中，我們應該謹慎指定和調整可選超參數。

首先，我們來嘗試 AdaGrad：

```
_, adagrad_training_losses, adagrad_validation_losses =
train_nn_regression_model(
    my_optimizer=tf. train. AdagradOptimizer(learning_rate=0.5),
    steps=500,
    batch_size=100,
    hidden_units=[10, 10],
    training_examples=normalized_training_examples,
    training_targets=training_targets,
    validation_examples=normalized_validation_examples,
    validation_targets=validation_targets)
```

結果如圖 10-27、圖 10-28 所示。

```
Training model...
RMSE (on training data):
  period 00 : 80.95
  period 01 : 76.47
  period 02 : 72.89
  period 03 : 72.58
  period 04 : 69.52
  period 05 : 69.38
  period 06 : 70.13
  period 07 : 73.93
  period 08 : 69.11
  period 09 : 68.99
Model training finished.
Final RMSE (on training data):   68.99
Final RMSE (on validation data): 69.82
```

圖 10-27　訓練資料

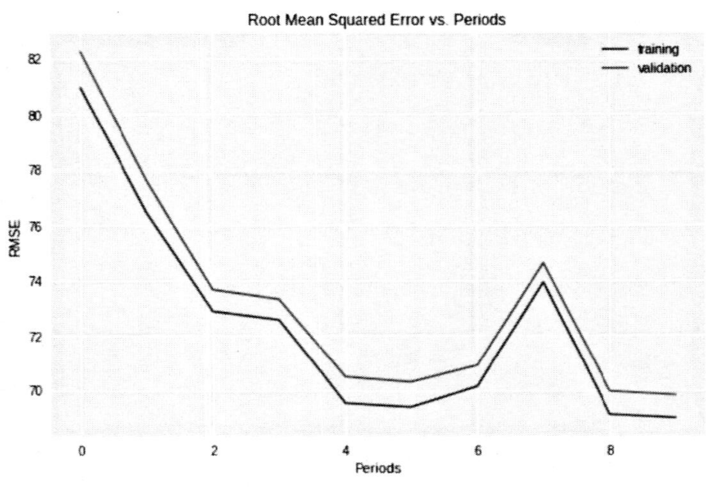

圖 10-28　訓練結果

現在，我們來嘗試 Adam：

```
_, adam_training_losses, adam_validation_losses = train_nn_regression_model(
    my_optimizer=tf. train. AdamOptimizer(learning_rate=0.009),
    steps=500,
    batch_size=100,
    hidden_units=[10, 10],
    training_examples=normalized_training_examples,
    training_targets=training_targets,
    validation_examples=normalized_validation_examples,
    validation_targets=validation_targets)
```

結果如圖 10-29、圖 10-30 所示。

```
Training model...
RMSE (on training data):
  period 00 : 187.01
  period 01 : 119.20
  period 02 : 109.66
  period 03 : 100.04
  period 04 : 83.90
  period 05 : 74.35
  period 06 : 72.02
  period 07 : 70.80
  period 08 : 70.40
  period 09 : 69.65
Model training finished.
Final RMSE (on training data):   69.65
Final RMSE (on validation data): 70.49
```

圖 10-29　訓練資料

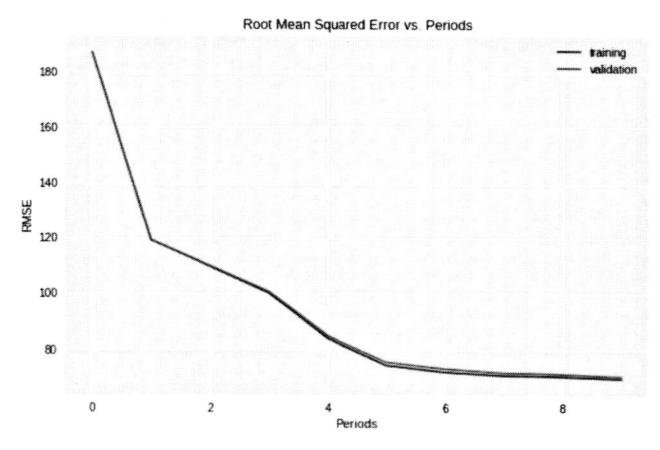

圖 10-30　訓練結果

並輸出損失指標的圖表：

```
plt. ylabel(" RMSE")
plt. xlabel(" Periods")
plt. title(" Root Mean Squared Error vs. Periods")
plt. plot(adagrad_training_losses ,label=' Adagrad training')
plt. plot(adagrad_validation_losses ,label=' Adagrad validation')
```

```
plt. plot(adam_training_losses，label=' Adam training')
plt. plot(adam_validation_losses，label=' Adam validation')
_ = plt. legend()
```

結果如圖 10-31 所示。

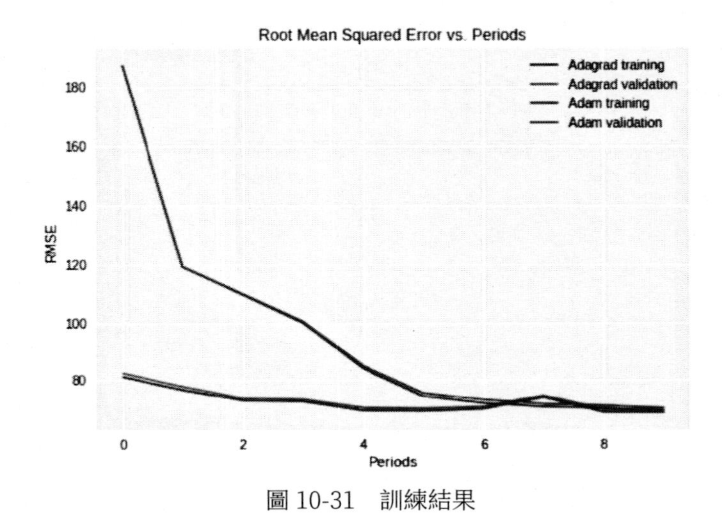

圖 10-31　訓練結果

我們還可以嘗試對各種特徵使用其他標準化方法，以進一步提高性能。如果仔細查看轉換後資料的匯總統計資訊，可能會注意到，對某些特徵進行線性縮放會使其聚集到接近 -1 的位置。例如，很多特徵的中位數約為 -0.8，而不是 0.0。

```
_ = training_examples. hist(bins=20, figsize=(18, 12), xlabelsize=2)
```

結果如圖 10-32 所示。

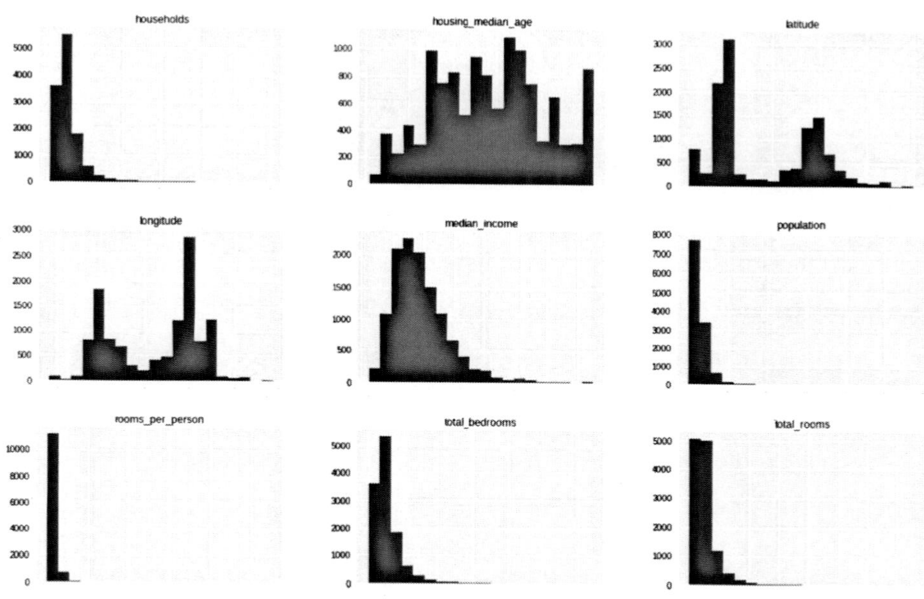

圖 10-32　很多特徵的中位數約為 -0.8

透過選擇其他方式來轉換這些特徵，可能會獲得更好的效果。例如，對數縮放可能對某些特徵有幫助。或者，截取極端值可能會使剩餘部分的資訊更加豐富。

```
def log_normalize(series):
return series. apply(lambda x: math. log(x+1.0))

def clip(series, clip_to_min, clip_to_max):
  return series. apply(lambda x:(
    min(max(x, clip_to_min), clip_to_max)))
def z_score_normalize(series):
  mean = series. mean()
  std_dv = series. std()
  return series. apply(lambda x:(x - mean) / std_dv)
```

```
def binary_threshold(series, threshold):
   return series. apply(lambda x:(1 if x > threshold else 0))
```

上述程式碼包含一些額外的標準化函數。我們可嘗試其中的某些函數，或添加自己的函數。要注意的是，若將目標標準化，則需要將網路的預測結果非標準化，以便比較損失函數的值。以上這些只是我們能想到的處理資料的幾種方法，其他轉換方式可能會更好。households、median_ income 和 total_ bedrooms 在對數空間內均呈正態分布。如果 latitude、longitude 和 housing_ median_ age 像之前一樣進行線性縮放，效果可能會更好。population、total_ rooms 和 rooms_ per_ person 具有幾個極端離群值。這些值似乎過於極端，以至於我們無法利用對數標準化處理這些離群值。因此，我們直接截取掉這些值。

```
def normalize(examples_dataframe):
""" Returns a version of the input `DataFrame` that has all its features
normalized."""
   processed_features = pd. DataFrame()

   processed_features[" households"] =
log_normalize(examples_dataframe[" households"])
   processed_features[" median_income"] =
log_normalize(examples_dataframe[" median_income"])
   processed_features[" total_bedrooms"] =
log_normalize(examples_dataframe[" total_bedrooms"])

   processed_features[" latitude"] = linear_scale(examples_dataframe[" latitude"])
   processed_features[" longitude"] =
linear_scale(examples_dataframe[" longitude"])
   processed_features[" housing_median_age"] =
linear_scale(examples_dataframe[" housing_median_age"])
```

```
    processed_features[" population"] =
linear_scale(clip(examples_dataframe[" population"], 0, 5000))
    processed_features[" rooms_per_person"] =
linear_scale(clip(examples_dataframe[" rooms_per_person"], 0, 5))
    processed_features[" total_rooms"] =
linear_scale(clip(examples_dataframe[" total_rooms"], 0, 10000))

return processed_features

normalized_dataframe =
normalize_linear_scale(preprocess_features(california_housing_dataframe))
normalized_training_examples = normalized_dataframe. head(12000)
normalized_validation_examples = normalized_dataframe. tail(5000)
_ = train_nn_regression_model(
    my_optimizer=tf. train. AdagradOptimizer(learning_rate=0.15),
    steps=1000,
    batch_size=50,
    hidden_units=[10, 10],
    training_examples=normalized_training_examples,
    training_targets=training_targets,
    validation_examples=normalized_validation_examples,
    validation_targets=validation_targets)
```

結果如圖 10-33、圖 10-34 所示。

```
Training model...
RMSE (on training data):
  period 00 : 95.24
  period 01 : 72.65
  period 02 : 71.14
  period 03 : 70.45
  period 04 : 70.75
  period 05 : 69.88
  period 06 : 69.98
  period 07 : 69.62
  period 08 : 70.02
  period 09 : 69.22
Model training finished.
Final RMSE (on training data):   69.22
Final RMSE (on validation data): 69.97
```

圖 10-33　訓練資料

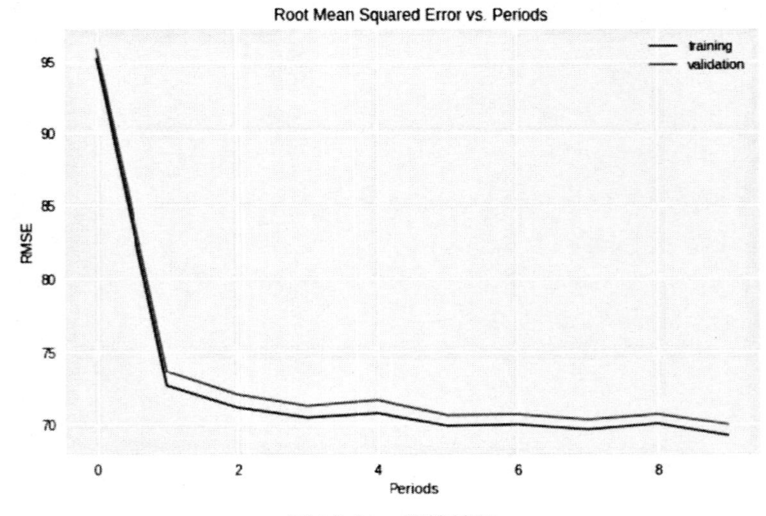

圖 10-34　訓練結果

下面我們訓練僅使用緯度和經度作為特徵的神經網路模型。房地產商喜歡說，地段是房價的唯一重要特徵。我們來看看能否透過訓練僅使用緯度和經度作為特徵的模型來證實這一點。只有神經網路模型可以從緯度和經度中學會複雜的非線性規律，才能達到我們想要的效果。注意：我們可能需要一個網路結構，其層數比之前在練習中使用的要多。

```
def location_location_location(examples_dataframe):
""" Returns a version of the input `DataFrame` that keeps only the latitude and
longitude."""
  processed_features = pd. DataFrame()
  processed_features[" latitude"] = linear_scale(examples_dataframe[" latitude"])
  processed_features[" longitude"] =
linear_scale(examples_dataframe[" longitude"])
  return processed_features

lll_dataframe =
location_location_location(preprocess_features(california_housing_dataframe))
lll_training_examples = lll_dataframe. head(12000)
lll_validation_examples = lll_dataframe. tail(5000)

_ = train_nn_regression_model(
  my_optimizer=tf. train. AdagradOptimizer(learning_rate=0.05),
  steps=500,
  batch_size=50,
  hidden_units=[10, 10, 5, 5, 5],
  training_examples=lll_training_examples,
  training_targets=training_targets,
  validation_examples=lll_validation_examples,
  validation_targets=validation_targets)
```

結果如圖 10-35、圖 10-36 所示。

```
Training model...
RMSE (on training data):
  period 00 : 108.62
  period 01 : 105.26
  period 02 : 102.90
  period 03 : 101.41
  period 04 : 100.59
  period 05 : 100.35
  period 06 : 100.45
  period 07 : 99.57
  period 08 : 99.20
  period 09 : 98.91
Model training finished.
Final RMSE (on training data):   98.91
Final RMSE (on validation data): 98.99
```

圖 10-35　訓練資料

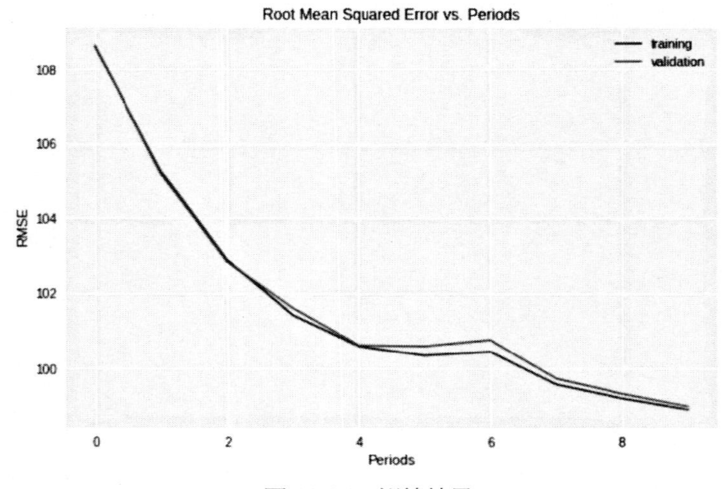

圖 10-36　訓練結果

可以看到，對於只有兩個特徵的模型，結果並不算太糟。當然，房地產價值在短距離內仍然可能有較大差異。

10.3　多類別神經網路

在前面的章節中，我們講解了二元分類模型，該模型可從兩個可能的選項中選擇其一。例如，特定電子郵件是垃圾郵件還是非垃圾郵件，特定腫瘤是惡性腫瘤還是良性腫瘤。設有分類閾值的邏輯迴歸就非常適合用來處理這類二元類別分類問題。但是在現實世界中，我們通常不僅僅在兩個類別之間做出選擇，有時需要從一系列類別中的某個類別內選擇一個標籤，例如：

·那架飛機是波音 747、空中巴士 320、波音 777 還是直升機？

·這是一張蘋果、熊、糖果、狗還是雞蛋的圖片？

現實世界中的一些多類別問題需要從數百萬個類別中進行選擇。例如，一個幾乎能夠辨識任何事物圖片的多類別分類模型。本節將研究多類別分類。

10.3.1　一對多方法

我們可以借助二元類別分類開發出一些新技術，比如一對多的多類別分類。我們將模型中的一個邏輯迴歸輸出節點用於每個可能的類別（見圖 10-37）。因此，一個節點可能會辨識「這是蘋果嗎？」，是／不是。另一個節點可能會辨識「這是熊的照片嗎？」，是／不是。第三個節點可能會辨識「這是糖果嗎？」，是／不是。我們將一個輸出節點用於所觀察的每個可能的類別，同時對這些節點進行訓練，便可以在深度網路中做到這一點。

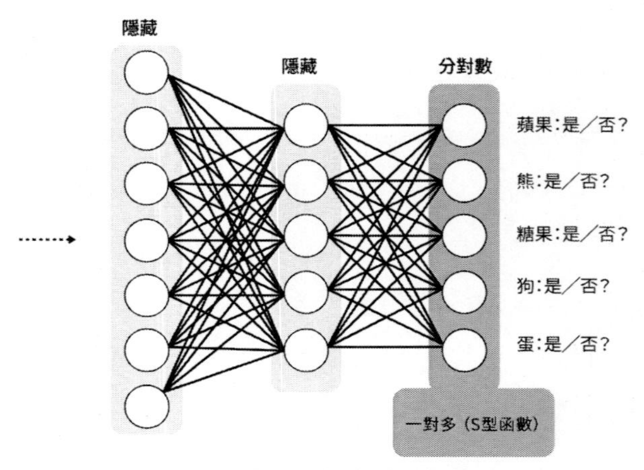

圖 10-37　一對多神經網路

一對多提供了一種利用二元分類的方法。鑒於一個分類問題會有 N 個可行的解決方案，一對多解決方案包括 N 個單獨的二元分類器，每個可能的結果對應一個二元分類器。在訓練期間，模型會訓練一系列二元分類器，使每個分類器都能回答單獨的分類問題。以一張狗的照片為例，可能需要訓練 5 個不同的辨識器，其中 4 個將圖片看作負樣本（不是狗），1 個將圖片看作正樣本（是狗），即：

這是一張蘋果的圖片嗎？不是。

這是一張熊的圖片嗎？不是。

這是一張糖果的圖片嗎？不是。

這是一張狗的圖片嗎？是。

這是一張雞蛋的圖片嗎？不是。

當類別總數較少時，這種方法比較合理，但隨著類別數量的增加，其效率會變得越來越低。我們可以借助深度神經網路（在該網路中，每個輸出節點表示一個不同的類別）創建明顯更加高效能的一對多模型。

10.3.2 Softmax

在某些問題中，我們知道示例一次只屬於一個類別。例如，一種指定的水果要麼是香蕉，要麼是梨，要麼是蘋果。在這種情況下，我們希望所有輸出節點的機率總和正好是 1。要實現這一點，可以使用一種名為 Softmax 的函數。

我們已經知道，邏輯迴歸可生成介於 0 和 1.0 之間的小數。例如，某電子郵件分類器的邏輯迴歸輸出值為 0.8，表明電子郵件是垃圾郵件的機率為 80%，不是垃圾郵件的機率為 20%。很明顯，一封電子郵件是垃圾郵件或非垃圾郵件的機率之和為 1.0。Softmax 將這一想法延伸到多類別領域。也就是說，在多類別問題中，Softmax 會為每個類別分配一個用小數表示的機率。這些用小數表示的機率相加之和必須是 1.0。與其他方式相比，這種附加限制有助於讓訓練過程更快速的收斂。Softmax 本質上是對我們所使用的這種邏輯迴歸的泛化，只不過泛化成了多個類別。在遇到單一標籤的多類別分類問題時，我們會使用 Softmax。

以某圖片分析為例，Softmax 可能會得出圖片屬於某一特定類別的機率，如表 10-1 所示。

表 10-1　圖片屬於某一特定類別的機率

類別	機率
蘋果	0.001
熊	0.04
糖果	0.008
狗	0.95
雞蛋	0.001

Softmax 層是緊貼著輸出層，並在輸出層之前的神經網路層。Softmax 層必須和輸出層擁有一樣的節點數（見圖 10-38）。

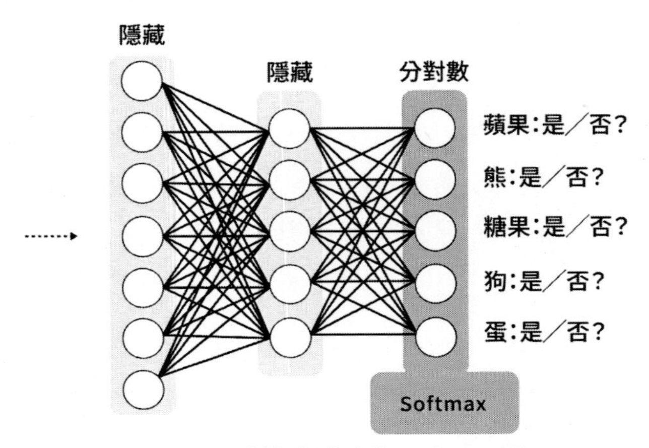

圖 10-38　神經網路中的 Softmax 層

Softmax 方程式如下：

$$p(y=j|\mathbf{x})=\frac{e^{(\mathbf{w}_j^T\mathbf{x}+b_j)}}{\sum_{k\in K}e^{(\mathbf{w}_k^T\mathbf{x}+b_k)}}$$

此公式本質上是將邏輯迴歸公式延伸到了多類別。以下是 Softmax 的變體：

- 完整 Softmax 是我們一直以來討論的 Softmax，也就是說，Softmax 針對每個可能的類別運算機率。
- 候選採樣指 Softmax 針對所有正類別標籤運算機率，但僅針對負類別標籤的隨機樣本運算機率。例如，如果想要確定某張輸入圖片是波音 737 飛機還是波音 747 飛機的圖片，就不必針對每個非飛機樣本提供機率。類別數量較少時，完整 Softmax 代價很小，但隨著類別數量的增加，代價會變得極其高昂。候選採樣可以提高處理具有大量類別問題的效率。
- Softmax 假設每個樣本只是一個類別的成員。但是，一些樣本可以同時是多個類別的成員。對於此類示例：

➢ 不能使用 Softmax。

➢ 必須依賴多個邏輯迴歸。

例如，假設樣本是只包含一項內容（一塊水果）的圖片。Softmax 可以確定該內容是梨、橙子、蘋果等的機率。如果樣本是包含各式各樣內容（幾碗不同種類的水果）的圖片，那麼必須改用多個邏輯迴歸。

總之，在訓練多類別分類時，我們有幾個選項可以選擇。一個是使用完整 Softmax，此時訓練成本相對昂貴。想像一下，如果有一百萬個類別，那麼基本上需要為每個示例分別訓練一百萬個輸出節點。我們可以透過進行「候選採樣」來提高一點效率。

10.3.3 程式碼實例

本節對手寫數字進行分類。我們訓練線性模型和神經網路，對傳統 MNIST 資料集中的手寫數字進行分類，並比較線性分類模型和神經網路分類模型的效果，最後視覺化神經網路隱藏層的權重。我們的目標是將每個輸入圖片與正確的數字相對應。我們會創建一個包含幾個隱藏層的神經網路，並在頂部放置一個歸一化指數層，以選出最合適的類別。下面來看一下程式碼。

首先，下載資料集，導入 TensorFlow 和其他實用工具，並將資料加載到 Pandas DataFrame。此資料是原始 MNIST 訓練資料的樣本，我們隨機選擇了 10,000 行。

```
! wget https：//storage. googleapis. com/mledu-datasets/mnist_train_small. csv -O /tmp/mnist_train_small. csv
```

結果如圖 10-39 所示。

```
--2018-06-05 06:05:27--  https://storage.googleapis.com/mledu-datasets/mnist_train_small.csv
Resolving storage.googleapis.com (storage.googleapis.com)... 74.125.199.128, 2607:f8b0:400e:c04::80
Connecting to storage.googleapis.com (storage.googleapis.com)|74.125.199.128|:443... connected.
HTTP request sent, awaiting response... 200 OK
Length: 36523880 (35M) [application/octet-stream]
Saving to: '/tmp/mnist_train_small.csv'

/tmp/mnist_train_sm 100%[===================>]  34.83M   125MB/s    in 0.3s

2018-06-05 06:05:27 (125 MB/s) - '/tmp/mnist_train_small.csv' saved [36523880/36523880]
```

圖 10-39　訓練結果

對這 10,000 行資料進行訓練：

```
import glob
import io
import math
import os

from IPython import display
from matplotlib import cm
from matplotlib import gridspec
from matplotlib import pyplot as plt
import numpy as np
import pandas as pd
import seaborn as sns
from sklearn import metrics
import tensorflow as tf
from tensorflow. python. data import Dataset

tf. logging. set_verbosity(tf. logging. ERROR)
pd. options. display. max_rows = 10
pd. options. display. float_format = '{ : .1f}'. format

mnist_dataframe = pd. read_csv(
  io. open(" tmpmnist_train_small. csv" ," r") ,
```

```
    sep=",",
    header=None)

# Use just the first 10,000 records for training/validation
mnist_dataframe = mnist_dataframe. head(10000)
mnist_dataframe =
mnist_dataframe. reindex(np. random. permutation(mnist_dataframe. index))

mnist_dataframe. head()
```

結果如圖 10-40 所示。

	0	1	2	3	4	5	6	7	8	9	...	775	776	777	778	779	780	781	782	783	784
3128	8	0	0	0	0	0	0	0	0	0	...	0	0	0	0	0	0	0	0	0	0
284	4	0	0	0	0	0	0	0	0	0	...	0	0	0	0	0	0	0	0	0	0
3861	3	0	0	0	0	0	0	0	0	0	...	0	0	0	0	0	0	0	0	0	0
6946	1	0	0	0	0	0	0	0	0	0	...	0	0	0	0	0	0	0	0	0	0
6586	5	0	0	0	0	0	0	0	0	0	...	0	0	0	0	0	0	0	0	0	0

5 rows × 785 columns

圖 10-40　10,000 行資料執行結果

如圖 10-40 所示，第一列中包含類別標籤。其餘列中包含特徵值，每個畫素對應一個特徵值，有 28×28 = 784 個畫素值，其中大部分畫素值為零。

如圖 10-41 所示，這些樣本都是分辨率相對較低、對比度相對較高的手寫數字圖片。0～9 十個數字中的每個可能出現的數字均由唯一的類別標籤表示。因此，這是一個具有 10 個類別的多類別分類問題。現在，我們解析一下標籤和特徵，並查看幾個樣本（注意 loc 的使用，借助 loc，我們能夠基於原來的位置抽出各列，因為此資料集中沒有標題行）。

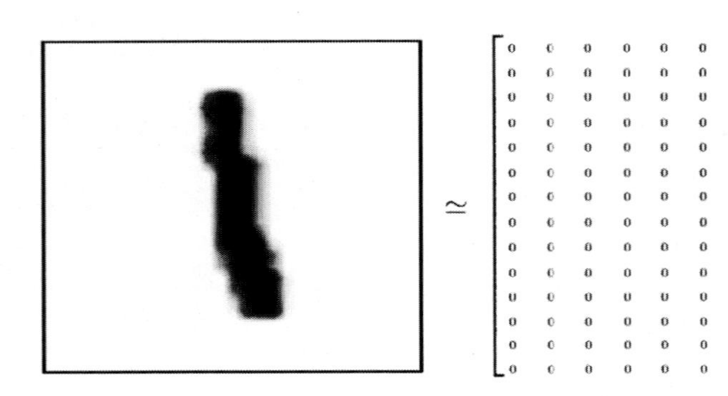

圖 10-41　手寫數字

```
def parse_labels_and_features(dataset):
  """ Extracts labels and features.
This is a good place to scale or transform the features if needed.

Args:
  dataset: A Pandas `Dataframe`, containing the label on the first column and
    monochrome pixel values on the remaining columns, in row major order.
Returns:
  A `tuple` `(labels, features)`:
    labels: A Pandas `Series`.
    features: A Pandas `DataFrame`.
"""
labels = dataset[0]

# DataFrame. loc index ranges are inclusive at both ends.
features = dataset. loc[:,1:784]
# Scale the data to [0, 1] by dividing out the max value, 255.
features = features / 255

return labels, features
```

訓練資料集程式碼如下：

```
training_targets，training_examples =
parse_labels_and_features(mnist_dataframe[：7500])
training_examples. describe()
```

訓練資料集的結果如圖 10-42 所示。

	1	2	3	4	5	6	7	8	9	10	...	775	776	777	778	779	780	781	782	783	784
count	7500.0	7500.0	7500.0	7500.0	7500.0	7500.0	7500.0	7500.0	7500.0	7500.0	...	7500.0	7500.0	7500.0	7500.0	7500.0	7500.0	7500.0	7500.0	7500.0	7500.0
mean	0.0	0.0	0.0	0.0	0.0	0.0	0.0	0.0	0.0	0.0	...	0.0	0.0	0.0	0.0	0.0	0.0	0.0	0.0	0.0	0.0
std	0.0	0.0	0.0	0.0	0.0	0.0	0.0	0.0	0.0	0.0	...	0.0	0.0	0.0	0.0	0.0	0.0	0.0	0.0	0.0	0.0
min	0.0	0.0	0.0	0.0	0.0	0.0	0.0	0.0	0.0	0.0	...	0.0	0.0	0.0	0.0	0.0	0.0	0.0	0.0	0.0	0.0
25%	0.0	0.0	0.0	0.0	0.0	0.0	0.0	0.0	0.0	0.0	...	0.0	0.0	0.0	0.0	0.0	0.0	0.0	0.0	0.0	0.0
50%	0.0	0.0	0.0	0.0	0.0	0.0	0.0	0.0	0.0	0.0	...	0.0	0.0	0.0	0.0	0.0	0.0	0.0	0.0	0.0	0.0
75%	0.0	0.0	0.0	0.0	0.0	0.0	0.0	0.0	0.0	0.0	...	0.0	0.0	0.0	0.0	0.0	0.0	0.0	0.0	0.0	0.0
max	0.0	0.0	0.0	0.0	0.0	0.0	0.0	0.0	0.0	0.0	...	1.0	1.0	0.3	0.0	0.0	0.0	0.0	0.0	0.0	0.0

8 rows × 784 columns

圖 10-42　訓練資料集的結果

驗證資料集程式碼如下：

```
validation_targets，validation_examples =
parse_labels_and_features(mnist_dataframe[7500：10000])
validation_examples. describe()
```

驗證資料集的結果如圖 10-43 所示。

	1	2	3	4	5	6	7	8	9	10	...	775	776	777	778	779	780	781	782	783	784
count	2500.0	2500.0	2500.0	2500.0	2500.0	2500.0	2500.0	2500.0	2500.0	2500.0	...	2500.0	2500.0	2500.0	2500.0	2500.0	2500.0	2500.0	2500.0	2500.0	2500.0
mean	0.0	0.0	0.0	0.0	0.0	0.0	0.0	0.0	0.0	0.0	...	0.0	0.0	0.0	0.0	0.0	0.0	0.0	0.0	0.0	0.0
std	0.0	0.0	0.0	0.0	0.0	0.0	0.0	0.0	0.0	0.0	...	0.0	0.0	0.0	0.0	0.0	0.0	0.0	0.0	0.0	0.0
min	0.0	0.0	0.0	0.0	0.0	0.0	0.0	0.0	0.0	0.0	...	0.0	0.0	0.0	0.0	0.0	0.0	0.0	0.0	0.0	0.0
25%	0.0	0.0	0.0	0.0	0.0	0.0	0.0	0.0	0.0	0.0	...	0.0	0.0	0.0	0.0	0.0	0.0	0.0	0.0	0.0	0.0
50%	0.0	0.0	0.0	0.0	0.0	0.0	0.0	0.0	0.0	0.0	...	0.0	0.0	0.0	0.0	0.0	0.0	0.0	0.0	0.0	0.0
75%	0.0	0.0	0.0	0.0	0.0	0.0	0.0	0.0	0.0	0.0	...	0.0	0.0	0.0	0.0	0.0	0.0	0.0	0.0	0.0	0.0
max	0.0	0.0	0.0	0.0	0.0	0.0	0.0	0.0	0.0	0.0	...	1.0	1.0	0.8	0.2	1.0	0.2	0.0	0.0	0.0	0.0

8 rows × 784 columns

圖 10-43　驗證資料集的結果

下面顯示一個隨機樣本及其對應的標籤，程式碼如下：

```
rand_example = np. random. choice(training_examples. index)
_ ,ax = plt. subplots()
ax. matshow(trainingexamples. loc[rand_example]. values. reshape(28 ,28))
ax. set_title(" Label :% i" % training_targets. loc[rand_example])
ax. grid(False)
```

結果如圖 10-44 所示。

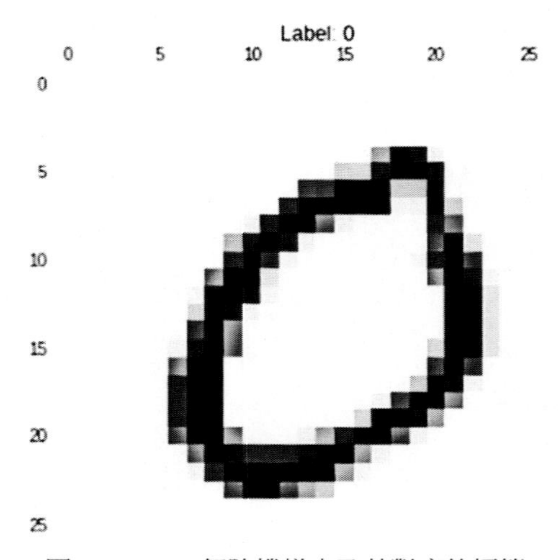

圖 10-44　一個隨機樣本及其對應的標籤

下面我們為 MNIST 建構線性模型。首先，創建一個基準模型，作為比較對象。LinearClassifier 可提供一組 k 類一對多分類器，每個類別（共 k 個）對應一個分類器。除了報告準確率和繪製對數損失函數隨時間變化的曲線圖之外，我們還展示了一個混淆矩陣。混淆矩陣會顯示錯誤分類為其他類別的類別。另外，我們使用 log_ loss 函數追蹤模型的錯誤。讀者不應將此函數與用於訓練的 LinearClassifier 內部損失函數相混淆。

```
def construct_feature_columns():
""" Construct the TensorFlow Feature Columns.

Returns:
   A set of feature columns
"""
# There are 784 pixels in each image
return set([tf. feature_column. numeric_column(' pixels', shape=784)])
```

接著，我們會對訓練和預測使用單獨的輸入函數，並將這些函數分別嵌套在 create_ training_ input_ fn() 和 create_ predict_ input_ fn() 中，這樣一來，我們就可以調用這些函數，以返回相應的 _ input_ fn，並將其傳遞到 . train() 和 . predict() 中調用。其程式碼如下：

```
def create_training_input_fn(features, labels, batch_size, num_epochs=None,
shuffle=True):
""" A custom input_fn for sending MNIST data to the estimator for training.

Args:
   features: The training features.
   labels: The training labels.
   batch_size: Batch size to use during training.

Returns:
   A function that returns batches of training features and labels during
   training.
"""
def _input_fn(num_epochs=None, shuffle=True):
   # Input pipelines are reset with each call to . train(). To ensure model
   # gets a good sampling of data, even when steps is small, we
   # shuffle all the data before creating the Dataset object
   idx = np. random. permutation(features. index)
```

```
  raw_features = {" pixels": features. reindex(idx)}
  raw_targets = np. array(labels[idx])

ds = Dataset. from_tensor_slices((raw_features, raw_targets)) # warning: 2GB
limit
ds = ds. batch(batch_size). repeat(num_epochs)

if shuffle:
  ds = ds. shuffle(10000)

  # Return the next batch of data
  feature_batch, label_batch = ds. make_one_shot_iterator(). get_next()
  return feature_batch, label_batch

return _input_fn
def create_predict_input_fn(features, labels, batch_size):
""" A custom input_fn for sending mnist data to the estimator for predictions.

Args:
  features: The features to base predictions on.
  labels: The labels of the prediction examples.

Returns:
  A function that returns features and labels for predictions.
"""
def _input_fn():
  raw_features = {" pixels": features. values}
  raw_targets = np. array(labels)

  ds = Dataset. from_tensor_slices((raw_features, raw_targets)) # warning: 2GB
limit
  ds = ds. batch(batch_size)
```

```
# Return the next batch of data
feature_batch, label_batch = ds. make_one_shot_iterator(). get_next()
return feature_batch, label_batch

return _input_fn

def train_linear_classification_model(
    learning_rate,
    steps,
    batch_size,
    training_examples,
    training_targets,
    validation_examples,
    validation_targets):
""" Trains a linear classification model for the MNIST digits dataset.

In addition to training, this function also prints training progress information,
a plot of the training and validation loss over time, and a confusion
matrix.

Args:
    learning_rate: An `int`, the learning rate to use.
    steps: A non-zero `int`, the total number of training steps. A training step
        consists of a forward and backward pass using a single batch.
    batch_size: A non-zero `int`, the batch size.
    training_examples: A `DataFrame` containing the training features.
    training_targets: A `DataFrame` containing the training labels.
    validation_examples: A `DataFrame` containing the validation features.
    validation_targets: A `DataFrame` containing the validation labels.
```

```
Returns:
The trained `LinearClassifier` object.
"""
periods = 10

steps_per_period = steps / periods
# Create the input functions.
predict_training_input_fn = create_predict_input_fn(
  training_examples, training_targets, batch_size)
predict_validation_input_fn = create_predict_input_fn(
  validation_examples, validation_targets, batch_size)
training_input_fn = create_training_input_fn(
  training_examples, training_targets, batch_size)
# Create a LinearClassifier object.
my_optimizer = tf. train. AdagradOptimizer(learning_rate=learning_rate)
my_optimizer = tf. contrib. estimator. clip_gradients_by_norm(my_optimizer, 5.0)
classifier = tf. estimator. LinearClassifier(
  feature_columns=construct_feature_columns(),
  n_classes=10,
  optimizer=my_optimizer,
  config=tf. estimator. RunConfig(keep_checkpoint_max=1)
)
# Train the model, but do so inside a loop so that we can periodically assess
# loss metrics.
print " Training model..."
print " LogLoss error (on validation data):"
training_errors = []
validation_errors = []
for period in range (0, periods):
  # Train the model, starting from the prior state.
  classifier. train(
    input_fn=training_input_fn,
```

```
    steps=steps_per_period
)

   # Take a break and compute probabilities.
   training_predictions =
list(classifier. predict(input_fn=predict_training_input_fn))
   training_probabilities = np. array([item[' probabilities'] for item in
training_predictions])
   training_pred_class_id = np. array([item[' class_ids'][0] for item in
training_predictions])
   training_pred_one_hot =
tf. keras. utils. to_categorical(training_pred_class_id,10)

   validation_predictions =
list(classifier. predict(input_fn=predict_validation_input_fn))
   validation_probabilities = np. array([item[' probabilities'] for item in
validation_predictions])
   validation_pred_class_id = np. array([item[' class_ids'][0] for item in
validation_predictions])
   validation_pred_one_hot =
tf. keras. utils. to_categorical(validation_pred_class_id,10)

   # Compute training and validation errors.
   training_log_loss = metrics. log_loss(training_targets, training_pred_one_hot)
   validation_log_loss = metrics. log_loss(validation_targets,
validation_pred_one_hot)
   # Occasionally print the current loss.
   print " period %02d : %0.2f" % (period, validation_log_loss)
   # Add the loss metrics from this period to our list.
   training_errors. append(training_log_loss)
   validation_errors. append(validation_log_loss)
print " Model training finished."
```

```
# Remove event files to save disk space.
  _ = map(os. remove, glob. glob(os. path. join(classifier. model_dir,
' events. out. tfevents*')))

  # Calculate final predictions (not probabilities, as above).
  final_predictions = classifier. predict(input_fn=predict_validation_input_fn)
  final_predictions = np. array([item[' class_ids'][0] for item in
final_predictions])

accuracy = metrics. accuracy_score(validation_targets, final_predictions)
print " Final accuracy (on validation data): %0.2f" % accuracy

# Output a graph of loss metrics over periods.
plt. ylabel(" LogLoss")
plt. xlabel(" Periods")
plt. title(" LogLoss vs. Periods")
plt. plot(training_errors, label=" training")
plt. plot(validation_errors, label=" validation")
plt. legend()
plt. show()

# Output a plot of the confusion matrix.
cm = metrics. confusion_matrix(validation_targets, final_predictions)
# Normalize the confusion matrix by row (i. e by the number of samples
# in each class)
cm_normalized = cm. astype(" float") / cm. sum(axis=1)[:, np. newaxis]
ax = sns. heatmap(cm_normalized, cmap=" bone_r")
ax. set_aspect(1)
plt. title(" Confusion matrix")
plt. ylabel(" True label")
plt. xlabel(" Predicted label")
plt. show()
```

```
return classifier
```

下面我們調試批次大小、學習速率和步數三個超參數進行試驗。我們的目標是讓準確率約為 0.9。其程式碼如下：

```
_ = train_linear_classification_model(
  learning_rate=0.03,
  steps=1000,
  batch_size=30,
  training_examples=training_examples,
  training_targets=training_targets,
  validation_examples=validation_examples,
  validation_targets=validation_targets)
```

結果如圖 10-45、圖 10-46 所示。

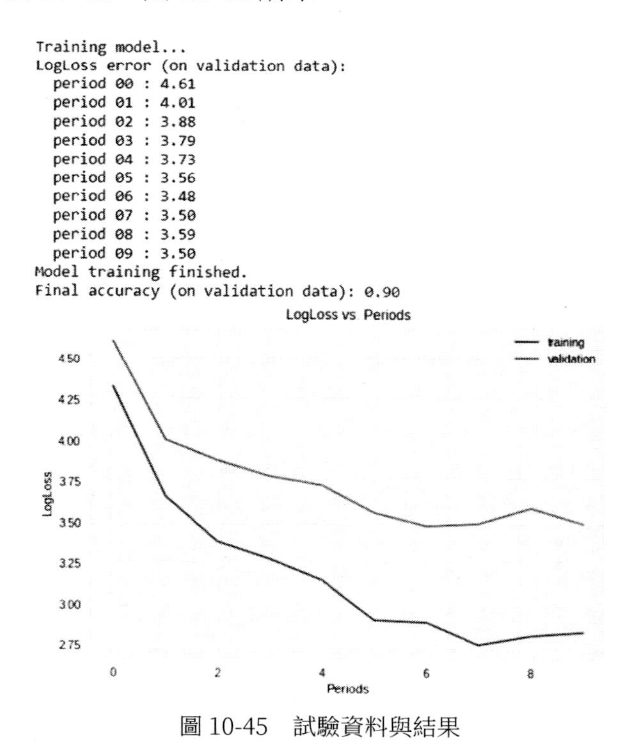

圖 10-45　試驗資料與結果

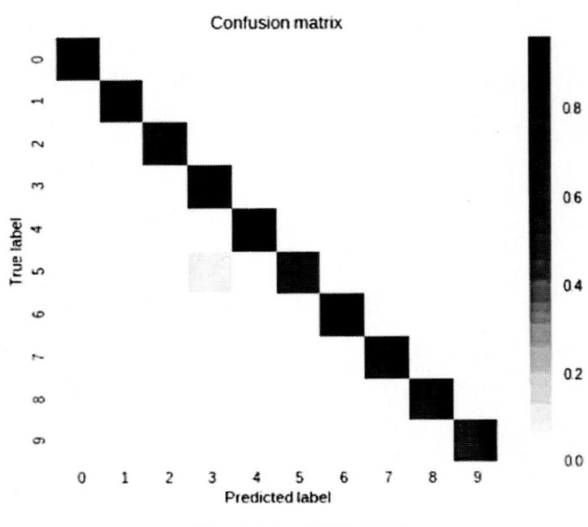

圖 10-46　試驗結果

下面使用神經網路替換線性分類器。使用 DNNClassifier 替換上面的 LinearClassifier，並查找可實現 0.95 或更高準確率的參數組合。我們也可以嘗試 Dropout 等其他正則化方法。這些正則化方法已記錄在 DNNClassifier 類的注釋中。除了神經網路專用配置（例如隱藏單元的超參數）之外，以下程式碼與原始的 LinearClassifer 訓練程式碼幾乎完全相同。

```
def train_nn_classification_model(
    learning_rate,
    steps,
    batch_size,
    hidden_units,
    training_examples,
    training_targets,
    validation_examples,
    validation_targets):
""" Trains a neural network classification model for the MNIST digits dataset.
```

```
In addition to training, this function also prints training progress information,
a plot of the training and validation loss over time, as well as a confusion
matrix.

Args:
  learning_rate: An `int`, the learning rate to use.
  steps: A non-zero `int`, the total number of training steps. A training step
    consists of a forward and backward pass using a single batch.
  batch_size: A non-zero `int`, the batch size.
  hidden_units: A `list` of int values, specifying the number of neurons in each
layer.
  training_examples: A `DataFrame` containing the training features.
  training_targets: A `DataFrame` containing the training labels.
  validation_examples: A `DataFrame` containing the validation features.
  validation_targets: A `DataFrame` containing the validation labels.
Returns:
  The trained `DNNClassifier` object.
"""
periods = 10
# Caution: input pipelines are reset with each call to train.
# If the number of steps is small, your model may never see most of the data.
# So with multiple `. train` calls like this you may want to control the length
# of training with num_epochs passed to the input_fn. Or, you can do a really-big
shuffle,
# or since it' s in-memory data, shuffle all the data in the `input_fn`.
steps_per_period = steps / periods
# Create the input functions.
predict_training_input_fn = create_predict_input_fn(
  training_examples, training_targets, batch_size)
predict_validation_input_fn = create_predict_input_fn(
  validation_examples, validation_targets, batch_size)
```

```
training_input_fn = create_training_input_fn(
  training_examples, training_targets, batch_size)

# Create the input functions.
predict_training_input_fn = create_predict_input_fn(
  training_examples, training_targets, batch_size)
predict_validation_input_fn = create_predict_input_fn(
  validation_examples, validation_targets, batch_size)
training_input_fn = create_training_input_fn(
  training_examples, training_targets, batch_size)

# Create feature columns.
feature_columns = [tf. feature_column. numeric_column(' pixels', shape=784)]

# Create a DNNClassifier object.
my_optimizer = tf. train. AdagradOptimizer(learning_rate=learning_rate)
my_optimizer = tf. contrib. estimator. clip_gradients_by_norm(my_optimizer, 5.0)
classifier = tf. estimator. DNNClassifier(
    feature_columns=feature_columns,
    n_classes=10,
    hidden_units=hidden_units,
    optimizer=my_optimizer,
    config=tf. contrib. learn. RunConfig(keep_checkpoint_max=1)
)
# Train the model, but do so inside a loop so that we can periodically assess
# loss metrics.
print " Training model..."
print " LogLoss error (on validation data):"
training_errors = []
validation_errors = []
for period in range (0, periods):
# Train the model, starting from the prior state.
```

```
classifier. train(
    input_fn=training_input_fn,
    steps=steps_per_period
)
  # Take a break and compute probabilities.
  training_predictions =
list(classifier. predict(input_fn=predict_training_input_fn))
  training_probabilities = np. array([item[' probabilities'] for item in
training_predictions])
  training_pred_class_id = np. array([item[' class_ids'][0] for item in
training_predictions])
  training_pred_one_hot =
tf. keras. utils. to_categorical(training_pred_class_id,10)

  validation_predictions =
list(classifier. predict(input_fn=predict_validation_input_fn))
  validation_probabilities = np. array([item[' probabilities'] for item in
validation_predictions])
  validation_pred_class_id = np. array([item[' class_ids'][0] for item in
validation_predictions])
  validation_pred_one_hot =
tf. keras. utils. to_categorical(validation_pred_class_id,10)

# Compute training and validation errors.
training_log_loss = metrics. log_loss(training_targets, training_pred_one_hot)
validation_log_loss = metrics. log_loss(validation_targets,
validation_pred_one_hot)
  # Occasionally print the current loss.
  print " period %02d : %0.2f" % (period, validation_log_loss)
  # Add the loss metrics from this period to our list.
  training_errors. append(training_log_loss)
  validation_errors. append(validation_log_loss)
```

```
print " Model training finished."
# Remove event files to save disk space.
_ = map(os. remove, glob. glob(os. path. join(classifier. model_dir,
' events. out. tfevents*')))

  # Calculate final predictions (not probabilities, as above).
  final_predictions = classifier. predict(input_fn=predict_validation_input_fn)
  final_predictions = np. array([item[' class_ids'][0] for item in
final_predictions])

accuracy = metrics. accuracy_score(validation_targets, final_predictions)
print " Final accuracy (on validation data): %0.2f" % accuracy

# Output a graph of loss metrics over periods.
plt. ylabel(" LogLoss")
plt. xlabel(" Periods")
plt. title(" LogLoss vs. Periods")
plt. plot(training_errors, label=" training")
plt. plot(validation_errors, label=" validation")
plt. legend()
plt. show()

# Output a plot of the confusion matrix.
cm = metrics. confusion_matrix(validation_targets, final_predictions)
# Normalize the confusion matrix by row (i. e by the number of samples
# in each class)
cm_normalized = cm. astype(" float") / cm. sum(axis=1)[:, np. newaxis]
ax = sns. heatmap(cm_normalized, cmap=" bone_r")
ax. set_aspect(1)
plt. title(" Confusion matrix")
plt. ylabel(" True label")
plt. xlabel(" Predicted label")
```

```
plt. show()

return classifier
classifier = train_nn_classification_model(
  learning_rate=0.05,
  steps=1000,
  batch_size=30,
  hidden_units=[100, 100],
  training_examples=training_examples,
  training_targets=training_targets,
  validation_examples=validation_examples,
  validation_targets=validation_targets)
```

結果如圖 10-47、圖 10-48 所示。

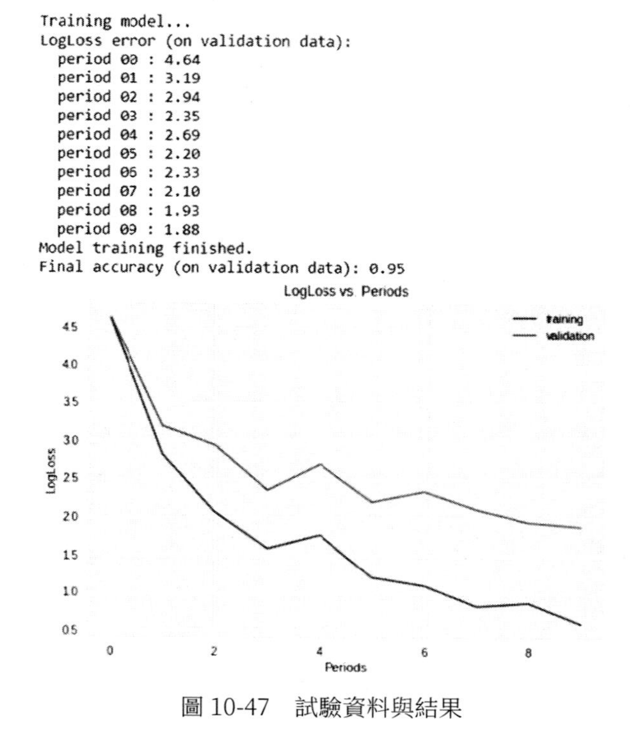

圖 10-47 試驗資料與結果

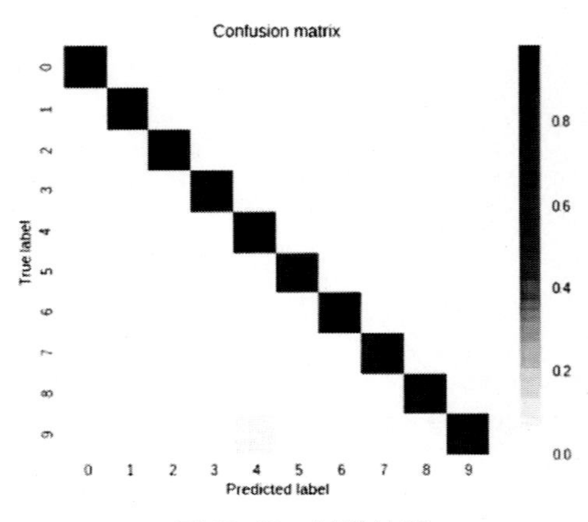

圖 10-48　試驗結果

接下來，我們來驗證測試集的準確率。

```
! wget https://storage. googleapis. com/mledu-datasets/mnist_test. csv -O
/tmp/mnist_test. csv
```

執行過程與結果如圖 10-49、圖 10-50 所示。

```
--2018-06-05 07:15:02--  https://storage.googleapis.com/mledu-datasets/mnist_test.csv
Resolving storage.googleapis.com (storage.googleapis.com)... 74.125.28.128, 2607:f8b0:400e:c02::80
Connecting to storage.googleapis.com (storage.googleapis.com)|74.125.28.128|:443... connected.
HTTP request sent, awaiting response... 200 OK
Length: 18289443 (17M) [application/octet-stream]
Saving to: '/tmp/mnist_test.csv'

/tmp/mnist_test.csv 100%[===================>]  17.44M  --.-KB/s    in 0.09s

2018-06-05 07:15:02 (195 MB/s) - '/tmp/mnist_test.csv' saved [18289443/18289443]
```

圖 10-49　驗證測試集準確率的執行過程

```
mnist_test_dataframe = pd. read_csv(
  io. open("/tmp/mnist_test. csv", " r"),
  sep=",",
  header=None)

test_targets, test_examples = parse_labels_and_features(mnist_test_dataframe)
test_examples. describe()
```

	1	2	3	4	5	6	7	8	9	10	...	775	776	777	778	779	780	781	782	783	784
count	10000.0	10000.0	10000.0	10000.0	10000.0	10000.0	10000.0	10000.0	10000.0	10000.C	...	10000.0	10000.0	10000.0	10000.0	10000.0	10000.0	10000.0	10000.)	10000.0	10000.0
mean	0.0	0.0	0.0	0.0	0.0	0.0	0.0	0.0	0.0	0.C	...	0.0	0.0	0.0	0.0	0.0	0.0	0.0	0.)	0.0	0.0
std	0.0	0.0	0.0	0.0	0.0	0.0	0.0	0.0	0.0	0.C	...	0.0	0.0	0.0	0.0	0.0	0.0	0.0	0.)	0.0	0.0
min	0.0	0.0	0.0	0.0	0.0	0.0	0.0	0.0	0.0	0.C	...	0.0	0.0	0.0	0.0	0.0	0.0	0.0	0.)	0.0	0.0
25%	0.0	0.0	0.0	0.0	0.0	0.0	0.0	0.0	0.0	0.C	...	0.0	0.0	0.0	0.0	0.0	0.0	0.0	0.)	0.0	0.0
50%	0.0	0.0	0.0	0.0	0.0	0.0	0.0	0.0	0.0	0.C	...	0.0	0.0	0.0	0.0	0.0	0.0	0.0	0.)	0.0	0.0
75%	0.0	0.0	0.0	0.0	0.0	0.0	0.0	0.0	0.0	0.C	...	0.0	0.0	0.0	0.0	0.0	0.0	0.0	0.)	0.0	0.0
max	0.0	0.0	0.0	0.0	0.0	0.0	0.0	0.0	0.0	0.C	...	1.0	1.0	0.6	0.0	0.0	0.0	0.0	0.)	0.0	0.0

rows × 784 columns

圖 10-50　驗證測試集準確率的結果

```
predict_test_input_fn = create_predict_input_fn(
  test_examples, test_targets, batch_size=100)

test_predictions = classifier. predict(input_fn=predict_test_input_fn)
test_predictions = np. array([item[' class_ids'][0] for item in test_predictions])

ccuracy = metrics. accuracy_score(test_targets, test_predictions)
print " Accuracy on test data: %0.2f" % accuracy
```

結果如圖 10-51 所示。

```
Accuracy on test data: 0.95
```

圖 10-51　程式執行結果

最後，視覺化第一個隱藏層的權重。我們先看看模型的 weights 屬性，以深入探索神經網路，並了解它學到了哪些規律。模型的輸入層有 784 個權重，對應於 28×28 畫素的輸入圖片。第一個隱藏層將有 784×N 個權重，其中 N 指的是該層中的節點數。我們可以將這些權重重新變回 28×28 畫素的圖片，具體方法是將 N 個 1×784 權重的數組變形為 N 個 28×28 大小的數組。運行以下單元格，繪製權重曲線圖。注意，此單元格要求名為 classifier 的 DNNClassifier 已經過訓練。

```
print classifier. get_variable_names()

weights0 = classifier. get_variable_value(" dnn/hiddenlayer_0/kernel")

print " weights0 shape:", weights0. shape

num_nodes = weights0. shape[1]
num_rows = int(math. ceil(num_nodes / 10.0))
fig, axes = plt. subplots(num_rows, 10, figsize=(20, 2 * num_rows))
for coef, ax in zip(weights0. T, axes. ravel()):
  # Weights in coef is reshaped from 1x784 to 28x28.
  ax. matshow(coef. reshape(28, 28), cmap=plt. cm. pink)
  ax. set_xticks(())
  ax. set_yticks(())

plt. show()
```

結果如圖 10-52 所示。

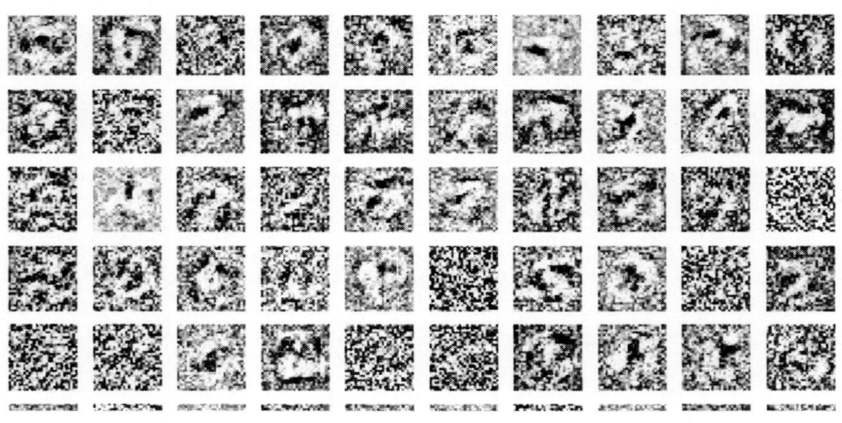

圖 10-52　最終圖片結果

神經網路的第一個隱藏層應該會對一些級別特別低的特徵進行建模，因此視覺化權重可能只顯示一些模糊的區域，也可能只顯示數字的某幾個部分。此外，你可能還會看到一些基本上是噪點（這些噪點要麼不收斂，要麼被更高的層忽略）的神經元。在疊代不同的次數後，停止訓練並查看效果，你可能會發現有趣的結果。建議讀者分別用 10、100 和 1,000 步訓練分類器。然後重新運行此視覺化程式碼。我們應該能看到不同級別的收斂之間有直覺的差異。

10.4 嵌入

嵌入（embedding）廣泛應用於推薦系統中。嵌入是一種相對低維的空間，可以將高維向量映射到低維空間裡。透過使用嵌入，可以使得在大型輸入（比如代表字詞的稀疏向量）上進行機器學習變得更加容易。在理想情況下，嵌入可以將語義上相似的不同輸入映射到嵌入空間裡的鄰近處，以此來捕獲輸入的語義。一個模型學習到的嵌入也可以被其他模型重用。

10.4.1 協同過濾

假設我們是愛奇藝的開發小組，上面有一百萬部電影和幾十萬使用者，而且知道每個使用者觀看過哪些電影。我們的任務很簡單：基於觀看紀錄向使用者推薦電影。比如，小李觀看了一部電影，那麼相似的其他電影也是一部值得推薦的好電影。在機器學習中，這叫協同過濾（Collaborative Filtering），這是一項可以預測使用者興趣（根據很多其他使用者的興趣）的任務。為了解決電影推薦的問題，我們必須首先能夠判斷哪些電影是相似的。那麼，怎麼設計電影的相似性呢？比如，是兒童動畫片還是適合大人的電影，是否是賣座電影，是否是偏藝術類的電影等等。如圖 10-53 所示，我們可以將每個電影「嵌入」與使用者偏愛相關的維度的空間中。我們將維度接近的電影放在相互鄰近的位置，它們都是非常類似的電影。最後，需要很多維度，比如 20、50 甚至 100 個維度來進行嵌入。

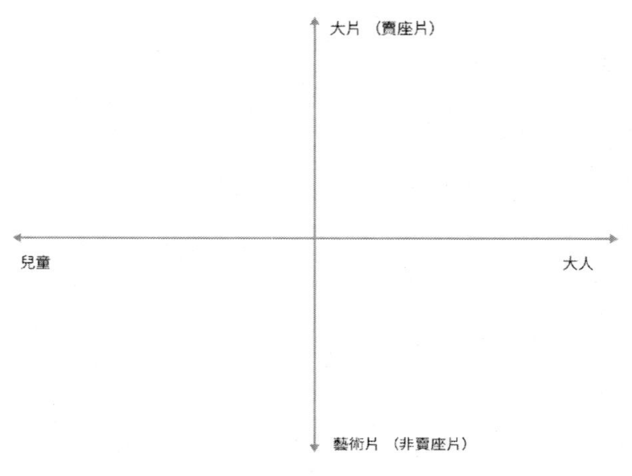

圖 10-53　平面排列

我們先討論平面，可以將平面模型畫出來（見圖 10-53），x 軸的左側是比較適合兒童的電影，右側則是比較適合大人的電影。y 軸的頂部是比較賣座的電影，底部則是偏藝術類（不太賣座）的電影。再向這個模型添加一些電影。這時，會看到位置相鄰的電影比較類似，而這正是我們想要實現的目標。每部電影在這個平面空間中都只是單個點，我們使用 x 軸上的一個值和 y 軸上的一個值來表示這些點。現在可以透過這些點之間的距離來了解電影之間的相似性。顯然，平面不足以表達電影與電影之間的相似性，在實際工作中，我們需要在 N 度空間中建模。比如，選擇 N 個不同的方面，然後可以在 N 個維度中移動某個電影。使用這種方法將類似電影放在相互鄰近的位置。現在，每部電影都只是 N 度中的一個點，我們能夠以 N 度實值的形式記下每部電影。

在上面的例子中，我們所做的是將這些影片映射到一個嵌入空間，其中每部電影都由一組平面坐標來表示。通常情況下，在學習 N 度嵌入時，每部影片都由 N 個實值數字表示，其中每個數字都分別表示在一個維度中的坐標。在上面的示例中，我們為每個維度指定了名稱。在學習嵌入時，每個維度的學習跟它們的名字無關。有時我們可以查看嵌入並為維度賦予語義，但有時則無法做到這一點。通常，每個此類維度都稱為一個潛在維度（latent dimension），因為它代表的特徵沒有明確顯示在資料中，而是要根據資料推斷得出。最終，真正有意義的是嵌入空間中各個影片之間的距離，而不是單個影片在任意指定維度上的坐標。

10.4.2 稀疏資料

分類資料（Categorical Data）是指用於表示一組有限選項（比如 100 萬部電影）中的一個或多個離散項（已經觀看過的電影）的輸入特徵。例如，可以是某使用者觀看過的一部影片、某文件檔案中使用的一系列單字或某人從事的職業。分類資料的表示方式是使用稀疏張量（sparse tensors，一種含有極少非零元素的張量）。例如，要建構一個影片推薦模型，可以為每部影片分配一個唯一 ID（ID 為 0、1、2、3、……、999999），然後透過使用者已觀看影片的稀疏張量來表示每個使用者（看過的電影那裡打勾），如圖 10-54 所示。

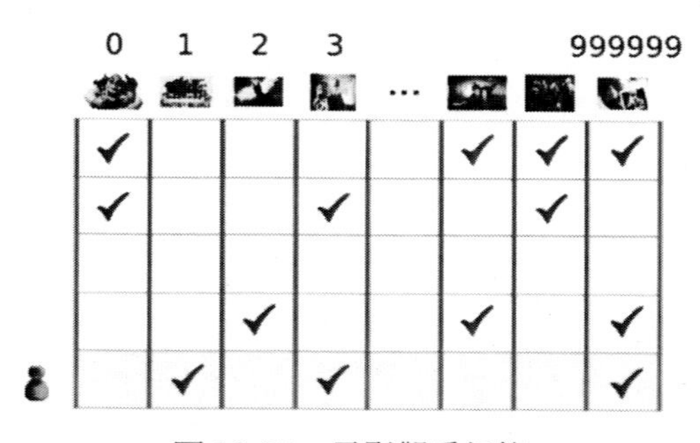

圖 10-54　電影觀看紀錄

在圖 10-54 的矩陣中，用一行表示一個使用者，一列表示一部電影，打一個勾表示使用者看過這部電影。那麼，每一行都是一個顯示使用者的影片觀看紀錄的樣本。如果有一百萬部電影，要列出一個使用者沒有看過的所有電影可不容易，所以，只是記下看過的電影會更高效能。正是因為每個使用者只會觀看所有可能的影片中的極小部分，所以我們以稀疏張量的形式表示。根據影片圖標上方所示的索引，最後一行對應於稀疏張量 [1，3，999,999]，表示使用者看過的 3 部電影的索引。

那麼，對於機器學習中的輸入資料，我們如何將電影表示為數字向量呢？最簡單的方法是：定義一個巨型輸入層，並在其中為 100 萬部電影中的每部電影設定一個節點。因為 100 萬部電影是獨一無二的電影，所以使用長度為 100 萬的向量來表示每部電影，並將每部電影分配到相應向量中對應的索引位置。如果為《教父》電影分配的索引是 1,234，那麼可以將第 1,234 個輸入節點設成 1，其餘節點設成 0。這種表示法稱為獨熱編碼，因為只有一個索引具有非零值。上述方法得到的輸入向量比較稀疏，即向量很大，但非零值相對較少。稀疏表示法存在多項問題，這些問題可能會致使模型很難高效能的學習。

·網路的規模

巨型輸入向量意味著神經網路的對應權重數目會極其龐大。如果有 M 部電影，而神經網路輸入層上方的第一層內有 N 個節點，則需要為該層訓練 M×N 個權重。權重數目過大會進一步引發資料量（模型中的權重越多，高效能訓練所需的資料就越多）和運算量問題（權重越大，訓練和使用模型所需的運算就越多，這很容易超出硬體的能力範圍）。

·向量之間缺乏有意義的連結

對於在索引 1,234 處設為 1 以表示《教父》的向量而言，與在索引 238 處設為 1 以表示《紅樓夢》的向量以及與在索引 50,430 處設為 1 以表示《四海兄弟》的向量，看不出有什麼「鄰近」的意思。

上述問題的解決方案是使用嵌入，也就是將大型稀疏向量映射到一個保留語義關係的低維空間，將語義上相似的項歸到一起，並將相異項分開。

10.4.3 獲取嵌入

一般來說，當我們具有稀疏資料時，可以創建一個嵌入單元，這個嵌入單元其實是大小為 d 的一個特殊類型的隱藏單元。此嵌入層可與任何其他特徵和隱藏層組合。和任何 DNN 中一樣，最終層將是要進行最佳化的損失函數。例如，假設我們正在執行協同過濾，目標是根據其他使用者的興趣預測某位使用者的興趣。我們可以將這個問題作為監督式學習問題進行建模，具體做法是隨機選取（或留出）使用者觀看過的一小部分影片作為正類別標籤，再最佳化Softmax損失，如圖 10-55 所示。

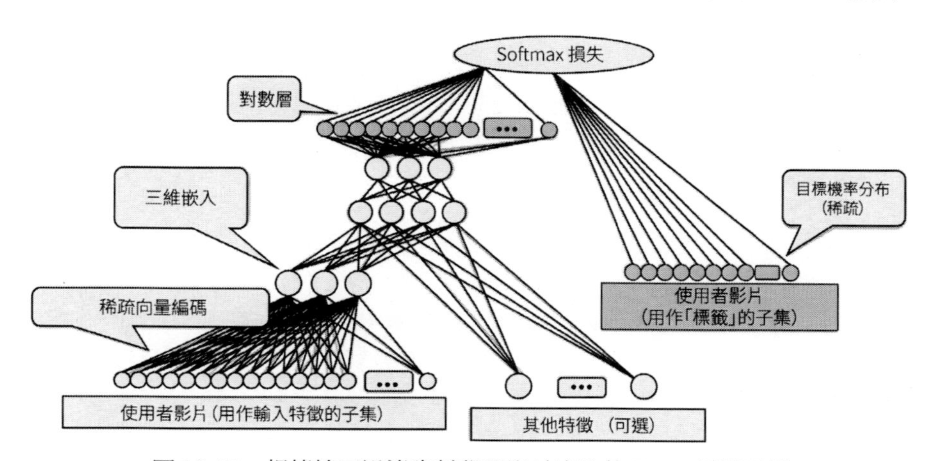

圖 10-55　根據協同過濾資料學習影片嵌入的 DNN 架構示例

10.4.4　程式碼實例

在本節中，我們使用影評文本資料（來自 ACL 2011 IMDB 資料集）進行嵌入。這些資料已被處理成 tf. Example 格式。我們將影評字串資料轉換為稀疏特徵向量，使用稀疏特徵向量實現情感分析線性模型。我們透過將資料投射到平面空間的嵌入來實現情感分析 DNN 模型。將嵌入視覺化，以便查看模型學到的詞語之間的關係。

先導入依賴項，並下載訓練資料和測試資料。tf. keras 中包含一個文件下載和緩存工具，我們可以用它來檢索資料集。

```
import collections
import math

import matplotlib. pyplot as plt
import numpy as np
import pandas as pd
import tensorflow as tf
from IPython import display
from sklearn import metrics

tf. logging. set_verbosity(tf. logging. ERROR)
train_url =
' https://storage. googleapis. com/mledu-datasets/sparse-data-embedding/train. tfr
ecord'
train_path = tf. keras. utils. get_file(train_url. split('/')[-1], train_url)
test_url =
' https://storage. googleapis. com/mledu-datasets/sparse-data-embedding/test. tfre
cord'
test_path = tf. keras. utils. get_file(test_url. split('/')[-1], test_url)
```

結果如圖 10-56 所示。

```
Downloading data from https://storage.googleapis.com/mledu-datasets/sparse-data-embedding/train.tfrecord
41631744/41625533 [==============================] - 0s 0us/step
41639936/41625533 [==============================] - 0s 0us/step
Downloading data from https://storage.googleapis.com/mledu-datasets/sparse-data-embedding/test.tfrecord
40689664/40688441 [==============================] - 0s 0us/step
40697856/40688441 [==============================] - 0s 0us/step
```

圖 10-56　檢索資料集結果

首先，我們來配置輸入管道，將資料導入 TensorFlow 模型中。我們使用以下函數來解析訓練資料和測試資料（格式為 TFRecord），然後返回一個由特徵和相應標籤組成的字典。

```
def _parse_function(record):
""" Extracts features and labels.

Args:
  record: File path to a TFRecord file
Returns:
  A `tuple` `(labels, features)`:
    features: A dict of tensors representing the features
    labels: A tensor with the corresponding labels.
"""
features = {
  " terms": tf. VarLenFeature(dtype=tf. string), # terms are strings of varying
lengths
  " labels": tf. FixedLenFeature(shape=[1], dtype=tf. float32) # labels are 0 or 1
}

parsed_features = tf. parse_single_example(record, features)
terms = parsed_features[' terms']. values
labels = parsed_features[' labels']

return {' terms': terms}, labels
```

為了確認函數是否能正常運行，我們為訓練資料建構一個 TFRecordDataset，並使用上述函數將資料映射到特徵和標籤：

```
# Create the Dataset object
ds = tf. data. TFRecordDataset(train_path)
# Map features and labels with the parse function
ds = ds. map(_parse_function)

ds
```

結果如圖 10-57 所示。

```
<MapDataset shapes: ({terms: (?,)}, (1,)), types: ({terms: tf.string}, tf.float32)>
```

圖 10-57　程式結果

運行以下單元，以從訓練資料集中獲取第一個樣本：

```
n = ds. make_one_shot_iterator(). get_next()
sess = tf. Session()
sess. run(n)
```

結果如圖 10-58 所示。

```
({'terms': array(['but', 'it', 'does', 'have', 'some', 'good', 'action', 'and', 'a',
       'plot', 'that', 'is', 'somewhat', 'interesting', '.', 'nevsky',
       'acts', 'like', 'a', 'body', 'builder', 'and', 'he', 'isn', "'",
       't', 'all', 'that', 'attractive', ',', 'in', 'fact', ',', 'imo',
       ',', 'he', 'is', 'ugly', '.', '(', 'his', 'acting', 'skills',
       'lack', 'everything', '!', ')', 'sascha', 'is', 'played', 'very',
       'well', 'by', 'joanna', 'pacula', ',', 'but', 'she', 'needed',
       'more', 'lines', 'than', 'she', 'was', 'given', ',', 'her',
       'character', 'needed', 'to', 'be', 'developed', '.', 'there',
       'are', 'way', 'too', 'many', 'men', 'in', 'this', 'story', ',',
       'there', 'is', 'zero', 'romance', ',', 'too', 'much', 'action',
       ',', 'and', 'way', 'too', 'dumb', 'of', 'an', 'ending', '.', 'it',
       'is', 'very', 'violent', '.', 'i', 'did', 'however', 'love', 'the',
       'scenery', ',', 'this', 'movie', 'takes', 'you', 'all', 'over',
       'the', 'world', ',', 'and', 'that', 'is', 'a', 'bonus', '.', 'i',
       'also', 'liked', 'how', 'it', 'had', 'some', 'stuff', 'about',
       'the', 'mafia', 'in', 'it', ',', 'not', 'too', 'much', 'or', 'too',
       'little', ',', 'but', 'enough', 'that', 'it', 'got', 'my',
       'attention', '.', 'the', 'actors', 'needed', 'to', 'be', 'more',
       'handsome', '.', '.', '.', 'the', 'biggest', 'problem', 'i', 'had',
       'was', 'that', 'nevsky', 'was', 'just', 'too', 'normal', ',',
       'not', 'sexy', 'enough', '.', 'i', 'think', 'for', 'most', 'guys',
       ',', 'sascha', 'will', 'be', 'hot', 'enough', ',', 'but', 'for',
       'us', 'ladies', 'that', 'are', 'fans', 'of', 'action', ',',
       'nevsky', 'just', 'doesn', "'", 't', 'cut', 'it', '.', 'overall',
       ',', 'this', 'movie', 'was', 'fine', ',', 'i', 'didn', "'", 't',
       'love', 'it', 'nor', 'did', 'i', 'hate', 'it', ',', 'just',
       'found', 'it', 'to', 'be', 'another', 'normal', 'action', 'flick',
       '.'], dtype=object)}, array([0.], dtype=float32))
```

圖 10-58　第一個樣本

現在，我們建構一個正式的輸入函數，可以將其傳遞給TensorFlow Estimator 對象的 train() 方法。

```
# Create an input_fn that parses the tf. Examples from the given files,
# and split them into features and targets.
def _input_fn(input_filenames, num_epochs=None, shuffle=True):

  # Same code as above; create a dataset and map features and labels
  ds = tf. data. TFRecordDataset(input_filenames)
  ds = ds. map(_parse_function)

if shuffle:
  ds = ds. shuffle(10000)

# Our feature data is variable-length, so we pad and batch
# each field of the dataset structure to whatever size is necessary
ds = ds. padded_batch(25, ds. output_shapes)

ds = ds. repeat(num_epochs)

# Return the next batch of data
features, labels = ds. make_one_shot_iterator(). get_next()
return features, labels
```

下面根據這些資料訓練一個情感分析模型，以預測某則評價整體上是好評（標籤為 1）還是負評（標籤為 0）。為此，我們會使用詞彙表，詞彙表中的每個術語都與特徵向量中的一個坐標相對應。為了將樣本的字串值 terms 轉換為這種向量格式，我們按以下方式處理字串值：若該術語沒有出現在樣本字串中，則坐標值將為 0；若出現在樣本字串中，則坐標值為 1。未出現在該詞彙表中的樣本中的術語將被棄用。

1. 線性模型

對於第一個模型，我們將使用 54 個資訊性術語來建構 LinearClassifier 模型。這是一個使用具有稀疏輸入和顯式詞彙表的線性模型。以下程式碼將為我們的術語建構特徵列。categorical_ column_ with_ vocabulary_ list 函數可使用「字串－特徵向量」映射來創建特徵列。

```
# 54 informative terms that compose our model vocabulary
informative_terms = (" bad", " great", " best", " worst", " fun", " beautiful",
                     " excellent", " poor", " boring", " awful", " terrible",
                     " definitely", " perfect", " liked", " worse", " waste",
                     " entertaining", " loved", " unfortunately", " amazing",
                     " enjoyed", " favorite", " horrible", " brilliant", " highly",
                     " simple", " annoying", " today", " hilarious", " enjoyable",
                     " dull", " fantastic", " poorly", " fails", " disappointing",
                     " disappointment", " not", " him", " her", " good", " time",
                     "?", ".", "!", " movie", " film", " action", " comedy",
                     " drama", " family", " man", " woman", " boy", " girl")

terms_feature_column =
tf. feature_column. categorical_column_with_vocabulary_list(key=" terms",
vocabulary_list=informative_terms)
```

接下來，將建構 LinearClassifier，在訓練集中訓練該模型，並在評估集中對其進行評估。

```
my_optimizer = tf. train. AdagradOptimizer(learning_rate=0.1)
my_optimizer = tf. contrib. estimator. clip_gradients_by_norm(my_optimizer, 5.0)

feature_columns = [ terms_feature_column ]
```

```
classifier = tf. estimator. LinearClassifier(
   feature_columns=feature_columns,
   optimizer=my_optimizer,
)
classifier. train(
   input_fn=lambda: _input_fn([train_path]),
   steps=1000)

evaluation_metrics = classifier. evaluate(
   input_fn=lambda: _input_fn([train_path]),
   steps=1000)
print " Training set metrics:"
for m in evaluation_metrics:
   print m, evaluation_metrics[m]
print "---"

evaluation_metrics = classifier. evaluate(
   input_fn=lambda: _input_fn([test_path]),
   steps=1000)
print " Test set metrics:"
for m in evaluation_metrics:
   print m, evaluation_metrics[m]
print "---"
```

結果如圖 10-59 所示。

```
Training set metrics:
loss 11.239931
accuracy baseline 0.5
global_step 1000
recall 0.8228
auc 0.8730114
prediction/mean 0.49008918
precision 0.7721471
label/mean 0.5
average_loss 0.44959724
auc precision recall 0.86528635
accuracy 0.79
---
Test set metrics:
loss 11.246915
accuracy_baseline 0.5
global_step 1000
recall 0.81688
auc 0.8713611
prediction/mean 0.48949802
precision 0.7691902
label/mean 0.5
average_loss 0.4498766
auc_precision_recall 0.8629097
accuracy 0.78588
---
```

圖 10-59　在訓練集中訓練該模型並做評估

2. 深度神經網路（DNN）模型

上述模型是一個線性模型，效果不錯。我們可以使用 DNN 模型實現更好的效果嗎？將 LinearClassifier 切換為 DNNClassifier，檢驗一下 DNN 模型的效果。

```
################# Here' s what we changed ##################################
classifier = tf. estimator. DNNClassifier( #
feature_columns=[tf. feature_column. indicator_column(terms_feature_column)],
#
hidden_units=[20,20], #
optimizer=my_optimizer, #
) #
###########################################################################
#
try:
  classifier. train(
```

```
    input_fn=lambda: _input_fn([train_path]),
    steps=1000)

evaluation_metrics = classifier. evaluate(
    input_fn=lambda: _input_fn([train_path]),
    steps=1)
print " Training set metrics:"
for m in evaluation_metrics:
    print m, evaluation_metrics[m]
print "---"

evaluation_metrics = classifier. evaluate(
    input_fn=lambda: _input_fn([test_path]),
    steps=1)

print " Test set metrics:"
for m in evaluation_metrics:
  print m, evaluation_metrics[m]
print "---"
except ValueError as err:
  print err
```

結果如下：

```
Training set metrics：
loss 11.250758
accuracy_baseline 0.64
global_step 1000
recall 0.7777778
auc 0.8749999
prediction/mean 0.4213693
precision 0.7
label/mean 0.36
```

```
average_loss 0.45003033
auc_precision_recall 0.8206042
accuracy 0.8
---
Test set metrics：
loss 9.692427
accuracy_baseline 0.52
global_step 1000
recall 0.7692308
auc 0.8974359
prediction/mean 0.4718185
precision 0.90909094
label/mean 0.52
average_loss 0.38769707
auc_precision_recall 0.9224901
accuracy 0.84
---
```

3. 在 DNN 模型中使用嵌入

下面我們使用嵌入列來實現 DNN 模型。嵌入列會將稀疏資料作為輸入，並返回一個低維度密集向量作為輸出。從運算方面而言，embedding_ column 通常用於在稀疏資料中訓練模型最有效的選項。在下面的程式碼中，我們將資料投射到平面空間的 embedding_ column 來為模型定義特徵列，並定義符合以下規範的 DNNClassifier。

·具有兩個隱藏層，每個包含 20 個單元。

·採用學習速率為 0.1 的 AdaGrad 最佳化方法。

·gradient_ clip_ norm 值為 5.0。

注意：在實際工作中，我們可能會將資料投射到 2 維以上（比如 50 或 100）的空間中。但就目前而言，2 維是比較容易視覺化的維數。

```
###################### NEW CODE ########################################
terms_embedding_column =
tf. feature_column. embedding_column(terms_feature_column, dimension=2)
feature_columns = [ terms_embedding_column ]

my_optimizer = tf. train. AdagradOptimizer(learning_rate=0.1)
my_optimizer = tf. contrib. estimator. clip_gradients_by_norm(my_optimizer, 5.0)

classifier = tf. estimator. DNNClassifier(
  feature_columns=feature_columns,
  hidden_units=[20,20],
  optimizer=my_optimizer
)
#######################################################################
classifier. train(
  input_fn=lambda: _input_fn([train_path]),
  steps=1000)
evaluation_metrics = classifier. evaluate(
  input_fn=lambda: _input_fn([train_path]),
  steps=1000)
print " Training set metrics:"
for m in evaluation_metrics:
  print m, evaluation_metrics[m]
print "---"

evaluation_metrics = classifier. evaluate(
  input_fn=lambda: _input_fn([test_path]),
  steps=1000)

print " Test set metrics:"
for m in evaluation_metrics:
print m, evaluation_metrics[m]
```

```
print "---"
```

結果如下：

```
Training set metrics：
loss 11.2814
accuracy_baseline 0.5
global_step 1000
recall 0.81336
auc 0.86951864
prediction/mean 0.49193195
precision 0.7733323
label/mean 0.5
average_loss 0.45125598
auc_precision_recall 0.8576003
accuracy 0.78748
---
Test set metrics：
loss 11.315074
accuracy_baseline 0.5
global_step 1000
recall 0.8048
auc 0.8684447
prediction/mean 0.49131528
precision 0.7731919
label/mean 0.5
average_loss 0.45260298
auc_precision_recall 0.85577524
accuracy 0.78436
---
```

上述模型使用了 embedding_ column，而且似乎很有效，但我們並不了解內部發生的情形。如何檢查該模型確實在內部使用了嵌入呢？

首先，我們來看看該模型中的張量：

```
classifier. get_variable_names()
```

結果如圖 10-60 所示。

```
['dnn/hiddenlayer_0/bias',
 'dnn/hiddenlayer_0/bias/t_0/Adagrad',
 'dnn/hiddenlayer_0/kernel',
 'dnn/hiddenlayer_0/kernel/t_0/Adagrad',
 'dnn/hiddenlayer_1/bias',
 'dnn/hiddenlayer_1/bias/t_0/Adagrad',
 'dnn/hiddenlayer_1/kernel',
 'dnn/hiddenlayer_1/kernel/t_0/Adagrad',
 'dnn/input_from_feature_columns/input_layer/terms_embedding/embedding_weights',
 'dnn/input_from_feature_columns/input_layer/terms_embedding/embedding_weights/t_0/Adagrad',
 'dnn/logits/bias',
 'dnn/logits/bias/t_0/Adagrad',
 'dnn/logits/kernel',
 'dnn/logits/kernel/t_0/Adagrad',
 'global_step']
```

圖 10-60　該模型中的張量

從上面的結果中，我們可以看到這裡有一個嵌入層： dnn/input_from_ feature_ columns/input_ layer/terms_ embedding/...。嵌入是一個矩陣，將一個 54 維向量投射到 2 維空間：

```
classifier. get_variable_value(' dnn/input_from_feature_columns/input_layer/term
s_embedding/embedding_weights'). shape
```

結果為：

```
(50, 2)
```

現在，我們來看看實際嵌入空間。我們僅使用 10 步來重新訓練該模型（這將產生一個糟糕的模型）。運行下面的嵌入視覺化程式碼。

```
import numpy as np
import matplotlib. pyplot as plt

embedding_matrix =
classifier. get_variable_value(' dnn/input_from_feature_columns/input_layer/term
```

```
s_embedding/embedding_weights')

for term_index in range(len(informative_terms)):
    # Create a one-hot encoding for our term. It has 0s everywhere, except for
    # a single 1 in the coordinate that corresponds to that term.
    term_vector = np. zeros(len(informative_terms))
    term_vector[term_index] = 1
    # We' ll now project that one-hot vector into the embedding space.
    embedding_xy = np. matmul(term_vector, embedding_matrix)
    plt. text(embedding_xy[0],
          embedding_xy[1],
          informative_terms[term_index])

# Do a little setup to make sure the plot displays nicely.
plt. rcParams[" figure. figsize"] = (15, 15)
plt. xlim(1.2 * embedding_matrix. min(), 1.2 * embedding_matrix. max())
plt. ylim(1.2 * embedding_matrix. min(), 1.2 * embedding_matrix. max())
plt. show()
```

結果如圖 10-61 所示。

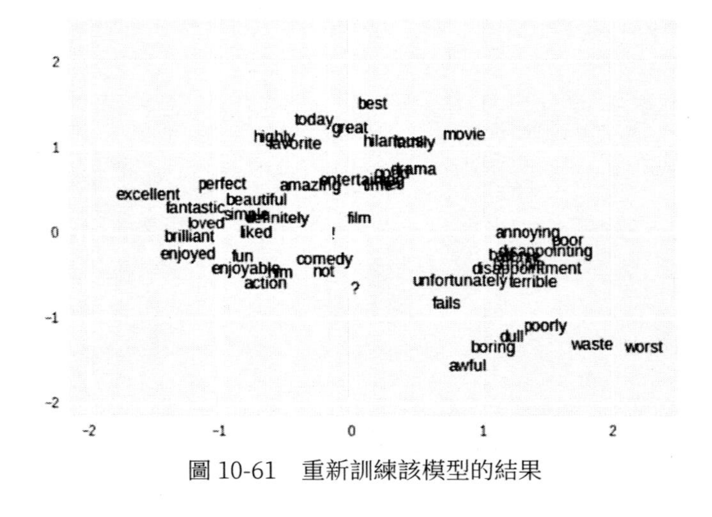

圖 10-61　重新訓練該模型的結果

下面看看能否最佳化該模型以改進其效果。我們可以更改超參數或使用其他最佳化工具，比如 Adam，也可以向 informative_ terms 中添加其他術語。此資料集有一個完整的詞彙表文件，其中包含 30,716 個術語，該文件為 https://storage. googleapis. com/mledu-datasets/sparse-data-embedding/terms. txt，如圖 10-62 所示。我們可以從該詞彙表文件中挑選出其他術語，也可以透過 categorical_ column_ with_ vocabulary_ file 特徵列使用整個詞彙表文件。

```
! wget
https://storage. googleapis. com/mledu-datasets/sparse-data-embedding/terms. txt
-O /tmp/terms. txt
```

```
--2018-06-11 07:22:16--  https://storage.googleapis.com/mledu-datasets/sparse-data-embedding/terms.txt
Resolving storage.googleapis.com (storage.googleapis.com)... 74.125.141.128, 2607:f8b0:400c:c06::80
Connecting to storage.googleapis.com (storage.googleapis.com)|74.125.141.128|:443... connected.
HTTP request sent, awaiting response... 200 OK
Length: 253538 (248K) [text/plain]
Saving to: '/tmp/terms.txt'

/tmp/terms.txt      100%[===================>] 247.60K  --.-KB/s    in 0.01s

2018-06-11 07:22:16 (21.8 MB/s) - '/tmp/terms.txt' saved [253538/253538]
```

圖 10-62　一個完整的詞彙表文件

訓練程式碼如下：

```
# Create a feature column from " terms", using a full vocabulary file.
informative_terms = None
with open("/tmp/terms. txt", ' r') as f:
  # Convert it to a set first to remove duplicates.
  informative_terms = list(set(f. read(). split()))

terms_feature_column =
tf. feature_column. categorical_column_with_vocabulary_list(key=" terms",
vocabulary_list=informative_terms)

terms_embedding_column =
```

```
tf. feature_column. embedding_column(terms_feature_column, dimension=2)
feature_columns = [ terms_embedding_column ]

my_optimizer = tf. train. AdagradOptimizer(learning_rate=0.1)
my_optimizer = tf. contrib. estimator. clip_gradients_by_norm(my_optimizer, 5.0)

classifier = tf. estimator. DNNClassifier(
  feature_columns=feature_columns,
  hidden_units=[10,10],
  optimizer=my_optimizer
)
classifier. train(
  input_fn=lambda: _input_fn([train_path]),
  steps=1000)

evaluation_metrics = classifier. evaluate(
  input_fn=lambda: _input_fn([train_path]),
  steps=1000)
print " Training set metrics:"
for m in evaluation_metrics:
  print m, evaluation_metrics[m]
print "---"

evaluation_metrics = classifier. evaluate(
input_fn=lambda: _input_fn([test_path]),
steps=1000)

print " Test set metrics:"
for m in evaluation_metrics:
  print m, evaluation_metrics[m]
print "---"
```

結果如圖 10-63 所示。

```
Training set metrics:
loss 10.38868
accuracy_baseline 0.5
global_step 1000
recall 0.79728
auc 0.8924117
prediction/mean 0.4879882
precision 0.82705396
label/mean 0.5
average_loss 0.41554722
auc_precision_recall 0.8909711
accuracy 0.81528
---
Test set metrics:
loss 10.95036
accuracy_baseline 0.5
global_step 1000
recall 0.7792
auc 0.8804679
prediction/mean 0.4844923
precision 0.81417704
label/mean 0.5
average_loss 0.43801442
auc_precision_recall 0.87708545
accuracy 0.80068
---
```

圖 10-63　模型訓練的最終結果

從上面的幾個例子中，我們獲得了比原來的線性模型更好且具有嵌入的 DNN 模型，但線性模型也相當不錯，而且訓練速度快得多。線性模型的訓練速度之所以更快，是因為沒有太多要更新的參數或要反向傳播的層。在有些應用中，線性模型的速度可能非常關鍵，或者從品質的角度來看，線性模型可能完全夠用。在其他領域，DNN 提供的額外模型的複雜性和能力可能更重要。另外，在訓練 LinearClassifier 或 DNNClassifier 時，需要根據實際情況使用稀疏列。TF 提供了兩個選項：embedding_ column 或 indicator_ column。在訓練 LinearClassifier 時，系統在後臺使用了 embedding_ column。在訓練 DNNClassifier 時，我們必須明確的選擇 embedding_ column 或 indicator_ column。

第 11 章　知識圖譜

第 11 章　知識圖譜

建構知識圖譜（Knowledge Graph ／ Vault）的主要目的是獲取大量的、讓電腦可讀的知識。在網際網路飛速發展的今天，知識大量存在於非結構化的文本資料、大量半結構化的表格和網頁以及生產系統的結構化資料中。知識圖譜的工作的本質上是對知識體系的工程化建設，Google 的野心是打造全人類知識的全景圖，那麼各行業、各企業的知識圖譜就是各自領域的知識工程。雖然解決的終極問題都是降本增效，知識圖譜和其他資訊技術的不同在於，它是從知識結構化的角度提升現有業務的效率和使用者的體驗，在不同業務場景下提供分析洞察和自動化的服務。一般來說，就是透過對資訊的結構化、語義化、立體化處理，找到正確的資訊，發現隱含的知識，形成最佳化的決策，提供結構化知識框架和方法輔助自動化的解決資訊過載和不全的問題。如圖 11-1 所示為一個知識圖譜實例。

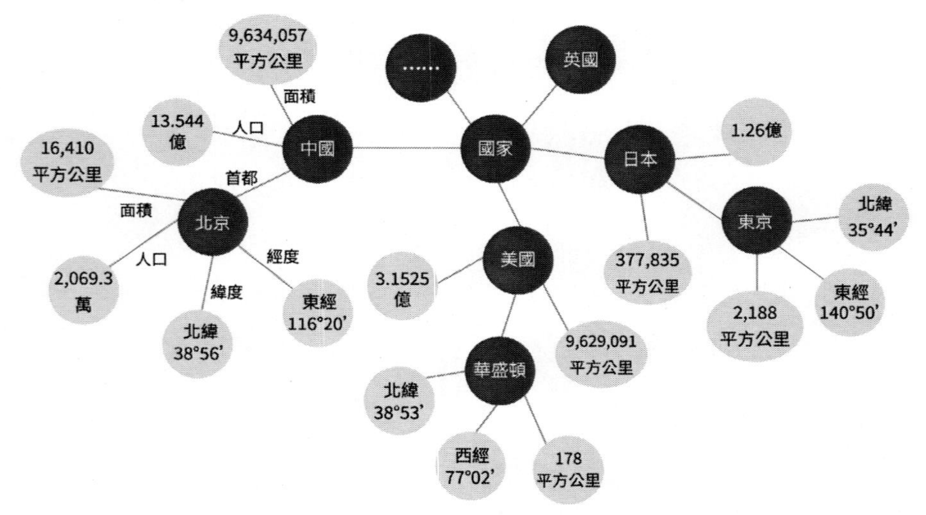

圖 11-1　知識圖譜實例

11.1 什麼是知識圖譜

建構知識圖譜主要分為三部分，第一部分是知識獲取，主要是如何從非結構化、半結構化以及結構化資料中獲取知識；第二部分是資料融合，主要是如何將從不同資料來源獲取的知識進行融合，建構資料之間的關聯；第三部分是知識運算及應用，這一部分關注的是基於知識圖譜的運算功能以及基於知識圖譜的應用。我們首先來看一下知識圖譜的定義，再看其架構。

11.1.1 知識圖譜的定義

在維基百科的官方詞條中，知識圖譜是 Google 用於增強其搜尋引擎功能的知識庫。本質上，知識圖譜旨在描述真實世界中存在的各種實體或概念及其關係，其構成一張龐大的語義網路圖，節點表示實體或概念，邊則由屬性或關係構成。現在的知識圖譜已被用來泛指各種大規模的知識庫。知識圖譜中包含以下幾類節點和邊。

- 實體：指的是具有可區別性且獨立存在的某種事物，如某一個人、某一個城市、某一種植物、某一種商品等。世界萬物由具體的事物組成，就是實體，如圖 11-1 中的「中國」、「美國」、「日本」等。實體是知識圖譜中最基本的元素，不同的實體間存在不同的關係。
- 語義類（概念）：具有同種特性的實體構成的集合，如國家、民族、書籍、電腦等。概念主要指集合、類別、對象類型、事物的種類，例如人物、地理等。
- 內容：通常作為實體和語義類的名字、描述、解釋等，可以由文本、圖像、影音等來表達。
- 屬性（值）：從一個實體指向它的屬性值。不同的屬性類型對應不同類型屬性的邊。屬性值主要指對象指定屬性的值。如圖 11-1 所示的「面積」、「人口」、「首都」是幾種不同的屬性。屬性值主要指對象指定屬性的值，例如 960 萬平方公里等。

- 關係：形式化為一個函數，它把幾個點映射到一個布爾值。在知識圖譜上，關係則是一個把幾個圖節點（實體、語義類、屬性值）映射到布爾值的函數。

基於三元組是知識圖譜的一種通用表示方式。三元組的基本形式主要包括（實體 1 －關係－實體 2）和（實體－屬性－屬性值）等。如圖 11-1 的知識圖譜例子所示，中國是一個實體，北京是一個實體，「中國－首都－北京」是一個（實體－關係－實體）的三元組樣例；北京是一個實體，人口是一種屬性，2,069.3 萬是屬性值。「北京－人口－2,069.3 萬」構成一個（實體－屬性－屬性值）的三元組樣例。知識圖譜是知識庫中的實體集合，共包含 |E| 種不同實體；知識圖譜也是知識庫中的關係集合，共包含 |R| 種不同關係。每個實體（概念的外延）可用一個全局唯一確定的 ID 來標記，每個屬性－屬性值對（Attribute-Value Pair，AVP）可用來刻劃實體的內在特性，而關係可用來連接兩個實體，刻劃它們之間的關聯。

11.1.2　知識圖譜的架構

知識圖譜的架構包括自身的邏輯結構以及建構知識圖譜所採用的技術（體系）架構。

1. 知識圖譜的邏輯結構

知識圖譜在邏輯上可分為模式層與資料層兩個層次，資料層主要是由一系列的事實組成的，而知識將以事實為單位進行儲存。如果用（實體 1 －關係－實體 2）、（實體－屬性－屬性值）這樣的三元組來表達事實，可選擇圖形資料庫作為儲存介質，例如開源的 Neo4j 等。模式層建構在資料層之上，是知識圖譜的核心，通常採用本體庫來管理知識圖譜的模式層。本體是結構化知識庫的概念模板，透過本體庫而形成的知識庫不僅層次結構較強，並且冗餘程度較小。

2. 知識圖譜的體系架構

知識圖譜的體系架構是指建構模式結構，如圖 11-2 所示。其中，虛線框內的部分為知識圖譜的建構過程，也包含知識圖譜的更新過程。知識圖譜的建構從最原始的資料（包括結構化、半結構化、非結構化資料）出發，採用一系列自動或者半自動的技術方法，從原始資料庫和第三方資料庫中提取知識事實，並將其存入知識庫的資料層和模式層，這一過程包含資訊抽取、知識表示、知識融合、知識推理 4 個過程，每一次更新疊代均包含這 4 個階段。知識圖譜主要有自頂向下（top-down）與自底向上（bottom-up）兩種建構方式。自頂向下指的是先為知識圖譜定義好本體與資料模式，再將實體加入知識庫。該建構方式需要利用一些現有的結構化知識庫作為其基礎知識庫，例如 Freebase 項目就是採用這種方式，它的絕大部分資料是從維基百科中得到的。自底向上指的是從一些開放連結資料中提取出實體，選擇其中置信度較高的加入知識庫，再建構頂層的本體模式。目前，大多數知識圖譜都採用自底向上的方式進行建構，其中最典型就是 Google 的 Knowledge Vault 和微軟的 Satori 知識庫。現在也符合網際網路資料內容知識產生的特點。

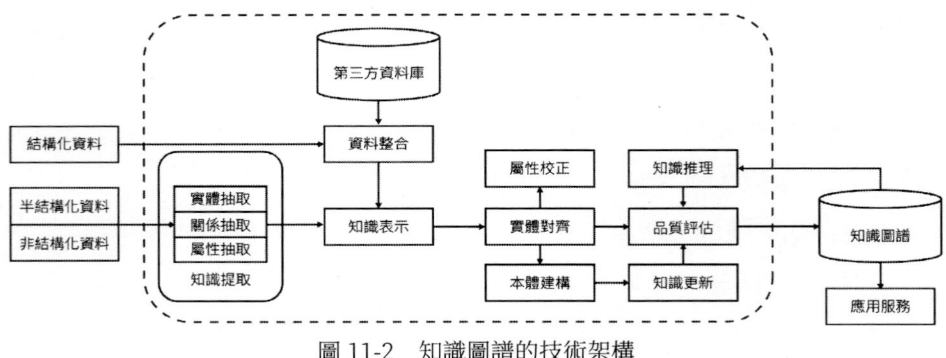

圖 11-2　知識圖譜的技術架構

根據涵蓋範圍，知識圖譜也可分為開放通用知識圖譜和垂直行業知識圖譜。開放通用知識圖譜注重廣度，強調融合更多的實體，較垂直行業知識圖譜而言，其準確度不夠高，並且受概念範圍的影響，很難借助本體庫對公理、規則以及約束條件的支援能力規範其實體、屬性、實體間的關係等。通用知識圖譜主要應用於智慧搜尋等領域。行業知識圖譜通常需要依靠特定行業的資料來建構，具有特定的行業意義。行業知識圖譜中，實體的屬性與資料模式往往比較豐富，需要考慮到不同的業務場景與使用人員。下一小節介紹現在知名度較高的大規模知識庫。

11.1.3　開放知識圖譜

當前世界範圍內知名的高品質大規模開放知識圖譜包括 DBpedia、Yago、Wikidata、BabelNet、ConceptNet 以及 Microsoft Concept Graph 等。

DBpedia 是一個大規模的多語言百科知識圖譜，可視為是維基百科的結構化版本。DBpedia 使用固定的模式對維基百科中的實體資訊進行抽取，包括 abstract、infobox、category 和 page link 等資訊。DBpedia 目前擁有 127 種語言的超過 2,800 萬個實體與數億個 RDF 三元組，並且作為連結資料的核心，與許多其他資料集均存在實體映射關係。而根據抽樣評測，DBpedia 中 RDF 三元組的正確率達 88%。DBpedia 支援資料集的完全下載。

Yago 是一個整合了維基百科與 WordNet 的大規模本體，首先制定一些固定的規則對維基百科中每個實體的 infobox 進行抽取，然後利用維基百科的 category 進行實體類別推斷（Type Inference），獲得大量的實體與概念之間的 IsA 關係（如：" Elvis Presley" Is A " American Rock Singers"），最後將維基百科的 category 與 WordNet 中的 Synset（一個 Synset 表示一個概念）進行映射，從而利用 WordNet 嚴格定義的 Taxonomy 完成大規模本體的建構。隨著時間的推移，Yago 的開發人員為該本體中的 RDF 三元組增加了時間與空間資訊，從而完成了 Yago2 的建構，又利用相同的方法對不同語言的維基百科進行抽取，完成了 Yago3 的建構。目前，Yago 擁有 10 種語言，約 459 萬個實體，2,400 萬個 Facts，Yago 中 Facts 的正確率約為 95%。Yago 支援資料集的完全下載。

Wikidata 是一個可以自由合作編輯的多語言百科知識庫，由維基媒體基金會發起，期望將維基百科、維基文庫、維基導遊等項目中的結構化知識進行抽取、儲存、連結。Wikidata 中的每個實體存在多個不同語言的標籤、別名、描述以及聲明（statement），比如 Wikidata 會給出實體 London 的中文標籤「倫敦」、中文描述「英國首都」以及一個關於 London 的聲明的具體例子。London 的一個聲明由一個 claim 與一個reference組成，claim包括property：Population，value：8,173,900 以及一些 qualifiers（備注說明），而 reference 則表示一個 claim 的出處，可以為空值。Wikidata 目前支援超過 350 種語言，擁有近 2,500 萬個實體及超過 7,000 萬的聲明，並且目前 Freebase 正在往 Wikidata

上遷移，以進一步支援 Google 的語義搜尋。Wikidata 支援資料集的完全下載。

BabelNet 是目前世界範圍內最大的多語言百科同義詞典，它本身可以視為一個由概念、實體、關係構成的語義網路（Semantic Network）。BabelNet 目前有超過 1,400 萬個詞目，每個詞目對應一個 synset。每個 synset 包含所有表達相同含義的不同語言的同義詞。比如，「中國」、「中華人民共和國」、「China」以及「people' s republic of China」均存在於一個 synset 中。BabelNet 由 WordNet 中的英文 synsets 與維基百科頁面進行映射，再利用維基百科中的跨語言頁面連結以及翻譯系統得到 BabelNet 的初始版本。目前，BabelNet 又整合了 Wikidata、GeoNames、OmegaWiki 等多種資源，共擁有 271 個語言版本。BabelNet 中的錯誤來源主要在於維基百科與 WordNet 之間的映射，而映射目前的正確率大約在 91%。關於資料集的使用，BabelNet 目前支援 HTTP API 調用，而資料集的完全下載需要經過非商用的認證後才能完成。

ConceptNet 是一個大規模的多語言常識知識庫，其本質為一個以自然語言的方式描述人類常識的大型語義網路。ConceptNet 起源於一個群眾外包項目 Open Mind Common Sense，自 1999 年開始，透過文本抽取、群眾外包、融合現有知識庫中的常識知識以及設計一些遊戲從而不斷獲取常識知識。ConceptNet 中共擁有 36 種固定的關係，如 IsA、UsedFor、CapableOf等。ConceptNet目前擁有304個語言的版本，共有超過 390 萬個概念，2,800 萬個聲明（statements，語義網路中邊的數量），正確率約為 81%。另外，ConceptNet 目前支援資料集的完全下載。

Microsoft Concept Graph 是一個大規模的英文 Taxonomy，其

中主要包含的是概念間以及實例（等同於實體）概念間的 IsA 關係，其中並不區分 instanceOf 與 subclassOf 的關係。Microsoft Concept Graph 的前身是 Probase，它過自動化的抽取自數十億網頁與搜尋引擎查詢紀錄，其中每一個 IsA 關係均附帶一個機率值，即該知識庫中的每個 IsA 關係不是絕對的，而是存在一個成立的機率值以支援各種應用，如短文本理解、基於 Taxonomy 的關鍵字搜尋和全球資訊網表格理解等。目前，Microsoft Concept Graph 擁有約 530 萬個概念、1,250 萬個實例以及 8,500 萬個 IsA 關係（正確率約為 92.8%）。關於資料集的使用，Microsoft Concept Graph 目前支援 HTTP API 調用，而資料集的完全下載需要經過非商用的認證後才能完成。

除了上述知識圖譜外，中文目前可用的大規模開放知識圖譜有 Zhishi. me、Zhishi. schema 與 XLore 等。Zhishi. me 是第一份建構中文連結資料的工作，與 DBpedia 類似，Zhishi. me 首先指定固定的抽取規則，對百度百科、互動百科和中文維基百科中的實體資訊進行抽取，包括 abstract、infobox、category 等資訊；然後對源自不同百科的實體進行對齊，從而完成資料集的連結。目前，Zhishi. me 中擁有約 1,000 萬個實體與 12,000 萬個 RDF 三元組，所有資料可以透過線上 SPARQL Endpoint 查詢得到。Zhishi. schema 是一個大規模的中文模式（Schema）知識庫，其本質是一個語義網路，其中包含三種概念間的關係，即 equal、related 與 subClassOf 關係。Zhishi. schema 抽取自社交站點的分類目錄（Category Taxonomy）及標籤雲（Tag Cloud），目前擁有約 40 萬個中文概念與 150 萬 RDF 三元組，正確率約為 84%，並支援資料集的完全下載。XLore 是一個大型的中英文知識圖譜，它旨在從各種不同的中英文線上百科中抽取 RDF 三元組，並建立中英文實體間的跨語言連結。目前，XLore 大約有 66 萬個概念，5 萬個屬性，1,000 萬個實體，所有資料可以透過線上 SPARQL Endpoint 查詢得到。

中文開放知識圖譜聯盟（OpenKG）旨在推動中文知識圖譜的開放與互聯，推動知識圖譜技術在中國的普及與應用，為中國人工智慧的發展以及創新創業做出貢獻。聯盟已經搭建有 OpenKG. CN 技術平臺，目前已有 35 家機構入駐，吸引了中國國內最著名的知識圖譜資源的加入，如 Zhishi. me、CN-DBPedia、PKUBase，並已經包含來自於常識、醫療、金融、城市、交通等 15 個類目的開放知識圖譜。

11.1.4　知識圖譜在行業資料分析中的應用

1. 股票投研情報分析

透過知識圖譜相關技術從招股書、年報、公司公告、券商研究報告、新聞等半結構化表格和非結構化文本資料中批次自動抽取公司的股東、子公司、供應商、客戶、合作夥伴、競爭對手等資訊，建構出公司的知識圖譜。在某個宏觀經濟事件或者企業相關事件發生的時候，券商分析師、交易員、基金公司基金經理等投資研究人員可以透過此圖譜做更深層次的分析和更好的投資決策，比如在美國限制向中興通訊出口的消息發表之後，如果我們有中興通訊的客戶供應商、合作夥伴以及競爭對手的關係圖譜，就能在中興通訊停牌的情況下快速的篩選出受影響的國際、中國國內上市公司，從而挖掘投資機會或者進行投資組合風險控制。

2. 公安情報分析

透過融合企業和個人銀行資金交易明細、通話、交通、住宿、工商、稅務等資訊建構初步的「資金帳戶－人－公司」連結知識圖譜。同時從案件描述、筆錄等非結構化文本中抽取人（受害人、嫌疑人、報案人）、事、物、組織、卡號、時間、地點等資訊，連結並補充到原有的知識圖譜中，形成一個完整的證據鏈。輔助公安刑偵、經偵、銀行進行案件線索偵查和挖掘同夥。比如銀行和公安經偵監控資金帳戶，當有一段時間內有大量資金流動並集中到某個帳戶的時候，很可能是非法集資，系統觸發預警。

3. 反欺詐情報分析

透過融合來自不同資料來源的資訊構成知識圖譜，同時引入領域專家建立業務專家規則。我們透過資料不一致性檢測，利用繪製出的知識圖譜可以辨識潛在的欺詐風險。比如借款人張某和借款人吳某填寫資訊為同事，但是兩個人填寫的公司名卻不一樣，以及同一個電話號碼屬於兩個借款人，這些不一致性很可能有欺詐行為。

11.2 知識圖譜建構的關鍵技術

人類知識來源於進化、經驗、文化傳承（可以簡單理解為「零」手、一手和二手知識），因此人工智慧終極演算法的思路不外乎是對進化、人類經驗的數學化模擬以及對知識本身的不斷結構化。各家知識圖譜廠商對於人工智慧的流派總結大多都認同聯結主義、行為主義、符號主義這些流派。其實，人工智慧的本質就是模擬人類學習能力的各個方面，這裡學習是廣義的學習，也就是包含狹義的認知、交流、規劃、推理等能力。

AlphaGo ZERO 讓人工智慧似乎完全走在了經驗主義的路上。知識圖譜不同於經驗主義，是一種可知的、結構化的方法。實際上，結構化是企業資訊管理或資料管理工作一直採用的方法，大數據建設做的是資料的結構化，而知識圖譜向上走了一層，做的是知識的結構化。從另一個意義上，這兩者也不是割裂的，知識由資料構成，企業資料平臺和資料管理工作實際上是知識圖譜技術應用的優勢基礎。

大規模知識庫的建構與應用需要多種技術的支援。透過知識提取技術，可以從半結構化、非結構化和結構化資料庫的資料中提取出實體、關係、屬性等知識要素。知識表示則透過一定有效方法對知識要素進行表示，便於進一步處理使用。然後透過知識融合，可消除實體、關係、屬性等指稱項與事實對象之間的歧義，形成高品質的知識庫。知識推理則是在已有的知識庫基礎上進一步挖掘隱含的知識，從而豐富、擴展知識庫。分散式的知識表示形成的綜合向量對知識庫的建構、推理、融合以及應用均具有重要的意義。因此，知識圖譜是一系列技術的組合，分成以下 4 個層次。

- 知識提取：文本分析和抽取技術。
- 知識融合：語義運算、資料整合和儲存。
- 知識加工：本體建構、分析推理。
- 知識呈現：圖譜視覺化、搜尋。

11.2.1　知識提取

知識提取一方面是面向開放的連結資料，通常典型的輸入是自然語言文本或者多媒體內容檔案（圖像或者影片）等。然後透過自動化或者半自動化的技術抽取出可用的知識單元，知識單元主要包括實體（概念的外延）、關係以及屬性 3 個要素，並以此為基礎，形成一系列高品質的事實表達，為上層模式層的建構奠定基礎。

在處理非結構化資料方面，首先要對使用者的非結構化資料提取正文。目前的網路資料存在著大量的廣告，正文提取技術希望有效的過濾廣告而只保留使用者關注的文本內容。當得到正文文本後，需要透過自然語言技術辨識文章中的實體，實體辨識通常有兩種方法，一種是使用者本身有一個知識庫，可以使用實體連結將文章中可能的候選實體連結到使用者的知識庫上；另一種是當使用者沒有知識庫時，需要使用命名實體辨識技術辨識文章中的實體。若文章中存在實體的別名或者簡稱，還需要建構實體間的同義詞表，這樣可以使不同實體具有相同的描述。在辨識實體的過程中可能會用到分詞、詞性標注，在深度學習模型中需要用到分散式表達，如詞向量。同時，為了得到不同粒度的知識，還可能需要提取文中的關鍵字、獲取文章的潛在主題等。當使用者獲得實體後，則需要關注實體間的關係，我們稱為實體關係辨識，有些實體關係辨識的方法會利用句法結構來幫助確定兩個實體間的關係，因此在有些演算法中會利用依存分析或者語義解析。如果使用者不僅僅想獲取實體間的關係，還想獲取一個事件的詳細內容，那麼需要確定事件的觸發詞並獲取事件相應描述的句子，同時辨識事件描述句子中實體對應事件的角色。

在處理半結構化資料方面，主要的工作是透過包裝器學習半結構化資料的抽取規則。由於半結構化資料具有大量的重複性結構，因此對資料進行少量的標注可以讓機器學會一定的規則，進而在整個站點使用規則，對同類型或者符合某種關係的資料進行抽取。最後，當使用者的資料儲存在生產系統的資料庫中時，需要透過 ETL 工具對使用者生產系統下的資料進行重新組織、清洗、檢測，最後得到符合使用者使用目的的資料。

實體抽取

實體抽取也稱為命名實體學習（named entity learning）或命名實體辨識（named entity recognition），指的是從原始資料資料中自動辨識出命名實體。由於實體是知識圖譜中最基本的元素，其抽取的完整性、準確率等將直接影響知識圖譜建構的品質。因此，實體抽取是知識抽取中最為基礎與關鍵的一步。我們可以將實體抽取的方法分為 4 種：基於百科站點或垂直站點抽取、基於規則與詞典的抽取、基於統計機器學習的抽取以及面向開放域的抽取。基於百科站點或垂直站點抽取是一種很常規的提取方法；基於規則與詞典的抽取通常需要為目標實體編寫模板，然後在原始資料中進行匹配；基於統計機器學習的抽取主要是透過機器學習的方法對原始資料進行訓練，然後利用訓練好的模型辨識實體；面向開放域的抽取將面向大量的 Web 資料。

(1) 基於百科或垂直站點抽取

基於百科站點或垂直站點抽取這種方法是從百科類站點（如維基百科、百度百科、互動百科等）的標題和連結中抽取實體名。這種方法的優點是可以得到開放網際網路中最常見的實體名，其缺點是對於中低頻的涵蓋率低。與一般性通用的網站相比，垂直類站點的實體抽取可以獲取特定領域的實體。例如從豆瓣各頻道（音樂、讀書、電影等）獲取各種實體列表。這種方法主要是基於爬蟲技術來實現和獲取的。基於百科類站點或垂直站點抽取是一種最常規和基本的方法。

(2) 基於規則與詞典的實體提取方法

早期的實體抽取是在限定文本領域、限定語義單元類型的條件下進行的，主要採用的是基於規則與詞典的方法，例如使用已定義的規則抽取出文本中的人名、地名、組織機構名、特定時間等實體。後期出現了啟發式演算法與規則模板相結合的方法。然而，基於規則模板的方法不僅需要依靠大量的專家來編寫規則或模板，涵蓋的領域範圍有限，而且很難適應資料變化的新需求。

(3) 基於統計機器學習的實體抽取方法

鑑於基於規則與詞典實體的局限性，為了更有可擴展性，相關研究人員將機器學習中的監督學習演算法用於命名實體的抽取問題上。例如，利用 KNN 演算法與條件隨機場模型實現了對 Twitter 文本資料中實體的辨識。單純的監督式學習演算法在性能上不僅受到訓練集合的限制，並且演算法的準確率不夠理想。相關研究者認識到監督式學習演算法的制約性後，嘗試將監督式學習演算法與規則相互結合，獲得了一定的成果。例如，基於字典，使用最大熵演算法在 Medline 論文摘要的 GENIA 資料集上進行了實體抽取實驗，實驗的準確率在 70% 以上。近年來，隨著深度學習的興起應用，基於深度學習的命名實體辨識得到廣泛應用。例如，使用一種基於雙向 LSTM 深度神經網路和條件隨機場的辨識方法，在測試資料上獲得最好的表現結果。

（4）面向開放域的實體抽取方法

針對如何從少量實體實例中自動發現容易區分的模式，進而擴展到大量文本，去替實體做分類與聚類的問題。例如，使用一種透過疊代方式擴展實體資料庫的解決方案，其基本思想是透過少量的實體實例建立特徵模型，再透過該模型應用於新的資料集得到新的命名實體。有人還使用了一種基於無監督式學習的開放域聚類演算法，其基本思想是基於已知實體的語義特徵去搜尋日誌中辨識出命名的實體，然後進行聚類。

11.2.2　語義類抽取

語義類抽取是指從文本中自動抽取資訊來構造語義類並建立實體和語義類的關聯，作為實體層面上的規整和抽象。下面介紹一種行之有效的語義類抽取方法，包含三個模組：並列相似度運算、上下位關係提取以及語義類生成。

1. 並列相似度運算

並列相似度運算的結果是詞和詞之間的相似性資訊，例如三元組（蘋果，梨，s1）表示蘋果和梨的相似度是 s1。兩個詞有較高的並列相似度的條件是它們具有並列關係（同屬於一個語義類），並且有較大的關聯度。按照這樣的標準，北京和上海具有較高的並列相似度，而北京和汽車的並列相似度很低（因為它們不屬於同一個語義類）。對於海淀、朝陽、閔行三個市轄區來說，海淀和朝陽的並列相似度大於海淀和閔行的並列相似度（因為前兩者的關聯度更高）。

當前主流的並列相似度運算方法有分布相似度法（distributional similarity）和模式匹配法（pattern matching）。分布相似度法基於哈里斯（Harris）的分布假設（distributional hypothesis），即經常出現在類似的上下文環境中的兩個詞具有語義上的相似性。分布相似度法的實現分三個步驟：第一步，定義上下文；第二步，把每個詞表示成一個特徵向量，向量每一維代表一個不同的上下文，向量的值表示本詞相對於上下文的權重；第三步，運算兩個特徵向量之間的相似度，將其作為它們所代表的詞之間的相似度。模式匹配法的基本思路是把一些模式作用於原始資料，得到一些詞和詞之間共同出現的資訊，然後把這些資訊聚集起來，生成單字之間的相似度。模式可以是手工定義的，也可以是根據一些種子資料而自動生成的。分布相似度法和模式匹配法都可以用來在數以百億計的句子中或者數以十億計的網頁中抽取詞的相似性資訊。

2. 上下位關係提取

該模組從檔案中抽取詞的上下位關係資訊，生成（下義詞，上義詞）資料對，例如（狗，動物）、（雪梨，城市）。提取上下位關係最簡單的方法是解析百科類站點的分類資訊（如維基百科的「分類」和百度百科的「開放分類」）。這種方法的主要缺點是，並不是所有的分類詞條都代表上位詞，例如百度百科中「狗」的開放分類「養殖」就不是其上位詞；生成的關係圖中沒有權重資訊，因此不能區分同一個實體所對應的不同上位詞的重要性；涵蓋率偏低，即很多上下位關係並沒有包含在百科站點的分類資訊中。在英文資料中，用 Hearst 模式和 IsA 模式進行模式匹配被認為是比較有效的上下位關係抽取方法。下面是這些模式的中文版本（其中 NPC 表示上位詞，NP 表示下位詞）：

NPC { 包括 | 包含 | 有 } {NP、}* [等 | 等等]
NPC { 如 | 比如 | 像 | 象 } {NP、}*
{NP、}* [{ 以及 | 和 | 與 } NP] 等 NPC
{NP、}* { 以及 | 和 | 與 } { 其它 | 其他 } NPC
NP 是 { 一個 | 一種 | 一類 } NPC

此外，一些網頁表格中包含上下位關係資訊，例如在帶有表頭的表格中，表頭行的文本是其他行的上位詞。

3. 語義類生成

該模組包括聚類和語義類標定兩個子模組。聚類的結果決定了要生成哪些語義類以及每個語義類包含哪些實體，而語義類標定的任務是為一個語義類附加一個或者多個上位詞作為其成員的公共上位詞。此模組依賴於並列相似性和上下位關係資訊來進行聚類和標定。有些研究工作只根據上下位關係圖來生成語義類，但經驗顯示，並列相似性資訊對於提高最終生成的語義類的精度和涵蓋率都至關重要。

11.2.3 屬性和屬性值抽取

屬性抽取的任務是為每個本體語義類構造屬性列表（如城市的屬性包括面積、人口、所在國家、地理位置等），而屬性值抽取則是為一個語義類的實體附加屬性值。屬性和屬性值的抽取能夠形成完整實體概念的知識圖譜維度。常見的屬性和屬性值抽取方法包括從百科類站點中提取、從垂直網站中進行包裝器歸納、從網頁表格中提取以及利用手工定義或自動生成的模式從句子和查詢日誌中提取。常見的語義類／實體的常見屬性／屬性值可以透過解析百科類站點中的半結構化資訊（如維基百科的資訊盒和百度百科的屬性表格）而獲得。儘管透過這種簡單的手段能夠得到高品質的屬性，但同時需要採用其他方法來增加涵蓋率（為語義類增加更多屬性以及為更多的實體添加屬性值）。

垂直網站（如電子產品網站、圖書網站、電影網站、音樂網站）包含大量實體的屬性資訊。例如，圖書介紹的網頁中包含圖書的作者、出版社、出版時間、評分等資訊。透過基於一定規則模板建立，便可以從垂直站點中生成包裝器（或稱為模板），並根據包裝器來提取屬性資訊。從包裝器生成的自動化程度來看，這些方法可以分為手工法（手工編寫包裝器）、監督方法、半監督法以及無監督法。考慮到需要從大量不同的網站中提取資訊，並且網站模板可能會更新等因素，無監督包裝器歸納方法顯得更加重要和現實。無監督包裝器歸納的基本思路是利用對同一個網站下面多個網頁的超文本標籤樹的對比來生成模板。簡單來看，不同網頁的公共部分往往對應於模板或者屬性名，不同的部分則可能是屬性值，而同一個網頁中重複的標籤塊則預示著重複的紀錄。

屬性抽取的另一個資訊源是網頁表格。表格的內容對於人來說一目瞭然，而對於機器而言，情況則要複雜得多。由於表格類型千差萬別，很多表格製作得不規則，加上機器缺乏人所具有的背景知識等原因，從網頁表格中提取高品質的屬性資訊成為挑戰。

上述三種方法的共同點是透過挖掘原始資料中的半結構化資訊來獲取屬性和屬性值。與透過「閱讀」句子來進行資訊抽取的方法相比，這些方法繞開了自然語言理解這樣一個「硬骨頭」，而試圖達到以柔克剛的效果。在現階段，電腦知識庫中的大多數屬性值確實是透過上述方法獲得的。但現實情況是只有一部分的人類知識是以半結構化形式表現的，而更多的知識則隱藏在自然語言句子中，因此直接從句子中抽取資訊成為進一步提高知識庫涵蓋率的關鍵。當前，從句子和查詢日誌中提取屬性和屬性值的基本方法是模式匹配和對自然語言的淺層處理。整個方法是一個在句子中進行模式匹配而生成（語義類，屬性）關係圖的無監督的知識提取過程。此過程分兩個步驟，第一個步驟透過將輸入的模式作用到句子上而生成一些（詞，屬性）元組，這些資料元組在第二個步驟中根據語義類進行合併而生成（語義類，屬性）關係圖。在輸入中包含種子列表或者語義類相關模式的情況下，比如（北京，面積），整個方法是一個半監督的自學過程，分為以下三個步驟。

（1）模式生成：在句子中匹配種子列表中的詞和屬性從而生成模式。模式通常由詞和屬性的環境資訊而生成。

（2）模式匹配。

（3）模式評價與選擇：透過生成的（語義類，屬性）關係圖對自動生成的模式的品質進行自動評價並選擇高分值的模式作為下一輪匹配的輸入。

11.2.4 關係抽取

關係抽取的目標是解決實體語義連結的問題。關係的基本資訊包括參數類型、滿足此關係的元組模式等。例如，關係 BeCapitalOf（表示一個國家的首都）的基本資訊如下：

```
參數類型：(Capital，Country)
元組：(北京，中國)；(華盛頓，美國)；
```

Capital 和 Country 表示首都和國家兩個語義類。

早期的關係抽取主要是透過人工構造語義規則以及模板的方法辨識實體關係。隨後，實體間的關係模型逐漸替代了人工預定義的語法與規則。但是仍需要提前定義實體間的關係類型。

最初實體關係辨識任務在 1998 年的 MUC（Message Understanding Conference）中以 MUC-7 任務被引入，目的是透過填充關係模板槽的方式抽取文本中特定的關係。1998 年後，在 ACE（Automatic Content Extraction）中被定義為關係檢測和辨識的任務。2009 年，ACE 併入 TAC（Text Analysis Conference），關係抽取被併入 KBP（Knowledge Base Population）領域的槽填充任務。從關係任務定義上，分為限定領域（Close Domain）和開放領域（Open IE）；從方法上看，實體關係辨識從流水線辨識方法逐漸過渡到端到端的辨識方法。

基於統計學的方法將從文本中辨識實體間關係的問題轉化為分類問題。基於統計學的方法在實體關係辨識時需要加入實體關係上下文資訊確定實體間的關係，然而基於監督的方法依賴大量的標注資料，因此半監督或者無監督的方法受到了更多關注。

11.2.5　知識表示

傳統的知識表示方法主要是以 RDF（資源描述框架）的三元組 SPO（Subject，Property，Object）來符號性的描述實體之間的關係。這種表示方法通常很簡單，受到廣泛認可，但是其在運算效率、資料稀疏性等方面面臨諸多問題。近年來，以深度學習為代表的表示學習技術獲得了重要的進展，可以將實體的語義資訊表示為稠密低維實值向量，進而在低維空間中高效能運算實體、關係及其之間的複雜語義關聯，對知識庫的建構、推理、融合以及應用均具有重要的意義。

知識表示學習的代表模型有距離模型、單層神經網路模型、雙線性模型、神經張量模型、矩陣分解模型、翻譯模型等。比如，距離模型提出了知識庫中實體以及關係的結構化嵌入方法（Structured Embedding，SE），其基本思想是，首先將實體用向量進行表示，然後透過關係矩陣將實體投影到與實體關係對的向量空間中，最後透過運算投影向量之間的距離來判斷實體間已存在的關係的置信度。由於距離模型中的關係矩陣是兩個不同的矩陣，使得協同性較差。針對上述提到的距離模型中的缺陷，有人提出了採用單層神經網路的非線性模型（Single Layer Model，SLM），模型為知識庫中每個三元組（h，r，t）定義了一個評價函數。還有一個模型叫 TransE 模型，它將知識庫中實體之間的關係看成是從實體間的某種平移，並用向量表示。

知識庫中的實體關係類型也可分為 1-to-1、1-to-N、N-to-1、N-to-N 四種類型，而複雜關係主要指的是 1-to-N、N-to-1、N-to-N 三種關係類型。由於 TransE 模型不能用在處理複雜關係上，一系列基於它的擴展模型紛紛被提出，有 TransH 模型、TransR 模型、TransD 模型、TransG 模型等。

11.2.6 知識融合

透過知識提取實現了從非結構化和半結構化資料中獲取實體、關係以及實體屬性資訊的目標。但是由於知識來源廣泛，存在知識品質良莠不齊、來自不同資料來源的知識重複、層次結構缺失等問題，因此必須要進行知識的融合。知識融合是高層次的知識組織，使來自不同知識源的知識在同一框架規範下進行異構資料整合、消歧、加工、推理驗證、更新等步驟，達到資料、資訊、方法、經驗以及人的思想的融合，形成高品質的知識庫。

當知識從各個資料來源下獲取時，需要提供統一的術語將各個資料來源獲取的知識融合成一個龐大的知識庫。提供統一術語的結構或者資料被稱為本體，本體不僅提供了統一的術語字典，還建構了各個術語間的關係以及限制。本體可以讓使用者非常方便和靈活的根據自己的業務建立或者修改資料模型。透過資料映射技術建立本體中術語和不同資料來源抽取知識中詞彙的映射關係，進而將不同資料來源的資料融合在一起。同時，不同源的實體可能會指向現實世界的同一個客體，這時需要使用實體匹配將不同資料來源相同客體的資料進行融合。不同本體間也會存在某些術語描述同一類資料，對於這些本體，則需要本體融合技術把不同的本體融合。最後融合而成的知識庫需要一個儲存、管理的解決方案。知識儲存和管理的解決方案會根據使用者查詢場景的不同採用不同的儲存架構，如 NoSQL 或者關係資料庫。同時，大規模的知識庫也符合大數據的特徵，因此需要傳統的大數據平臺（如 Spark 或者 Hadoop）提供高性能運算能力，支援快速運算。

1. 實體對齊

實體對齊（entity alignment）也稱為實體匹配（entity matching）、實體解析（entity resolution）或者實體連結（entity linking），主要用於消除異構資料中實體衝突、指向不明等不一致性問題，可以從頂層創建一個大規模的統一知識庫，從而幫助機器理解多源異質的資料，形成高品質的知識。

在大數據的環境下，受知識庫規模的影響，在進行知識庫實體對齊時，主要會面臨 3 個方面的挑戰：(1) 運算複雜度，匹配演算法的運算複雜度會隨知識庫的規模呈二次成長，難以接受。(2) 資料品質，由於不同知識庫的建構目的與方式有所不同，可能存在知識品質良莠不齊、相似重複資料、孤立資料、資料時間粒度不一致等問題。(3) 先驗訓練資料，在大規模知識庫中，想要獲得這種先驗資料非常困難，通常情況下，需要研究者手工構造先驗訓練資料。綜上所述，知識庫實體對齊的主要流程包括：(1) 將待對齊資料進行分區索引，以降低運算的複雜度。(2) 利用相似度函數或相似性演算法查找匹配實例。(3) 使用實體對齊演算法進行實例融合。(4) 將步驟 (2) 與步驟 (3) 的結果結合起來，形成最終的對齊結果。對齊演算法可分為成對實體對齊與集體實體對齊兩大類，而集體實體對齊又可分為局部集體實體對齊與全局集體實體對齊。

2. 知識加工

透過實體對齊可以得到一系列基本事實表達或初步的本體雛形，然而事實並不等於知識，它只是知識的基本單位。要形成高品質的知識，還需要經過知識加工的過程，從層次上形成一個大規模的知識體系，統一對知識進行管理。知識加工主要包括本體建構與品質評估兩方面的內容。

11.3 知識運算及應用

知識運算主要是根據圖譜提供的資訊得到更多隱含的知識，如透過本體或者規則推理技術可以獲取資料中存在的隱含知識，而連結預測則可以預測實體間隱含的關係，同時使用社會運算的不同演算法在知識網路上運算獲取知識圖譜上存在的社群，提供知識間關聯的路徑，透過不一致檢測技術發現資料中的雜訊和缺陷。透過知識運算知識圖譜可以產生大量的智慧應用，如可以提供精確的使用者畫像為精準行銷系統提供潛在的客戶；提供領域知識向專家系統提供決策資料，向律師、醫生、公司 CEO 等提供輔助決策的意見；提供更智慧的檢索方式，使使用者可以透過自然語言進行搜尋；當然，知識圖譜也是問答必不可少的重要組件。

11.4　企業知識圖譜建設

有些使用者傾向於把知識圖譜簡單化理解，或者等同於傳統的專家庫，或者認為就是知識視覺化的炫酷介面。知識圖譜的技術本質是高效能的知識結構化和圖分析能力。與傳統知識庫相比，知識圖譜在知識建構部分除了利用專家人工力量外，還利用文本挖掘和自然語言處理等方法，也有可能使用機器學習演算法建構本體，以及從大量的非結構化和半結構化資料中抽取知識。在人、企業、產品、興趣、想法、事實存在交織的關聯關係時，使用圖分析這些複雜的關係效率高，可擴展。應用圖遍歷、最短路徑、三角計數、連通份量、類中心等演算法在搜尋目標實體、辨識實體關聯、評價關聯程度、發現關鍵人物和特殊關係群體等方面較為有效。

從企業級資訊管理的全局視角看，知識圖譜無疑也是其中一種方式和工具，其中的技術組件如文本分析、語義運算等部分和傳統的資料採集、清洗、整合在資料的處理方法和流程上很多都是類似的，在技術上也有互通或重合的部分。從企業級資料建設和應用的角度來看，知識圖譜的建設橫跨多個環節，在技術的整合方面有較高的複雜度，因此要求一定的資料基礎和資料技術能力基礎，比如持續的資料管理和知識管理機制、較好的基礎資料品質、對資料技術能力和團隊的累積等。

我們認為，在知識圖譜走向行業應用的時代，可能在落實的時候不會採用從零開始建設知識圖譜全技術堆疊的重方式，很多環節（比如圖譜視覺化、自然語言處理、語義運算等方面）都會出現比較成熟的技術組件，然後結合業務進行深度客製化和調優。因此，我們也很有必要透過技術堆疊去抓住知識圖譜的技術本質，一個是知識結構化，另一個是圖分析，知識圖譜用新的技術在這兩方面提升效率。抓住了技術本質，使用者方可以避免糾結於概念或技術的分歧，技術提供方則可以避免陷入同質化競爭的局面。表 11-1 總結了幾個知識圖譜庫。

表 11-1　幾個知識圖譜庫列表

知識圖譜庫名稱	機構	特點、建構方式	應用產品
FreeBase	MetaWeb（2010年被Google收購）	・實體、語義類、屬性、關係 ・自動＋人工：部分資料從維基百科等資料源抽取而得到；另一部分資料來自人工協同編輯 ・https://developers.google.com/freebase/	Google Search Engine、Google Now
Knowledge Vault（Google知識圖譜）	Google	・實體、語義類、屬性、關係 ・超大規模資料庫，源自維基百科、Freebase、《世界各國紀實年鑑》 ・https://research.google.com/pubs/pub45634	Google Search Engine、Google Now
DBpedia	萊比錫大學、柏林自由大學、OpenLink Software	・實體、語義類、屬性、關係 ・從維基百科抽取	DBpedia
維基資料（Wikidata）	維基媒體基金會（Wikimedia Foundation）	・實體、語義類、屬性、關係，與維基百科緊密結合 ・人工（協同編輯）	Wikidata
Wolfram Alpha	沃爾夫勒姆公司（Wolfram Research）	・實體、語義類、屬性、關係，知識運算 ・部分知識來自於 Methematica，其他知識來自於各個垂直網站	Alpple Siri
Bing Satori	微軟	・實體、語義類、屬性、關係，知識運算 ・自動＋人工	Bing Search Engine、Microsoft Cortana
YAGO	馬克斯・普朗克研究所	・自動：從維基百科、WordNet 和 GeoNames 提取資訊	YAGO
Facebook Social Graph	Facebook	・Facebook 社交網路資料	Social Graph Search
百度知識圖譜	百度	・搜尋結構化資料	百度搜尋
搜狗知立方	搜狗	・搜尋結構化資料	搜狗搜尋
ImageNet	史丹佛大學	・搜尋引擎 ・亞馬遜 AMT	電腦視覺相關應用程式

知識圖譜是知識工程的一個分支，以知識工程中的語義網路作為理論基礎，並且結合了機器學習、自然語言處理、知識表示和推理的最新成果，在大數據的推動下受到了業界和學術界的廣泛關注。知識圖譜對於解決大數據中的文本分析和圖像理解問題發揮著重要作用。目前，知

識圖譜研究已經獲得了很多成果，形成了一些開放的知識圖譜。但是，知識圖譜的發展還存在以下障礙。首先，雖然大數據時代已經產生了大量的資料，但是資料發表缺乏規範，而且資料品質不高，從這些資料中挖掘高品質的知識需要處理資料雜訊問題；其次，垂直領域的知識圖譜建構缺乏自然語言處理方面的資源，特別是詞典的匱乏使得垂直領域知識圖譜建構代價很大；最後，知識圖譜建構缺乏開源的工具，目前很多研究工作都不具備實用性，而且很少有工具發表。通用的知識圖譜建構平臺還很難實現。

第 12 章　資料挖掘

12.1　什麼是資料挖掘

資料挖掘是指有組織、有目的的收集資料、分析資料，並從大量資料中提取出有用的資訊，從而尋找出資料中存在的規律、規則、知識以及模式、關聯、變化、異常和有意義的結構。資料挖掘是一種從大量資料中尋找存在的規律、規則、知識以及模式、關聯、變化、異常和有意義的結構的技術，是統計學、資料庫技術和人工智慧技術等技術的綜合。資料挖掘是一門涉及面很廣的交叉學科，包括數理統計、人工智慧、電腦等，涉及機器學習、數理統計、神經網路、資料庫、模式辨識、粗糙集、模糊數學等相關技術。

資料挖掘大部分的價值在於利用資料挖掘技術改善預測模型、產生學術價值、促進生產、產生並促進商業利益，一切都是為了商業價值（資料→資訊→知識→商業）。資料挖掘的最終目的是實現資料的價值，所以，單純的資料挖掘是沒有多大意義的。資料挖掘的作用是從大量資料中尋找存在的規律、規則、知識以及模式、關聯、變化、異常和有意義的結構。

資料挖掘技術（方法）分為以下兩大類。

- 預言（Predication）：用歷史預測未來。
- 描述（Description）：了解資料中潛在的規律。

12.1.1　資料挖掘技術產生的背景

資料正在以空前的速度成長，現在的資料是大量的大數據。現在不缺乏資料，但是卻面臨一個尷尬的境地——資料極其豐富，資訊知識匱乏。還有，大量的大數據已經遠遠超出了人類的理解能力，如果不借助強大的工具和技術，很難弄清楚大數據中所蘊含的資訊和知識。重要決策如果只是基於決策制定者的個人經驗，而不是基於資訊、知識豐富的資料，就極大的浪費了資料，也對我們的商業、學習、工作、生產帶來了極大的不便和龐大的阻礙。所以，能夠方便、高效能、快速的從大數據裡提取出龐大的資訊和知識是必須解決的，因此，資料挖掘技術應運而生。資料挖掘填補了資料和資訊、知識之間的鴻溝。

12.1.2　資料挖掘與資料分析的區別

資料分析包含廣義的資料分析和狹義的資料分析。廣義的資料分析包括狹義的資料分析和資料挖掘，而我們常說的資料分析就是指狹義的資料分析。

1. 資料分析（狹義）

簡單來說，狹義的資料分析就是對資料進行分析。專業的說法是，狹義的資料分析是指根據分析目的，用適當的統計分析方法及工具對收集來的資料進行處理與分析，提取有價值的資訊，發揮資料的作用。狹義的資料分析主要實現三大作用：現狀分析、原因分析和預測分析（定量）。狹義的資料分析的目標明確，先做假設，然後透過資料分析來驗證假設是否正確，從而得到相應的結論。狹義的資料分析主要採用對比分析、分組分析、交叉分析、迴歸分析等分析方法。狹義的資料分析一般都是得到一個指標統計量結果，比如總和、平均值等，這些指標資料需要與業務結合進行解讀，才能發揮出資料的價值與作用。

2. 資料挖掘

資料挖掘是指從大量的資料中，透過統計學、人工智慧、機器學習等方法挖掘出未知的、具有價值的資訊和知識的過程。資料挖掘主要側重解決 4 類問題，即分類、聚類、關聯和預測（定量、定性）。資料挖掘的重點在於尋找未知的模式與規律。比如，我們常說的資料挖掘案例：啤酒與尿布、保險套與巧克力等，就是事先未知的，但又是非常有價值的資訊。資料挖掘主要採用決策樹、神經網路、關聯規則、聚類分析等統計學、人工智慧、機器學習等方法進行挖掘。資料挖掘的結果是輸出模型或規則，並且可相應得到模型得分或標籤，模型得分如流失機率值、總和得分、相似度、預測值等，標籤如高中低價值使用者、流失與非流失、信用優良中差等。

總之，資料分析（狹義）與資料挖掘的本質是一樣的，都是從資料裡面發現關於業務的知識（有價值的資訊），從而幫助業務營運、改進產品以及幫助企業做更好的決策。資料分析（狹義）與資料挖掘構成廣義的資料分析。

12.2　資料挖掘技術（方法）

資料挖掘常用的方法有分類、聚類、迴歸分析、關聯規則、神經網路、特徵分析、偏差分析等。這些方法從不同的角度對資料進行挖掘。

12.2.1　分類

分類的含義就是找出資料庫中的一組資料對象的共同特點並按照分類模式將其劃分為不同的類。分類是依靠給定的類別對對象進行劃分的。分類的目的是透過分類模型將資料庫中的資料項映射到某個給定的類別中。分類的應用包括客戶的分類、客戶的屬性和特徵分析、客戶滿意度分析、客戶的購買趨勢預測等。

主要的分類方法包括決策樹、KNN 法（K-Nearest Neighbor）、SVM 法、VSM 法、Bayes 法、神經網路等。分類演算法是有局限性的。分類作為一種監督式學習方法，要求必須事先明確知道各個類別的資訊，並且斷言所有待分類項都有一個類別與之對應。但是很多時候上述條件得不到滿足，尤其是在處理大量資料的時候，如果要透過預處理使得資料滿足分類演算法的要求，那麼代價非常大，這時候可以考慮使用聚類演算法。

12.2.2 聚類

聚類的含義是指事先並不知道任何樣本的類別標號，按照對象的相似性和差異性，把一組對象劃分成若干類，並且每個類裡面對象之間的相似度較高，不同類裡面對象之間的相似度較低或差異明顯。我們並不關心某一類是什麼，需要實現的目標只是把相似的東西聚到一起，聚類是一種無監督式學習方法。

聚類與分類的區別是，聚類類似於分類，但是與分類不同的是，聚類不依靠給定的類別對對象進行劃分，而是根據資料的相似性和差異性將一組資料分為幾個類別。聚類與分類的目的不同。聚類要按照對象的相似性和差異性將對象進行分類，屬於同一類別的資料間的相似性很大，但不同類別之間資料的相似性很小，跨類的資料關聯性很低。組內的相似性越大，組間差別越大，聚類就越好。

主要的聚類演算法可以劃分 5 類，即劃分方法、層次方法、基於密度的方法、基於網格的方法和基於模型的方法。每一類中都存在得到廣泛應用的演算法，劃分方法中有 K-Means 聚類演算法，層次方法中有凝聚型層次聚類演算法，基於模型的方法中有神經網路聚類演算法。聚類可以應用到客戶群體的分類、客戶背景分析、客戶購買趨勢預測、市場的細分等。

12.2.3 迴歸分析

迴歸分析是一個統計預測模型，用以描述和評估因變量與一個或多個自變量之間的關係。它反映的是事務資料庫中屬性值在時間上的特徵，產生一個將資料項映射到一個實值預測變量的函數，發現變量或屬性間的依賴關係。迴歸分析反映了資料庫中資料的屬性值在時間上的特徵，透過函數表達資料映射的關係來發現屬性值之間的依賴關係。迴歸分析方法被廣泛的用於解釋市場占有率、銷售額、品牌偏好及市場行銷效果。它可以應用到市場行銷的各個方面，如客戶尋求、保持和預防客戶流失活動、產品生命週期分析、銷售趨勢預測及有針對性的促銷活動等。

迴歸分析的主要研究問題包括資料序列的趨勢特徵、資料序列的預測、資料間的相關關係等。

12.2.4　關聯規則

關聯規則是隱藏在資料項之間的關聯或相互關係，即可以根據一個資料項的出現推導出其他資料項的出現。關聯規則是描述資料庫中資料項之間所存在的關係的規則。關聯規則的目的（作用）是發現隱藏在資料間的關聯或相互關係，從一件事情的發生來推測另一件事情的發生，從而更好的了解和掌握事物的發展規律等。

關聯規則的挖掘過程主要包括兩個階段：第一階段為從大量原始資料中找出所有的高頻項目組；第二階段為從這些高頻項目組產生關聯規則。關聯規則挖掘技術已經被廣泛應用於金融行業企業中，用以預測客戶的需求，各銀行在自己的 ATM 機上透過捆綁客戶可能感興趣的資訊供使用者了解並獲取相應資訊來改善自身的行銷。

12.2.5　神經網路方法

神經網路作為一種先進的人工智慧技術，因其自身自行處理、分散儲存和高度容錯等特性，非常適合處理非線性的問題，以及那些以模糊、不完整、不嚴密的知識或資料為特徵的問題，這一特點十分適合解決資料挖掘的問題。

典型的神經網路模型主要分為三大類：第一類是用於分類預測和模式辨識的前饋式神經網路模型，其主要代表為函數型網路、感知器；第二類是用於聯想記憶和最佳化演算法的反饋式神經網路模型，以Hopfield 的離散模型和連續模型為代表；第三類是用於聚類的自組織映射方法，以 ART 模型為代表。雖然神經網路有多種模型及演算法，但在特定領域的資料挖掘中使用哪種模型及演算法沒有統一的規則，而且人們很難理解網路的學習及決策過程。

12.2.6 Web 資料挖掘

Web 資料挖掘是一項綜合性技術，指從 Web 檔案結構和使用的集合 C 中發現隱含的模式 P，如果將 C 看作輸入，將 P 看作輸出，那麼 Web 挖掘過程就可以看作是從輸入到輸出的一個映射過程。Web 資料挖掘的研究對象是以半結構化和無結構檔案為中心的 Web，這些資料沒有統一的模式，資料的內容和表示互相交織，資料內容基本上沒有語義資訊進行描述，僅僅依靠 HTML 語法對資料進行結構上的描述。當前，越來越多的 Web 資料以資料流的形式出現，因此對 Web 資料流挖掘具有很重要的意義。

目前，常用的 Web 資料挖掘演算法包括 PageRank 演算法、HITS 演算法、LOGSOM 演算法。這三種演算法提到的使用者都是籠統的使用者，並沒有區分使用者的個體。

Web 資料挖掘應用得很廣泛。它可以利用 Web 的大量資料進行分析，收集政治、經濟、政策、科技、金融、各種市場、競爭對手、供求資訊、客戶等相關的資訊，集中精力分析和處理那些對企業有重大或潛在重大影響的外部環境資訊和內部經營資訊，並根據分析結果找出企業管理過程中出現的各種問題和可能引起危機的先兆，對這些資訊進行分析和處理，以便辨識、分析、評價和管理危機。

目前，Web 資料挖掘面臨著一些問題：使用者的分類問題、網站內容時效性問題、使用者在頁面的停留時間問題、頁面的連入與連出數問題等。

12.2.7　特徵分析

特徵分析是從資料庫中的一組資料中提取出關於這些資料的特徵式，這些特徵式表達了該資料集的整體特徵。特徵分析的目的（作用）在於從大量資料中提取出有用資訊，從而提高資料的使用效率。

特徵分析的應用：行銷人員透過對客戶流失因素的特徵提取，可以得到導致客戶流失的一系列原因和主要特徵，利用這些特徵可以有效的預防客戶的流失。

12.2.8　偏差分析

偏差是資料集中的小比例對象。通常，偏差對象被稱為離群點、例外、野點、異常等。偏差分析就是發現與大部分其他對象不同的對象。偏差分析的應用：在企業危機管理及其預警中，管理者更感興趣的是那些意外規則。意外規則的挖掘可以應用到各種異常資訊的發現、分析、辨識、評價和預警等方面。而其成因源於不同的類、自然變異、資料測量或收集誤差等。

異常

- Hawkins 給出了異常的本質性的定義：異常是資料集中與眾不同的資料，使人懷疑這些資料並非隨機偏差，而是產生於完全不同的機制。
- 聚類演算法對異常的定義：異常是聚類嵌於其中的背景雜訊。
- 異常檢測演算法對異常的定義：異常是既不屬於聚類也不屬於背景

雜訊的點，其行為與正常的行為有很大不同。

12.3 大數據思維

「資料驅動決策」，那麼，在大數據挖掘時，我們應該具備什麼樣的大數據思維呢？

12.3.1 信度與效度思維

信度與效度的概念最早來源於調查分析，但現在我覺得可以引申到資料分析工作的各個方面。所謂「信度」，是指一個資料或指標自身的可靠程度，包括準確性和穩定性。取數邏輯是否正確，有沒有運算錯誤，這屬於準確性；每次運算的演算法是否穩定，口徑是否一致，以相同的方法運算不同的對象時，準確性是否有波動，這是穩定性。做到了以上兩個方面，就是一個好的資料或指標了嗎？其實還不夠，還有一個更重要的因素，就是效度。所謂「效度」，是指一個資料或指標的生成須貼合它所要衡量的事物，即指標的變化能夠代表該事物的變化。

只有在信度和效度上都達標，才是一個有價值的資料指標。舉個例子，要衡量身體的肥胖情況，選擇穿衣的號碼作為指標。一方面，相同的衣服尺碼對應的實際衣服大小是不同的，會有美版、韓版等因素，使得準確性很差；另一方面，一會穿這個牌子的衣服，一會穿那個牌子的衣服，使得該衡量方式形成的結果很不穩定。所以，衣服尺碼這個指標的信度不夠。另一方面，衡量身體肥胖情況用衣服的尺碼大小？你一定覺得荒唐，尺碼大小並不能反映肥胖情況，因此效度也不足。體脂率才是信度和效度都比較達標的肥胖衡量指標。

信度和效度的本質其實就是「資料品質」的問題，這是一切分析的基石，再怎麼重視都不過分。

12.3.2　分類思維

客戶分群、產品歸類、市場分級、績效評價等許多事情都需要有分類的思維。主管辦事憑主觀想像可以分類，透過機器學習演算法也可以分類，那麼許多人就模糊了，到底分類思維怎麼應用呢？關鍵點在於，分類後的事物需要在核心指標上能拉開距離，也就是說分類後的結果必須是顯著的。如圖 12-1 所示，橫軸和縱軸往往是營運中關注的核心指標（當然不限於平面），對於分類後的對象，能夠看到它們的分布不是隨機的，而是有顯著的集群的傾向。舉個例子，假設圖 12-1 反映了某個消費者分群的結果，橫軸代表購買頻率，縱軸代表客單價，那麼綠色的這群人（右上角）就是明顯的「人傻錢多」的「剁手金牌客戶」。

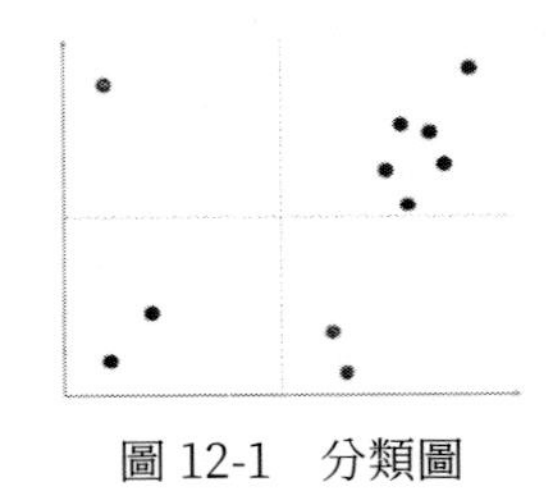

圖 12-1　分類圖

12.3.3　漏斗思維

漏鬥思維（見圖 12-2）已經普及，註冊轉化、購買流程、銷售管道、瀏覽路徑等太多的分析場景中能找到這種思維的影子。但是，看上去越是普世（所有人都認同）越是容易理解的模型，它的應用越得謹慎和小心。在漏斗思維中，我們尤其要注意「漏斗的長度」。

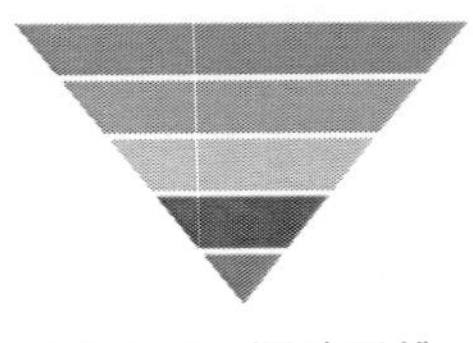

圖 12-2　漏斗思維

漏斗從哪裡開始，到哪裡結束？以我們的經驗，漏斗的環節不該超過 5 個，且漏斗中各個環節的百分比數值的量級不要超過 100 倍（漏斗第一環節以 100% 開始，到最後一個環節的轉化率數值不要低於 1%）。若超過了這兩個數值標準，建議分為多個漏斗進行觀察。超過 5 個環節，往往會出現多個重點環節，在一個漏斗模型中分析多個重要問題容易產生混亂。數值量級差距過大，數值間波動的相互關係很難被察覺，容易遺漏資訊。比如，漏斗前面的環節從 60% 變到 50%，讓你感覺是天大的事情，而漏斗最後的環節 0.1% 的變動不能引起你的注意，可往往漏斗最後這 0.1% 的變動是非常致命的。

12.3.4 邏輯樹思維

如圖 12-3 所示為樹狀邏輯。一般說明邏輯樹的分叉時，都會提到「分解」和「匯總」的概念。在這裡可以把它變一變，使其更貼近資料分析，稱為「下鑽」和「上捲」。所謂下鑽，就是在分析指標的變化時，按一定的維度不斷的分解。比如，按地區維度，從大區到省分，從省分到城市，從省市到區。所謂上捲，就是反過來。隨著維度的下鑽和上捲，資料會不斷細分和匯總，在這個過程中，我們往往能找到問題的根源。

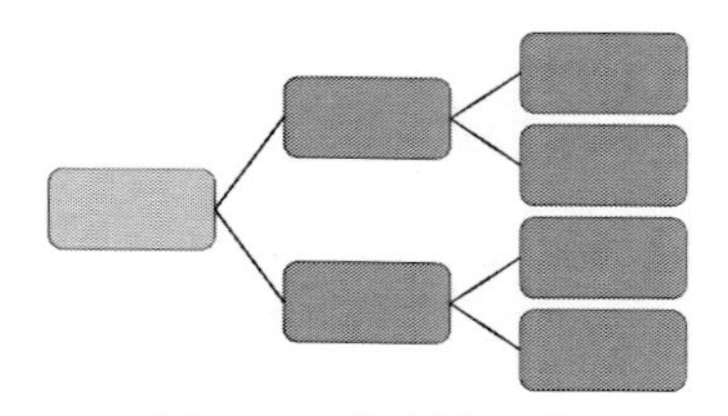

圖 12-3　邏輯樹思維

下鑽和上捲並不局限於一個維度，往往是多維組合的節點進行分叉。邏輯樹引申到演算法領域就是決策樹，關鍵是何時做出決策（判斷）。當進行分叉時，我們往往會選擇差別最大的一個維度進行拆分，若差別不夠大，則這個枝杈就不再細分。能夠產生顯著差別的節點會被保留，並繼續細分，直到分不出差別為止。經過這個過程，我們就能找出影響指標變化的因素。

舉個簡單的例子，我們發現全國客戶數量下降了，從地區和客戶年齡層級兩個維度先進行觀察，發現各個年齡段的客戶數量都下降了，而地區間有的下降有的升高，那麼就按地區來拆分第一個邏輯樹節點，拆分到大區後，發現各省間的差別顯著，就繼續拆分到城市，最終發現是浙江省杭州市大量客戶（涵蓋各個年齡階段）被競爭對手的一波推廣活動轉化走了。因此，透過三個層級的邏輯樹找到了原因。

12.3.5 時間序列思維

很多問題，我們找不到橫向對比的方法和對象，那麼，和歷史上的狀況比，就將變得非常重要。其實很多時候，我們更願意用時間維度的對比來分析問題，畢竟發展的看問題也是重要的一環。時間序列的思維有三個關鍵點：一是「距今越近的時間點，越要重視」（圖 12-4 中的深淺度，越是近期發生的事，越有可能再次發生）。二是要做「同比」（圖 12-4 中的箭頭指示，指標往往存在某些週期性，需要在週期中的同一階段進行對比才有意義）。三是「異常值出現時，需要重視」（比如出現了歷史最低值或歷史最高值，建議在時間序列作圖時，添加平均值線和平均值加減一倍或兩倍標準差線，便於觀察異常值）。

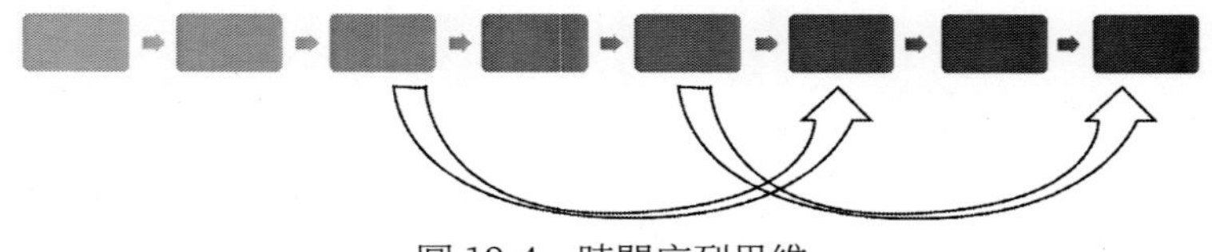

圖 12-4 時間序列思維

時間序列思維有一個子概念不得不提一下，就是「生命週期」的概念。使用者、產品、人事等無不有生命週期存在。清楚的衡量生命週期，就能很方便的確定一些「閥值」問題，使產品和營運的節奏更明確。

12.3.6 指數化思維

指數化思維是指將衡量一個問題的多個因素分別量化後，組合成一個綜合指數（降維）來持續追蹤的方式。這是最重要的一個思維。許多管理者面臨的問題是「資料太多，可用的太少」，這就需要「降維」了，即把多個指標壓縮為單個指標。指數化的好處非常明顯，一是「減少了指標，使得管理者精力更為集中」；二是「指數化的指標往往提高了資料的信度和效度」；三是「指數能長期使用且便於理解」。

指數的設計是門大學問，這裡簡單提三個關鍵點：一是要遵循「獨立和窮盡」的原則；二是要注意各指標的單位，儘量用「標準化」來消除單位的影響；三是權重和需要等於 1。獨立窮盡原則，即你所定位的問題，在蒐集衡量該問題的多個指標時，各個指標間儘量相互獨立，同時能衡量該問題的指標儘量窮盡（收集全）。舉個例子，設計某公司銷售部門的指標體系時，目的是衡量銷售部的績效，確定核心指標是銷售額後，我們將績效拆分為訂單數、客單價、線索轉化率、成單週期、續約率 5 個相互獨立的指標，且這 5 個指標涵蓋銷售績效的各個方面（窮盡）。我們設計的銷售績效綜合指數＝ 0.4× 訂單數＋ 0.2× 客單價＋ 0.2× 線索轉化率＋ 0.1×成單週期＋0.1×續約率，各指標都採用max-min方法進行標準化。

12.3.7 循環／閉環思維

循環／閉環的概念可以引申到很多場景中，比如業務流程的閉環、使用者生命週期閉環、產品功能使用閉環、市場推廣策略閉環等。這種思考方式是非常必要的。業務流程的閉環是管理者比較容易定義出來的，列出公司所有業務環節，整理出業務流程，然後定義各個環節之間相互影響的指標，追蹤這些指標的變化，能從全局上掌握公司的運行狀況。循環／閉環思維圖示如圖 12-5 所示。

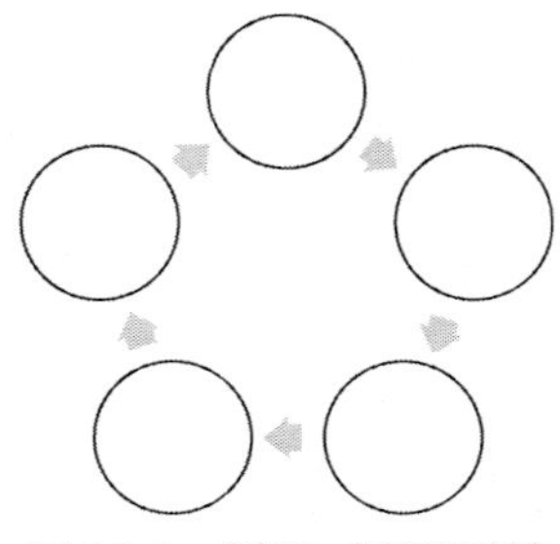

圖 12-5　循環／閉環思維

比如，一家軟體公司的典型業務流程：推廣行為（市場部）→流量進入主站（市場＋產研）→註冊流程（產研）→試用體驗（產研＋銷售）→進入採購流程（銷售部）→交易並部署（售後＋產研）→使用、續約、推薦（售後＋市場）→推廣行為，一個閉環下來，各個銜接環節的指標就值得留意了：廣告點閱率→註冊流程進入率→註冊轉化率→試用率→銷售管道各環節轉化率→付款率→推薦率／續約率……這裡涉及漏斗思維，如前面所述，「千萬不要用一個漏斗來衡量一個循環」。有了循環思維，能夠比較快的建立有邏輯關係的指標體系。

第 13 章　銀行業大數據和人工智慧

第13章　銀行業大數據和人工智慧

中國從十二五走到十三五規畫期間，銀行業面臨的各方面的壓力越來越大，從四大行的年報數字可以看出，它們的利潤成長基本上趨近於零成長。在這樣的情況下，怎樣透過大數據和人工智慧提升傳統銀行的競爭力，是擺在他們面前的一個很重要的課題。過去十多年期間，銀行業務出現了一個重要反曲點，這個反曲點就是網路銀行慢慢取代櫃員，IT 從支援幾萬、十幾萬的櫃員到支援面向所有的網路客戶，無論是服務的形態還是 IT 的支撐，都發生了根本的變化，這是行動和雲端技術在裡面發揮了作用。這幾年，銀行三大網路管道已經建立：

- 手機銀行已達到 1.8 億多。
- 網路銀行有 2 億多。
- 微信銀行占的客服服務總量已經超過了傳統的客戶服務。

這意味著銀行的管道、場景化的實踐已經見到了效果，做大數據要具備的基礎已經存在。但是，銀行大數據依然面臨著不少的挑戰：

- 如何處理資料量的快速成長？這包括每天的交易量、外部網路金融、銀行的三大網路平臺造成使用者的交易資料和行為資料有大幅的成長。
- 如何快速智慧分析歷史資料？四大行從 2000 年開始建立資料倉庫以來，擁有了龐大的歷史資料資產，在新的環境下怎麼能夠快速的智慧分析，對銀行提出了更高的挑戰。
- 如何使用內外資料描述客戶特徵？在資料來源方面，除了本銀行資料外，也需要採納外部的資料來配合進行分析。很多銀行已經引入了徵信資料、稅務資料等，怎麼做到以比較全面的資料去描繪銀行的客戶特徵，這是銀行的一個新的課題。

所以，下一個反曲點是什麼呢？銀行要從原來做的帳務性的、交易性的處理轉向能夠滲透到經濟生活的各個方面，這是一個場景化。如果抓不住這個反曲點，銀行就要被網路金融顛覆或者管道化。這就要做人工智慧和大數據挖掘。對傳統銀行來講，要解決三大問題：

- 怎麼樣提升對於客戶的辨識？
- 怎麼樣提升對於客戶的行銷？
- 怎麼樣提升對於風險的防範？

對於銀行業而言，無論是用傳統的結構化的資料，還是用現在網路形態下非結構化的資料，要解決的問題都是這些。目前，銀行業有了更豐富的資料來源，有了更好的進行資料處理的方法，銀行業就是要實現資料挖掘和分析。比如，中國的建設銀行已經成立了上海大數據分析中心。下面我們分析一下四大行的大數據和人工智慧的進展。

13.1 中國四大行的進展

金融行業在有些技術的選擇上還是相對比較保守的，一般不會用最新的技術，不會用最新的版本，這是因為銀行的連續服務要求特別高。但是，在大數據技術和人工智慧上，金融行業是最先使用的一個行業。

13.1.1 建設銀行

建設銀行大數據平臺的策略是架構先行，已經有很好的基礎架構。在基礎框架上，搭建了一些基礎的大數據分析工具。功能架構設計上和其他銀行差不多，包含從採集、儲存、分析、展現到應用。在資料設計上有一個演變過來的整體的結構。他們強調大數據是資料的一部分，結構化的資料是大數據的一部分。建行的大數據平臺獲得了不少的成果。

- 在即時的資料倉庫上，能夠對客戶經理做即時的資料提供和交付，無論是在併發的訪問還是即時服務方面。
- 在資料的應用模式上，有 6 類資料應用模式，包括挖掘類、資料實驗室、機器查詢、儀表盤、固定報表、自動查詢等。

- 建立「模型實驗室」，能夠發揮的作用越來越大，能夠基於結構化和非結構化的資料支援大數據模型的研發，這個模型研發出來後，能夠很快的把它部署到生產當中。
- 在非結構化大數據的應用方面做了不少探索，比如客戶行為偏好的資料、錄音文本、地理資料的應用，能耗資料的應用，媒體資訊、員工商銀行為資料的應用等。透過位置服務終端辨識的新技術、新資料的採用，拒絕可疑風險事件，2017 年上半年避免了 1.9 萬起風險事件，避免客戶損失 1.4 億，這種資料越來越多。

13.1.2　工商銀行

工商銀行大數據策略思路是透過工商銀行兩庫的建設來完善大數據體系的。兩庫是資訊庫和資料倉庫，資料倉庫在工商銀行的建設和銀行的建設中都是比較傳統的，主要是應對之前的銀行交易資料、帳戶資料，採用結構化的資料儲存來進行相關的處理。從 2013 年開始，工商銀行啟動了資訊庫的建設，主要指非結構的資料。透過兩庫的建設，工商銀行還建設了一支分析師團隊，能夠對這些龐大的資料進行相關業務的加工處理和分析。

工商銀行大數據的發展歷程可以分為幾個階段，從 TB 級已經進入了PB級的建設階段，接下來在可預見的幾年內會進入EB級的龐大體量。最早在 2000 年初，那個時候大數據領域更多的還是應用在一些報表的快速展現上，所以那個時候工商銀行基於比較傳統的 Oracle 和 SaaS 做了 T ＋ 1 的動態報表，銀行主管和管理層能夠在第二天上班前看到昨天的經營資料。2007 年，工商銀行基於當時最先進的企業級資料倉庫體系架構啟動了企業級資料體系的建設，做了全行統一的管理資料的大集中。

2010 年，基於資料倉庫的資料支援，工商銀行推出了 MOVA 管理會計系統，做了全行績效考核的管理系統。2013 年，隨著大量資料爆發式的出現，工商銀行引進了大數據領域在業界最流行的 Hadoop 技術，在 Hadoop 基礎上搭建了資訊庫。2014 年，工商銀行基於大數據，自主研發了一個串流資料平臺，能夠提供即時或者準即時的串流資料處理，原本的大數據採用聯機異步批次的方式，透過文件儲存，無論是資料倉庫還是資訊庫，在時效上相對來說都比較慢。2015 年下半年和 2016 年開始推動分散式資料庫的應用工作，這會和企業級資料倉庫做一個互補。這是大數據的主要技術演進。

在大數據平臺上，工商銀行把它抽象成如下幾層：

- 第一層是資料採集，統一針對外部和內部的資料進行相關的資料收集，包括日誌資訊、行為資訊和業務資訊。
- 往上一層是運算層，不僅提供了傳統資料倉庫的批次運算能力，也透過一些串流資料的技術提供了即時運算能力。
- 再往上一層是應用層，抽象了大數據相關的應用，包括使用者可以自定義的查詢功能。

透過這些分層的服務，把它們抽象到業務系統中。透過管理會計系統、分析師平臺、風險系統、行銷系統，為工商銀行在資料的營運、風險控制和行銷方面都提供了相關的支援，這就是主要的大數據分層體系。

分散式、開源、通用成為趨勢。從大數據的起源開始，到目前的大數據應用新形勢下，資料倉庫已經在做非常大的升級換代和變化。2014 年工商銀行從高成本封閉的專業系統（如 Teradata）開始向高 CP 值、通用設備和開放技術的系統轉變。轉型有兩個原因：

（1）資料量太大了。原來只需要處理 TB 級的資料量，已經轉向需要處理 PB 級的資料量，甚至以後將要處理 EB 級的資料量。這麼大的資料量，運用傳統的設備沒有辦法進行相關的處理。

(2)　CP 值。工商銀行做過測量，透過開放式的彈性可擴展的普通 PC 伺服器的方式，比傳統設備在成本上可以節省十幾分之一或者幾十分之一。工商銀行在新平臺上一方面引進了 Hadoop 平臺，基於普通的 PC 伺服器進行搭建，短短一、兩年的時間已經擴展到幾百個節點，儲存空間已經超過 1PB，超過建設了十幾、二十年的 Teradata 的資料容量。

另外，工商銀行也在儘快落實分散式資料庫。這是基於開源的底層架構，基於普通的 PC 伺服器完成資料倉庫體系的擴充。後續在大數據的處理加工方面、會基於分散資料庫進行處理。工商銀行會保留 Teradata，著重於高端的分析師分析挖掘的探索性的工作方面。後續的大數據體系會採用多種技術路線、多種技術平臺共存的方式。

工商銀行在大數據和人工智慧應用方面主要側重於風險防控。這是落實最快、最有成效的應用。工商銀行透過大數據在事前、事中、事後三個環節的運用進行風險的彈性控制。

- 事前，比如金融卡的授信過程中，或者信貸要進行發放做盡職調查中，資料能給它一個支撐。
- 事中，比如金融卡最近比較多的發生盜刷行為，我們可以在事中透過大數據的方式發現金融卡的盜刷行為。
- 事後，可以根據事後的交易或者發生的事件進行相關的分析，分析後續在業務的拓展或者風險控制方面有哪些需要進一步改進或者補救的工作。

下面是幾個常見的大數據和人工智慧案例。

- 交易反欺詐，需要利用大數據串流資料的技術，使用者在交易的過程中採用主機旁路技術，交易沒有完成之前，透過大數據在記憶體中進行一次判斷。

- 大數據怎麼運用模型，透過比較好的使用者特徵的總結和模型進行監控。透過標籤資訊，比如定義了兩個標籤，一個是使用者開戶的地區比較廣泛，另一個是持有比較多的簽帳金融卡，就可以認為他有銷售金融卡的嫌疑，透過大數據的運算可以把這些人員抓出來，進行後續的業務處理和防控。這也是大數據和人工智慧應用得比較好的方面。
- 現在各個銀行業碰到的比較大的困境是信貸資產的品質問題。工商銀行持續在推動運用大數據和人工智慧防控信貸風險，成立了信貸防控中心，運用大數據和人工智慧技術進行相關的防控。

13.1.3 農業銀行

做資料倉庫的時候，四大行的選擇面都很窄，除了農業銀行沒用 TD 外，其他銀行都是用 TD 做的資料倉庫。農業銀行使用了南大通用的 MPP 架構資料庫。Hadoop 方面，目前使用的是 CDH 開源版，大概有 100 個左右的 Datanode，容量是 5PB 左右。資料模型方面，農業銀行融合了範例和維度的思路。在主庫核心層面基本是用範例建模減少重複。維度方面以業務驅動的方式建立維度模型為主。

農業銀行生產系統有 60 多個上游系統，透過一個交換平臺為大數據服務，負責上游生產和下游資料消費系統總分行之間、總行各應用系統間的資料互動。幾乎全行所有的生產系統的資料已經全部進來了。大數據平臺是基於 Hadoop 的。上游來的全量資料在平臺上做了歸類。農業銀行在 Hadoop 上封裝了應用程式，為全行的資料挖掘提供服務支撐。

13.1.4　中國銀行

中國銀行的大數據策略如下：

- ‧以平臺為支撐建構大數據的技術體系。
- ‧以資料為基礎充分整合資料資源。
- ‧以應用為驅動深入挖掘資料價值。
- ‧以人才為核心提升資料分析能力。

在實施方面，中國銀行採用分行試點的模式，採取快速疊代、迅速試錯的方式。中銀開放平臺是中國銀行大數據實施的例子之一，2014 年獲得 IDC 金融的大獎，2015 年獲得人民銀行嘉獎，亞洲金融家組織把它評為最佳的金融雲端服務產品。這個產品的主要設計思路是把整個中國銀行的大數據進行歸併整理之後，開發了 1,000 多個標準的 API 介面，這些 API 介面可以用於分行，甚至是客戶。他們可以透過這些 API 訪問和使用中國銀行的資料，用於加工得到自己想要的相關結果。目前，已經有很多分行利用這樣的平臺開發出了很多比較受歡迎的產品。

中國銀行曾經表示，非常希望在合規的前提下充分利用銀行外部的資料服務。因為銀行或者金融企業的資料在深度上不是一般的網路企業能夠比擬的，如果金融行業跟其他的相關企業進行有效的資料交換，大家彼此利用對方的優勢，就能夠使這個銀行的資料得到更完美的使用。中國銀行以應用程式為驅動，深入挖掘資料價值，做大數據和人工智慧應用的場景產品。比如，中國銀行推出了口碑貸、中銀沃金融的服務。中銀精準的建設客戶的行銷平臺，把線下的客戶資訊和線上的客戶行為統一在一起，把結構化的資料和非結構化的資料有系統的提煉並且整合，爭取能夠精確的描述客戶的各項屬性特徵。

13.2 其他銀行

坐擁大量資訊，銀行仍患「資料貧血症」，這是原工商銀行董事長姜建清的深度解讀。「一些銀行坐擁大量資訊，但由於資料割裂、缺乏挖掘和融會貫通，而患上資料『貧血症』」，姜建清表示。姜建清提出，實現銀行資訊的「融會貫通」要掌握8個字：集中、整合、共享、挖掘。

- 營運集中：作業模式工廠化、規模化、標準化，業務集中處理、前中後臺有效分離及各類風險集中監控。目的是提高品質和效率，降低成本，控制風險。
- 系統整合：建立IT中樞和架構統一化，系統互聯互通高效能化，破除資料資訊孤島。目的是使經營管理靈活協調，市場客戶響應快速及時。
- 資訊共享：形成便於檢索的資料共享平臺。目的是提高資訊的可用性、易用性。
- 資料挖掘：透過對資料收集、儲存、處理、分析和利用，使用先進的資料挖掘技術，使大量資料價值化。目的是據此判斷市場、發現價格、評估風險、配置資源，提供經營決策、產品創新、精準行銷的支援。

「資訊化銀行建設的成功實施會使銀行間出現競爭力的『代際』差異，贏者會持續保持策略優勢」，姜建清稱。

除了四大行外，下面看看其他銀行在大數據和人工智慧上的布局。

13.2.1 廣發銀行

廣發銀行將大數據工程定位為「智慧工程」，目標是打造廣發銀行的「大腦」，動態感知市場需求、經營狀況、客戶體驗，實現快速決策、快速創新，推動以客戶為中心的零售銀行與交易銀行策略轉型。大數據工程同時也是廣發銀行的「人才工程」，廣發銀行計劃用 3 年左右的時間培養打造一支 100 人的大數據專業人才團隊。2013 年，廣發銀行制定了大數據 5 年規畫，分三個階段實施。

- 第一階段（2013、2014 年）：大數據技術平臺建設與應用試點。
- 第二階段（2015、2016 年）：大數據生態系統建設與重點業務領域應用突破。
- 第三階段（2017、2018 年）：大數據智慧分析與業務全面推廣應用。

目前已完成平臺建設、應用試點、大數據生態系統建設和信用卡業務領域應用，即按分析與應用分離、讀寫分離的原則建設 4 個資料域。正在建設 8 個資料產品：客戶全景視圖、潛在客戶視圖、資金關係圈、自助分析平臺、歷史資料查詢平臺、即時行銷平臺、即時風控平臺和客戶信用評級。基於資料產品的多個業務應用正在試點或推廣，並與多個外部夥伴展開了大數據合作。

13.2.2　江蘇銀行

江蘇銀行大數據平臺建設起步於 2014 年底，2015 年年中初見成效。目前，江蘇銀行利用大數據技術開發了一系列具有一定社會影響的大數據和人工智慧應用產品，如「e 融」品牌下的「稅 e 融」、「享 e 融」等線上貸款產品、基於內外部資料整合建模的對公資信服務報告、以即時風險預警為導向的線上交易反欺詐應用、基於櫃員交易畫面等半結構化資料的櫃面交易行為檢核系統等。

大數據和人工智慧應用的本質是對客戶需求的認知和釋放，應用效果取決於銀行的綜合營運服務意識，而選擇一個合適的技術平臺也是大數據成功應用的不可或缺的因素之一。江蘇銀行在大數據技術平臺建設方面進行了大量探索和思考。

1. 為什麼要建設大數據技術平臺

江蘇銀行資產規模是數萬億元，累積了大量的內部資料，以往受限於高性能儲存的成本和資料並行化處理能力，占總儲存量 80% 以上的資料是「死」在系統裡的。以對私客戶的活期帳戶為例，一張緩時變維度的資料量就達數百 GB，運行在 IBM P 系列小型機上的 Oracle 資料庫統計一下表的行數就要 3 個小時，若需要全量回算歷史資料，為避免影響生產，需要將資料導出到另外的資料庫上，花費幾天時間。又如，「櫃員操作紀錄」這樣的半結構化資料每天產生的資料量達幾個 GB，生產環境只能保留最近幾天的資料，其他資料儲存在磁帶庫上，使用時需花費大量的人力將資料從磁帶庫中導出。

另一方面，為減少貸前審查的錄入成本，開發純線上貸款產品等，江蘇銀行陸續引入了稅務、法院、工商、黑名單等外部資料。隨著內外部資料量的快速成長，大規模資料處理和即時響應的需求使得傳統的資料處理平臺遭遇瓶頸，江蘇銀行急需探索新的資料架構，採用新的資料處理技術。

當前，銀行業面臨的挑戰主要來自兩個方面：利率市場化和網路金融。利率市場化拉近了傳統銀行與實體經濟的橫向連結，要求銀行快速提升資料洞察能力；網路金融使得銀行的資料應用不能局限於傳統的查詢統計分析應用，還須提供高效能精準的行銷，並具備即時風險防控能力。相較於大型商業銀行，城商行的競爭更加激烈，傳統的資料產品和應用服務已無法滿足新形勢下城商行應對市場競爭的需求。

2. 大數據技術平臺架構分析

經過對主要大數據處理平臺的深入研究，江蘇銀行將關注點聚焦在選擇 MPP 還是 Hadoop。為此，江蘇銀行更進一步從資料容量和資料處理能力的線性關係分析傳統資料平臺、MPP 和 Hadoop 的關係，如圖 13-1 所示。

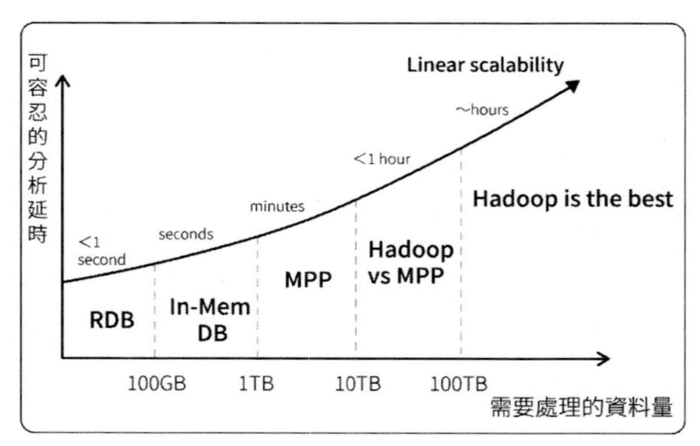

圖 13-1　混合架構

傳統觀點認為，MPP 的適用範圍為 1TB ～ 100TB 的資料量，資料量超過 100TB，Hadoop 更具優勢。當前，大中型城商行的資料量普遍在 10TB 級別，因此一些城商行選擇 MPP 作為大數據處理平臺。然而，近年來隨著 Hadoop 開源社群的不斷發展，特別是 Spark 的發表讓 Hadoop 煥發了新的活力。Spark 具有 RDD（Resilient Distributed Datasets，彈性分散式資料集）和 DAG（Directed Acyclic Graph，有向無環圖）兩項核心技術，基於記憶體運算最佳化了任務流程，具有更低的框架開銷，使得 Hadoop 在 MPP 擅長的 100TB 以下資料量的處理性能也大為改善。以目前的 Hadoop 技術，100GB 以上的資料量處理性能不弱於傳統關係型資料庫和 MPP，10TB 以上的資料量性能優勢更為明顯。因此，如圖 13-1 所示的混合架構的大數據處理平臺模式逐漸淡出，形成了如圖 13-2 所示的新型應用模式。

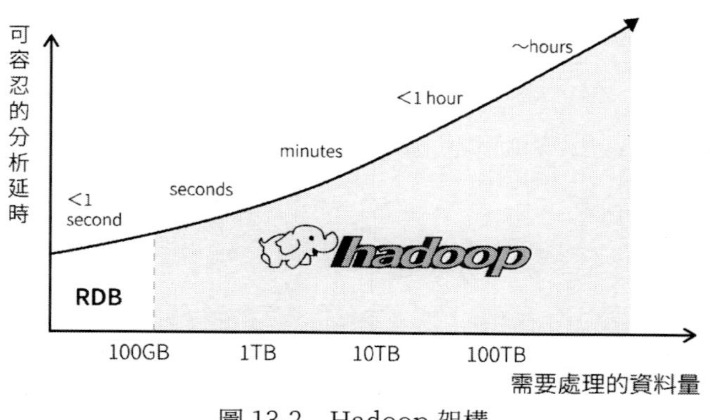

圖 13-2　Hadoop 架構

江蘇銀行從經濟成本和未來資料的非線性成長趨勢的角度分析認為，傳統的交易系統運用關係型資料庫處理 OLTP 事務操作，產生的交易資料透過異構資料的批次複製方式或訊息佇列的準即時方式更新至 Hadoop 平臺，Hadoop 平臺進行大體量資料的分析和挖掘，並提供基於大數據的應用系統即時檢索的模式，與城市商業銀行目前的資料架構相適應，決定選擇 Hadoop 平臺。

3. 大數據平臺選型要點

在對產品化的發布版 Hadoop 平臺選型的過程中，江蘇銀行總結了以下須重點考量的內容。

·CP 值和擴展性

前期，江蘇銀行在 IOE 傳統架構上進行了大量投入，而城商行整體自主可控能力較弱、資產規模較小、盈利能力較低。因此，不論是從自主可控要求的目標出發，還是從降低軟硬體成本投入的角度出發，都要求大數據產品需支援在 x86 虛擬化集群搭建開放和高度並行化的處理平臺，既要適應高併發低時延的行動網路即時資料檢索需求，又要滿足大體量資料的統計分析與業務建模要求，要求整體技術方案具備高 CP 值，能夠實現在同一伺服器集群上針對不同應用動態靈活分配記憶體、CPU

等硬體資源並支援動態擴展，在出現資源瓶頸時能夠快速解決。Hadoop 產品具有支援 x86 和可動態擴展的性能，但目前大多數 Hadoop 平臺在不同應用間的資源有效隔離方面都存在一定缺陷。

·對 SQL 的兼容性

開源 Hadoop 對標準 SQL 及 PL/SQL 支援程度不高，許多常用函數都不支援，需要使用者編寫程式實現。而銀行以往的資料市集、資料倉庫等應用大多基於 SQL 開發，根據江蘇銀行的資料架構規畫，資料市集、資料倉庫將遷移至 Hadoop 平臺，為避免少則幾百行多則上萬行的程式編寫，SQL 兼容性成為 Hadoop 平臺選擇不可或缺的考慮因素之一。

·對於通用開發框架和工具的支援程度

江蘇銀行應用系統採用資料庫＋中間件＋應用程式的三層模式，開發環境為 Java Hibernate 和 Spring 框架。為此要求 Hadoop 平臺下的 HDFS庫、HBase以及記憶體資料庫等組件能夠透過ODBC或JDBC連接，以實現資料庫對應用程式開發人員透明，並支援諸如 BI、ETL、資料挖掘等工具，資料來源可以根據實際需求選擇配置 Oracle 或 Hadoop。

·具備事務的基本特性

大數據平臺不僅是關係型資料庫資料轉儲存和統計分析的工具，更是一些新型應用程式，如客戶線上行為等的原始資料庫。為了確保資料的準確性，資料操作必須具備事務的基本特性：原子性、一致性、隔離性和持久性。Hadoop 分散式運算的特點決定其本身不具備事務的基本特性，必須借助插件實現。

·圖分析與串流處理能力

銀行的即時行銷和即時風險預警場景需要大數據平臺具有歷史資料快速統計、窗口時間內的資訊流和觸發事件及模型匹配、百毫秒級事件響應等性能，串流處理技術是關鍵。目前，Hadoop 平臺通用的串流處理引擎主要為 Spark Streaming 和 Storm，兩者各有千秋，Spark Streaming 由時間窗口內的批次事件流觸發，Storm 由單個事件觸發，單筆交易延遲方面，Spark Streaming 高於 Storm，但在整體吞吐量方面，Spark Streaming 略有提升。在進行 Hadoop 產品選型時，江蘇銀行主要考量了經過最佳化的串流處理引擎是否能夠在串流上實現統計類挖掘演算法。

·資料儲存形式的多樣性

要求 Hadoop 產品至少支援 3 種資料儲存形式：一是行式儲存，用於資料由傳統資料庫向 Hadoop 資料庫過渡。二是基於鍵值對的儲存，用於大體量、高併發資料的即時查詢。三是記憶體式資料庫，用於互動式資料分析和挖掘，可透過建構分散式 Cube 加速性能，也可部分使用 SSD 代替，程式自動選擇儲存層。

·多使用者多資料庫的隔離

商業銀行對資料安全非常重視，要求不同來源的資料在 Hadoop 平臺上分庫存放，並且為不同使用者針對庫、表、行的訪問分配不同的權限。開源 Hadoop 平臺不具有使用者權限概念，許多使用者在 Hadoop 平臺只建一個庫，所有應用程式使用同一個使用者名稱訪問資源，資料資源完全開放。這種方式存在嚴重的安全隱患，預計隨著平臺重要性的提升，拆分資料庫、細分使用者權限的需求也將越來越迫切，為避免因前期規劃不合理導致後期龐大的拆分工作量，江蘇銀行在大數據平臺選型之初就將多使用者多資料庫的隔離作為重點考量的因素。

·平臺的研發能力和開放性

Hadoop 作為創新型技術，與傳統資料庫相比，技術成熟度不夠。江蘇銀行選擇使用產品化的 Hadoop，目的在於借助專業技術廠商的強大自主研發和服務支援能力，快速修復技術缺陷，在充分理解銀行資料應用程式複雜需求的基礎上，充分發揮產品特性，支援銀行業務創新。

·不同資料規模和應用場景下的性能表現

銀行業的應用場景及需求較其他行業更為複雜，一些典型的應用場景和主要技術如下：

① 使用者行為採集分析：資料探頭（JS、SDK、Nginx、ICE）、資料分發（Kafka）、離線資料儲存及處理（HBase）、營運分析結果展現（MySQL）。

② 跨部門資料整合：資料橋接（Sqoop）、日誌接入（Flume）、資料分發（FTP）、離線資料儲存及處理（HBase、ES）。

③ 離線使用者畫像和使用者洞察（支援行銷）：離線資料儲存及處理（HBase、ES）。

④ 即時使用者畫像及推薦：即時資料處理（Storm、Spark）、資料儲存（Redis、MongoDB）。

⑤ 即時反欺詐：資料介面（API）、資料分發（MQ）、即時資料處理（Storm）。

此外，風險管理領域的應用場景包括即時反欺詐、反洗錢，即時風險辨識、線上授信等等；管道領域的場景包括全管道即時監測、資源動態最佳化配置等；使用者管理和服務領域的場景包括線上和櫃面服務最佳化、客戶流失預警及挽留、個性化推薦、個性化定價等；行銷領域的場景包括（基於網路使用者行為的）事件式行銷、差異化廣告投放與推廣等。

·並行資料挖掘能力與R語言支援

目前，江蘇銀行已經採購SAS資料挖掘工具，在風險管控、市場行銷、產品定價等領域發展了一系列的模型開發和策略設計等業務應用，隨著Hadoop大數據平臺的引入，江蘇銀行開始積極探索基於並行資料處理技術下的 R 語言運用，R 語言可以直接訪問 Hadoop 資料，為全表、全字段立體式的資料挖掘提供了堅實的技術保障。利用 R 語言的機器學習演算法，如深度學習演算法，可以快速從風險、市場行銷、差別化服務等角度對客戶進行細分。Hadoop 平臺通常只支援單機版 R，在選型時，江蘇銀行重點考慮了 R 演算法的支援度問題，要求所選 Hadoop 平臺對 R 演算法的支援超過 70 種以上。

·非結構化資料處理能力

當前，中國國內各銀行已建有資料倉庫或資料市集平臺，大數據平臺的引入往往獨立於資料倉庫，對於某些場景，將結構化資料與非結構化資料整體應用具有更好的分析效果。大數據平臺和傳統資料倉庫應如何有效整合？

首先須明確「結構化」和「非結構化」資料概念。狹義的理解，結構化資料指關係型資料，其餘都是非結構化資料。廣義的理解，結構化資料是相對於某一個程式來講的，如影片對於播放器來說顯然是結構化的，但是對於文本編輯器來說就是非結構化的。

基於上述理解，江蘇銀行認為，無論是語音、影像還是其他「狹義」的非結構化資料，只要和銀行的經營管理、業務發展有關，就可以作為大數據應用的一個資料來源，技術上借助特定工具對其進行處理即可使用。通常 HTML 網頁被認為是非結構化資料，因為難以從中提取結構化字段，如電商網頁上的商品名稱、產品價格等，但借助網頁抓取工具，可將上述頁面資訊轉化為結構化字段，後續按照結構化資料處理即可。語音、影像也是一樣，關鍵是我們期望從中提取什麼資訊，用什麼工具提取，一旦提取成功，即可整合到大數據應用中。在實踐中，江蘇銀行大數據平臺已實現網頁、文本、JSON、XML 等非結構化資料整合以及部分圖像和語音資料的整合，並應用到了業務分析中。

13.3　金融宏觀大數據分析

隨著金融市場的創新和發展，金融風險變得越來越複雜，需要更多的資料支撐和複雜的數學模型來量化描述，大數據和人工智慧技術將成為未來金融風險管理的利器。

目前，中國業內的銀行大數據強調在微觀層面的應用，例如評價消費者的信用風險、支援投資決策、辨識金融主體的身分等。隨著大數據分析和挖掘技術的不斷提高，微觀的銀行大數據可以經過整合、匹配和建模來支援宏觀的金融監管和決策。傳統的金融監管和決策以定性為主，輔助以簡化的量化指標，對實際情況缺乏充分的掌握，而大數據技術可以充分利用底層的細粒度的微觀資料，整合分散的資訊，融合不同維度的資訊，帶來具有及時性、前瞻性和更為準確的決策支援，提高監管水準和決策能力。本節將以金融系統性風險管理、銀行存款保險費率的運算、對欺詐交易的檢測和經濟結構變化 4 個方面為例介紹銀行大數據在宏觀金融決策和監管中的應用。

1. 金融關聯的系統性風險管理

金融危機之後，全球金融市場的關聯性遠勝於過去。市場的互動性一旦大大加強，就會導致流動性風險和系統性風險，造成市場恐慌。中國國內的信貸擔保圈（多家企業透過互相擔保或聯合擔保而產生的特殊利益群體）就是金融關聯的典型代表。由於信貸市場的發展，關聯的企業越來越多，互相形成擔保圈，甚至形成一張龐大的網。在經濟平穩成長期，擔保圈會降低中小企業融資的難度，推動民營經濟的發展。然而，一旦經濟下行，擔保圈就會顯露其負面影響——加劇信貸風險。如若處理不當，極易引發系統性金融風險。過去幾年，在南方企業擔保流行的省分，往往一家企業出現信貸不良，一群企業遭殃，一個行業陷入泥潭，整個地區面臨系統性風險，一些本來毫不相干、資金鏈正常、經營良好的企業也由於擔保關聯，跌入破產的深淵。信貸市場擔保圈問題一度愈演愈烈，傳統的擔保圈分析方法對理解、處理擔保圈問題作用有限。企業之間擔保貸款本來是一種中性的信用增進方式，恰當的使用會產生風險釋緩作用，由於擔保圈風險迭出，銀行和監管部門把問題歸結到擔保貸款本身，目前各家銀行採取了比較嚴格的限制條款來避免擔保貸款的發生。

任何信貸產品都存在風險，金融機構本身就是經營風險的專業機構。從專業角度來說，擔保圈風險發生的根本原因是缺乏合適的風險管理工具，沒有對擔保圈進行正確的風險管理。目前對於擔保圈的量化風險分析存在以下問題。

首先，缺乏擔保圈全量的大數據，沒有足夠的資訊支撐。各家銀行和當地的監管機構只有局部的企業擔保關聯資料，構成不了完整的擔保圈視圖，風險資訊有缺漏。無法了解整個擔保圈相關企業的詳細資訊，因此處理具有系統性風險特點的擔保圈風險具有很大的局限性。

其次，無法對擔保圈風險進行建模，對風險進行正確的量化描述。傳統的風險分析工具都是對單個企業進行風險建模，適合對企業的貸款金額、貸款品質以及信貸行為建模，對於企業之間的關聯關係無法進行量化描述和風險分析。

因此，中國有必要借助大數據的複雜系統分析方法，啟動對擔保圈的深入分析，為化解因擔保圈引發的金融風險創造條件。要考慮的條件有：一是央行徵信系統已收集了大量豐富的企業擔保關係資料，中國人民銀行徵信中心為數千萬企業建立了信用檔案，有信貸紀錄的企業超過600 萬家，關聯關係資訊（僅限於有貸款卡的客戶）超過 2 億條。二是複雜網路技術已日趨成熟，複雜網路是由數量龐大的節點（研究對象）和節點之間錯綜複雜的關係（對象之間的關係）共同構成的網路結構，複雜網路分析技術針對越來越多、越來越複雜的事物之間的關聯關係進行非線性建模，可以較好的解決大數據的資料量（Volume）、資料複雜程度（Variety）和處理速率（Velocity）等基本問題。

2. 銀行存款保險費率的運算

作為金融市場化進一步深入的重大舉措，銀行存款保險制度已經實施，這不僅有利於穩定宏觀金融，也對利率市場化後商業銀行的穩健經營和有序競爭有利。存款保險費率的釐定是存款保險制度的一個核心，而保費的估算是設計存款保險方案的難題之一。保費結構的設計在很大程度上決定了存款保險對於參保銀行的可接受度。想降低道德風險並減少逆向選擇，取決於合理的保費結構。中國國內對於銀行存款保險的研究以定性為主，對保險費率運算的量化分析比較欠缺。

從國外信貸資料的應用情況來看，信貸資料有助於銀行監管者準確評估監管對象的信用風險狀況。對於建立了公共徵信系統的國家來說，風險分析技術可以成為有效的監管工具，由於銀行業的危機通常和高的不良貸款率相關，信貸資料常常用於信貸市場監控和銀行監管，是銀行監管統計資料的補充。因此，央行信貸大數據不僅可以幫助商業銀行管理信用風險，還可以支援監管和宏觀經濟分析。未來的研究可以利用信貸大數據，基於預期損失模型來運算銀行存款保險費率，從最基礎的信貸資料單元開始運算，為保費制定提供更加及時、準確的決策支援。

3. 進行精細化的金融監管

技術進步加上日益複雜的市場，會使得金融監管機構的工作變得艱難複雜，但大數據技術的發展提供了化解之道，讓金融市場維持良性運轉成為可能。例如，金融監管機構正利用運算和「機器學習」演算法的最新進展掃描金融市場資訊和公司財報，從中找出欺詐或市場濫用行為的蛛絲馬跡。這些基於大數據分析技術的新型監管工具是金融交易欺詐偵查的未來，有越多的資料累積，其功能就將越強大。美國證交會幾年前就推出了一個稱為「機械戰警（Robocop）」的電腦程式（學名「會計品質模型」），用證交會的金融資料庫檢查企業利潤報告，從中搜尋可能隱藏的異常行為——激進的會計手法或赤裸裸的欺詐。「機械戰警」的具體情況、手法透露給外界的資訊很少，但其基本思路是：透過大數據分析，發現多個可能暗示著潛在會計問題的重要指標。

4. 觀測產業結構調整的新角度

金融大數據的深入挖掘還可以反映宏觀經濟變化的規律。例如，可以透過信貸大數據來觀測產業結構的調整。幾千萬戶企業及其他組織被收錄進企業徵信系統，大量企業擁有信貸紀錄，該系統累計提供信用報告查詢服務數十億次。該系統資料有三大特點：

（1）全面，資料採集涵蓋了中國國內絕大部分金融機構。

（2）真實，所採集的資料來自於金融機構實際發生的每筆信貸業務，統計結果得自每筆業務資料的匯總相加，資料可追溯，從而可還原每筆明細。

（3）時間跨度長，企業徵信系統始自銀行信貸登記諮詢系統，2005年起提供對外服務，已運行了10年有餘，意味著系統收集資料已超過10年，因此，對於分析中國國內企業的行業行為和行業情況很有價值。例如，可以將這些帳戶級的信貸資料逐層整合成企業級和行業級，利用大數據挖掘、分析，從信貸市場角度剖析產業結構的變化。

金融大數據分析可以成為宏觀金融決策和監管的有力工具，可以在市場化金融發展的過程中發揮重要的作用。與微觀金融大數據的應用方面很多金融科技公司沒有足夠的金融大數據的情況不同，中國國內的金融大數據都掌握在政府和監管部門的手中，金融大數據的宏觀應用有著良好的資料條件，更容易見到成效。

13.4　小結

大數據平臺以分散式、彈性可擴展、高可用性、適應快速變化的大數據體系為架構，能兼顧大數據批次處理和小資料精確查詢並存的混合應用場景，兼容結構化、半結構化、非結構化等大量資料的低成本儲存，快速批次處理加工資料，同時實現對相關資料接入、傳輸、交換、共享與服務全流程的即時監控與管理，為多種即時決策類及資料分析類應用提供高效能、有力的支援。大數據平臺是銀行資料整合、處理、加工、分析、應用的基礎性技術支撐平臺。

未來 10 年將是銀行大數據和人工智慧應用的黃金時代。大數據作為經濟新常態背景下銀行業提高生產率的新槓桿，是實現資訊化銀行、數位化銀行的關鍵因素，是推動轉型的核心驅動力，是解決資訊不對稱問題、有效控制風險的主要工具。當前，大數據分析和人工智慧應用能力已成為大型商業銀行的核心競爭力，受到高度重視。各銀行紛紛將大數據和人工智慧作為「十三五」規畫的重大策略發展方向，加快發展大數據和人工智慧建設。

13.4.1　大數據為銀行帶來的機遇與挑戰

1. 加速資料應用與業務創新

商業銀行的很多業務創新依賴於基於資料的洞察。在經過 20 多年的業務電子化、資料大集中建設後，商業銀行已具備資料資源方面的明顯優勢，基於大數據和人工智慧的業務創新空間龐大，涉及客戶洞察、服務提升、風險防範、精準行銷等領域。

資料應用及業務創新的生命週期通常包含 5 個階段：業務定義需求、IT 部門獲取並整合資料、資料科學家建構並完善演算法與模型、IT

系統部署、業務應用並衡量成效。在大數據環境下，資料應用及業務創新的生命週期還是這 5 個階段，但發生了 4 個方面的重大變化。

- 資料量更大、資料來源更多，一般情況下使用簡單演算法就能實現業務洞察，與以往因資料來源單一、樣本少而需要複雜演算法的做法不同。
- 算法與技術工具更加多樣，有助於 IT 和業務挖掘新的關聯關係。
- 業務和 IT 的合作模式轉變為聯合進行資料探索和分析挖掘，IT 部門更擅長獲取全面、細節的資訊，更了解資料的血緣關係，業務部門更懂得資料的真實意義和業務需求，兩者緊密合作有利於更好、更快的建立演算法模型。
- 資料應用及業務創新的生命週期大幅縮短，由傳統技術環境下的半年乃至更長的時間縮短為幾週或更短的時間。以往 IT 交付和支援效率制約了業務創新的步伐，在大數據環境下，資料應用程式的開發和交付週期大幅縮短，「小步快跑」成為業務創新的方式。

大數據運作模式使得快速、低成本試錯和疊代創新成為可能，即資料分析中一旦發現有價值的規律，就快速開發新產品並進行商業化推廣，若效果不理想，則果斷退出。這種模式使得商業銀行可以留意過去由於種種原因被忽略的大量「小機會」，並將這些「小機會」快速累積疊代形成「大價值」。

此外，資料的聚合與共享為金融機構搭建生態系統提供了新的場景與動力。商業銀行可以更加積極快速的推展內部跨業務部門合作，以及外部同業、跨行業合作。

2. 推進銀行數位化轉型

數位銀行以大數據、行動網路、人工智慧等先進資訊技術為支撐，全面強化了「以客戶為中心」的理念，強調透過數位化的寬頻網路和行動網路等新興管道為客戶提供便利化服務以增加客戶黏性。數位銀行的構成包括 4 個部分：以客戶資訊安全為核心，實現多樣化服務管道，實現客戶化服務流程，實現常態化服務創新。

傳統銀行為實現「以客戶為中心」進行了大量努力，卻仍感到對客戶的需求了解得不夠，而客戶也常常抱怨銀行服務太差，銀行與客戶之間存在著龐大的資訊不對稱的鴻溝。大數據為銀行觀察客戶、分析客戶提供了一個全新的視角，基於大量的、多樣性的資料，銀行可以獲得更及時、更具前瞻性的客戶資訊，大數據技術為銀行深入洞察客戶提供了新的圖景和可行的解決方案。

銀行在資料來源方面具有多管道多觸角的優勢，擁有大量的客戶行為資料，客戶透過各種管道與銀行互動都留下了痕跡，這些動態資訊與客戶財務資料等靜態資訊相比，更具穩定性，基於客戶行為資料的分析挖掘也使得銀行對客戶的了解更加準確。

當前，一方面，行動智慧終端、手機 App 以及基於網路層的資料採集技術的快速發展使得第一時間獲取客戶動態資訊成為可能；另一方面，大數據領域的串流運算技術為即時客戶行為分析、風險和信用評估、反欺詐檢查、產品精準推薦提供了低成本的高速運算平臺（毫秒級快速響應，實現演算法或模型的動態疊代，與聯機交易系統實現聯動），使得商業銀行能夠更加靈敏的感知商業環境和客戶需求，更加順暢的搭建反饋閉環，實現資料驅動的個性化金融服務推薦，發展事件行銷和交叉行銷，在提高行銷成功率的同時提升客戶體驗，甚至可以基於以往的接觸資訊或外部資訊，針對潛在客戶提供更精準的產品推薦和更好的客戶體驗，實現更好的獲客。

3. 推動 IT 部門從後臺走向前臺

大數據應用過程中，跨系統、跨業務部門的資料匯聚和資料整合需要IT部門規劃和實施，跨業務部門的資料開放和共享需要IT部門推動，將資料轉變為可理解的資訊需要IT部門加工。一個獨立於IT的業務部門將很難對快速進化的資料平臺、資料集合、資訊庫、模型庫和知識庫進行高效能管理。

在大數據和人工智慧平臺上，業務部門和IT部門只有緊密合作、相互依賴、聯合創新，才能實現從資料到價值的高效能轉化。可以預見，大數據和人工智慧的深度應用必然將IT部門從「後端」不斷推向「前臺」。銀行科技部門也應清晰的了解到「大數據是實現『IT引領』最重要的抓手」，與業務合作發展產品創新、流程創新，推進銀行轉型，促使銀行管理從基於經驗的管理向以資料分析為基礎的精細化管理轉變。由此，商業銀行中IT部門的定位也將發生重大變化。

首先，IT部門從業務發展的支撐者轉變為業務創新的合作夥伴。IT部門應建立專業的資料分析團隊，高效能的展開資料採集、整合和分析加工工作，結合業務需求不斷開發資料產品和工具平臺，與業務部門一起發展模型、指標研發，支援業務部門發展分析洞察和推廣應用，為業務推展提供服務保障、決策分析、最佳化建議等營運支援，推進銀行業務流程創新、產品創新和服務創新。

其次，資料分析中心將逐步從成本中心向利潤中心轉變。透過對資料的深入挖掘與使用，科技部門對內可以研發推廣資料產品，發展資料營運，創造業務效益，對外可以提供資料服務能力輸出，透過外部合作實現資料資產的增值變現，直接為銀行帶來營業收入。

4. 建立「開放、共享、融合」的大數據體系

銀行擁有豐富的資訊系統和資料資源，每個系統及其資料都有歸屬的業務部門。資料雖多，但整合困難。資料的存在狀態反映了整個組織的現狀，即「部門分制」。資料在組織內部處於割裂狀態，業務部門、

職能部門、管道部門、風險部門等各個分支機構往往是資料的真正擁有者，而這些擁有者之間卻常常缺乏順暢的資料共享機制，跨業務部門、跨部門的資料利用一般要經過跨部門的協調和審批。這種模式導致了金融機構中的大量資料往往處於分散和「睡眠」狀態。而大數據要想發揮大價值，需要「全量」資料的支撐，要求金融機構的內部資料必須實現高度整合和共享。目前，多數銀行還沒有建立「開放、共享、融合」的大數據體系，資料整合和部門協調等問題仍是阻礙金融機構將資料轉化為價值的主要瓶頸。

5. 制定大數據安全策略

大數據的整合、跨企業的外部大數據合作不可避免的加大了客戶隱私資訊洩露的風險。銀行業在因大數據而獲益的同時，也面臨著隨之而來的風險。資訊安全事件的頻發將大數據安全問題推向了風口浪尖，有效防範資訊安全風險成為商業銀行大數據應用中急需解決的問題。

商業銀行要合理制定大數據安全策略，一是圍繞大數據生命週期進行部署，在資料的產生、傳輸、儲存和使用的各個環節採取安全措施，提高安全防護能力，減少內部違規及管理疏漏風險，並發表相關安全法規，理性分析「大數據熱」，扎實做好基礎性工作。二是在資料儲存、資料訪問、資料傳輸和資料銷毀等多個環節做好資料安全控制，提高安全意識，發表相關法規和政策措施，合理改造、建設和布局 IT 基礎設施。

13.4.2　銀行大數據體系建設的思考

商業銀行大數據體系建設是一個系統工程，門檻較高、投入大、週期較長、影響面廣且深遠。商業銀行在大數據體系建設中可借鑑網路企業、電信營運商等先進企業的經驗，結合自身特點，綜合考慮以下原則。

1. 業務為本、應用為先

大數據應用的目的是創造價值。銀行大數據服務能力只有與業務場景、業務產品、業務經營活動結合起來，才能轉化為業務價值。

大數據不能一味追求「資料規模大」，而要堅持「業務為本、應用為先」。只有這樣，才能讓大數據建設有明確的方向，才能得到管理層和業務部門的支援，否則可能陷入大數據的汪洋大海，迷失在各類資料處理或各種新技術研究中。

銀行大數據應用不是做底層研發，而是要解決實際問題，實際問題只能來源於業務。大數據可應用的方向很多，如客戶服務提升、信用評級、風險防範、業務拓展、業務創新等，銀行不可能在同一時間面面俱到，還要找準方向，聚焦問題，找準業務合作部門，重點突破，分步建設。

儘管大數據產生價值的潛力龐大，但也不能急功近利。大數據的價值類似於「蜜蜂模型」，即除了蜂蜜的價值外，更大的價值在於傳粉對農業的重大貢獻。也就是說，大數據除了產生直接的財務價值外，更展現在對商業模式變革的推動作用上。

2. 資料是根本

中國工程院李國杰院士指出，大數據的力量來自「大成智慧」。每一種資料來源都有一定的局限性和片面性，只有融合、整合各方面的原始資料，才能反映事物的全貌。事物的本質和規律隱藏在各種原始資料的相互關聯之中。對同一個問題，不同的資料能提供互補資訊，綜合分析可對問題有更深入的理解。因此在大數據分析中，匯集儘量多來源的資料是關鍵。

大數據能不能出智慧，關鍵在於對多種資料來源的整合和融合。單靠一種資料來源，即使資料規模很大，也可能出現「瞎子摸象」似的片面性。資料的開放共享不是錦上添花的工作，而是決定大數據成敗的關鍵因素。

資料是未來商業銀行的核心競爭力之一，決定著銀行的未來發展，這已成為銀行業的共識。銀行擁有豐富的資料資源，不僅儲存了大量結構化的帳務資料、強實名認證的客戶資訊，還儲存了大量使用者瀏覽、行為點閱等非結構化資料。

銀行透過整合客戶互動、交易流水、位置軌跡等資料，從大量資料中沉澱並提升銀行資料資產，形成以客戶為中心的指標標籤體系，並在銀行內部各個部門間進行共享，節省資料成本，減少資訊不對稱風險。

同時，透過跨行業的外部合作，如與網路公司、電信營運商、微信企業等建立資料策略合作關係，在保障資料安全的基礎上發展資料合作，打通單一行業的大數據孤島，實現跨行業的資料共享。

3. 平臺是基礎

大量、高效能、彈性、共享的大數據平臺是銀行大數據能力的關鍵組成部分，是提高資料採集、整合、分析效率，縮短資料應用和業務創新週期的關鍵。

大數據平臺不僅包括 Hadoop 分散式批次資料處理系統，更是一個多樣化的生態系統。在資料處理維度方面，包括資料採集層、資料整合層、資料分析層、資料應用層；在資料服務維度方面，包括資料儲存與分析探索區、資料產品與服務區、即時串流處理區；在資料管理維度方面，包括原始資料管理、指標管理、元資料管理、資料安全管理等模組。

單一的技術平臺或工具產品不可能滿足多樣的結構化和非結構化資料處理的需求，這決定了大數據平臺的技術架構必然是混搭架構，既有分散式，也有集中式的集群；既有面向業務的應用集群，也有面向客戶的應用集群。大數據平臺的規劃設計需要自下而上的業務需求與自上而下的整體規畫相結合，要具有前瞻性和靈活性。

4. 資料品質是保障

大數據應用對企業的資料治理能力提出很高要求，在資料品質沒有保障的情況下發展大數據應用，其結果很可能是「精確誤導」。因此，商業銀行的大數據建設從一開始就必須堅持資料品質是保障的原則。

儘管大部分銀行已經建立起一定的資料治理機制，但隨著大數據應用的深入，還須結合大數據特點，完善兼顧傳統資料平臺和大數據平臺的新型資料治理機制，包括資料標準、主資料管理、資料生命週期管理、元資料管理等。

在大數據體系建設中，要建立起配套的原始資料管理、指標管理、模型管理、安全管理等規範、流程和對應的工具平臺，更要落實集中化管控，做好大數據平臺的生命週期管理。

5. 人才是關鍵

大數據工程的實質是人才工程，資料採集、資料整合、資料理解和探索、資料分析、資料產品開發等各項工作都需要人力投入。機器學習、人工智慧方面的眾多工具也需要高素養人才的駕馭和互動。

當前商業銀行的大數據建設急需熟練掌握大數據技術的專業技術人才、大數據分析人才和資料產品創新人才，而現有的人才體系中，上述人才匱乏，商業銀行 IT 人員中，掌握傳統技術架構的人才多，掌握新興大數據技術和工具的人才不足；傳統軟體研發人員多，但資料科學家、資料工程師很少或幾乎沒有，具有深刻網路思維的產品創新人員更是嚴重缺乏。

隨著大數據熱潮的到來，大數據人才對社會而言也是稀缺資源，與網路企業相比，傳統商業銀行並不具備吸引大數據人才的優勢，甚至缺乏引進稀缺人才的靈活機制。在這樣的背景下，商業銀行的大數據人才策略應以自主培養為主，應儘快建立一支由大數據策略專家、資料科學家、資料技術人才組成的大數據專業團隊。

此外，商業銀行還應建立和完善有利於人才成長的體制和機制以及良好的工作氛圍，拓寬政策管道，創造有利的工作條件，建立科學的用人制度和人才培育計畫，充分帶動員工的積極性、主動性、創造性，為大數據服務體系建設提供有力的人才保障。

第 14 章　醫療大數據和人工智慧

第 14 章　醫療大數據和人工智慧

醫療大數據是重要的基礎性策略資源之一，其應用發展將推動健康醫療模式的革命性變化。醫療大數據的人工智慧分析應用可最佳化醫療資源配置、降低醫療成本、提升醫療服務運行效率、突發公共衛生事件預警與應急響應，將對中國社會和人民的生活等產生重大而深遠的影響，具有龐大的發展潛力、商業機會和創業空間。為推動醫療大數據的快速發展，中國相繼發表了一系列相關政策，並把醫療大數據提升為國家策略。

在國家層面的積極倡導下，中國各地政府、醫療機構和相關企業等開始從不同環節切入，進行醫療大數據建設，並積極探索相關業務應用。比如，福州建立了國家健康醫療大數據平臺，接入了數十家醫院，電子病歷數千萬份，資料儲存條數數十億條；東軟公司建立了腫瘤大數據平臺，採集多方資料，進行資料脫敏，實現腫瘤大數據的智慧分析和應用，支援臨床輔助決策。在精準醫療領域，中國科學院、中國醫學科學院、北京大學等研究機構透過基因測序幫助病人預測疾病，進行個性化的精準醫療。

在美國，出現了專門為醫療健康行業提供大數據分析和解決方案的服務公司，如總部位於美國馬里蘭州的 Inovlon，已經在 2015 年成功登陸那斯達克。大型 IT 公司也紛紛為醫療健康行業提供大數據分析產品。比如，IBM 公司提供了 Watson 人工智慧分析平臺，透過認知運算來吸收結構化和非結構化的資料，每秒處理 500GB 的資料，提供病人互動、臨床護理、診斷、研究、資料視覺化等服務，經過資料處理與分析，依據與療效相關的臨床、病理及基因等特徵，為醫生提出規範化臨床路徑及個體化治療建議，疾病診斷正確率能夠達到 75%。

14.1 醫療大數據的特點

醫療大數據是指在醫療服務過程中產生的與臨床和管理相關的資料，包括電子病歷資料、醫學影像資料、用藥紀錄等。醫療大數據除了具有大數據的「4V」特點外，還包括時序性、隱私性、不完整性等醫療領域特有的一些特徵。

- 規模大（Volume）：1 個 CT 圖像約為 150MB，1 個基因組序列約為 750MB，1 份標準的病歷約為 5GB；1 個社區醫院資料量約為數 TB 至 PB，全中國健康醫療資料到 2020 年約為 35ZB。醫療行業在數位世界中占比為 30%。
- 類型多樣（Variety）：包含文本、影像、音訊等多類資料。
- 成長快（Velocity）：資訊技術發展促使越來越多的醫療資訊數位化，大量線上或即時資料持續增多，如臨床決策診斷、用藥、流行病分析等。據權威機構預測，醫療資料每年以 48% 的速度成長。
- 價值龐大（Value）：醫療資料的有效使用有利於公共疾病防控、精準診療、新藥研發、醫療控費、頑疾攻克、健康管理等，但資料價值密度低。
- 時序性：患者就診、疾病發病過程在時間上有一個進度，醫學檢測的波形、圖像均為時間函數。
- 隱私性：患者的醫療資料具有高度的隱私性，洩露資訊將造成嚴重後果。
- 不完整性：大量來源於人工紀錄，導致資料紀錄的殘缺和偏差，醫療資料的不完整蒐集和處理使醫療資料庫無法全面反映疾病資訊。
- 長期保存性：醫療資料需要長期保存。

14.2　醫療大數據處理模型

醫療大數據平臺中的資料從醫院資訊平臺獲取，依據相關業務應用經整合、加工後，供醫護人員、患者和醫院管理人員使用，醫療大數據處理模型如圖 14-1 所示。

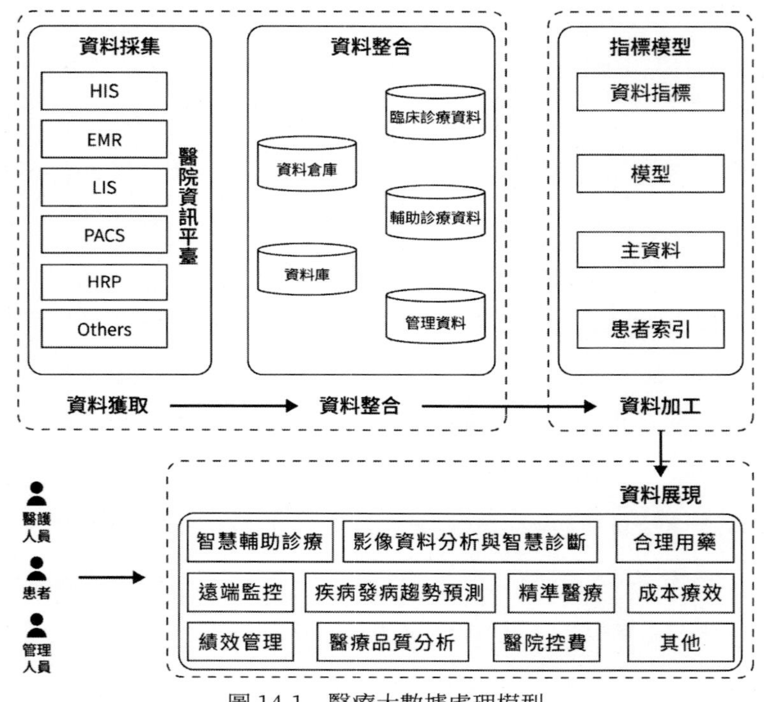

圖 14-1　醫療大數據處理模型

1. 資料獲取

資料獲取即根據應用主題從醫院資訊平臺獲取相關原始資料儲存於醫療大數據平臺資料庫。

2. 資料整合

資料整合是將從醫院資訊平臺抽取的業務資料按照統一的儲存和定義進行整合。醫院資訊化經過多年的發展，累積了很多基礎性和零散的業務資料。但是資料分散在臨床、醫技、管理等不同部門，致使資料查詢訪問困難，醫院管理層人員無法直接查閱資料，若對資料進行分析利用，則需要綜合不同格式、不同業務系統的資料。

3. 資料加工

將整合後的資料進行清洗、轉換、加載，根據業務規則建立模型，對資料進行運算和聚合。

4. 資料展現

資料展現即資料視覺化，為方便醫護人員、患者和管理人員理解和閱讀資料，而採用相關技術進行的資料轉換。

5. 資料分析

醫療大數據分析可服務於患者、臨床醫療和醫院管理。如圖 14-2 所示是一個基於患者就診過程的醫療大數據分析與應用的模型。

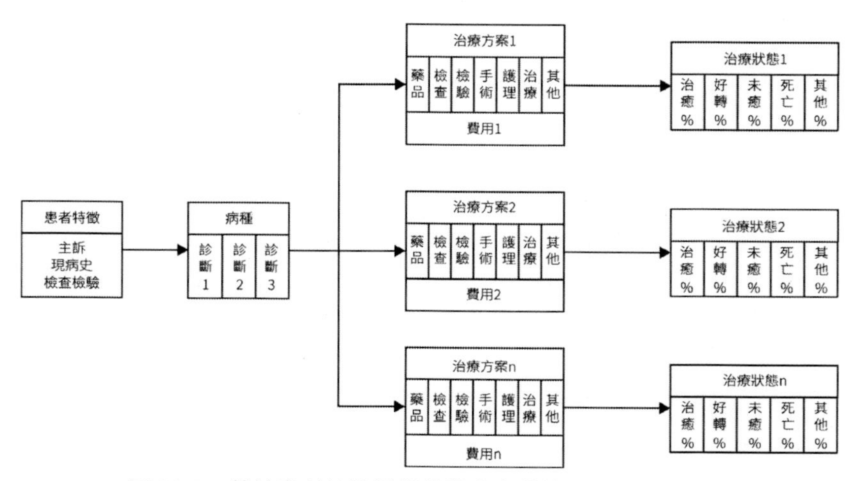

圖 14-2　基於患者就診過程的醫療大數據分析與應用模型

該模型展現了從患者入院到出院過程中產生的相關資料，主要包括患者特徵資料、病種資料、治療方案與費用資料、治療狀態資料及在該過程中產生的管理類資料。

・患者特徵資料

患者特徵資料主要有主訴、現病史、檢查檢驗類資料，涵蓋疾病的主要症狀、體徵、發病過程、檢查、診斷、治療及既往疾病資訊、不良嗜好，甚至是職業、居住地等資訊。

・病種資料

即患者疾病的診斷結果，一般有第一診斷、第二診斷、第三診斷等。目前醫療機構大多使用 ICD-9/ICD-10 進行疾病的分類與編碼。

・治療方案與費用資料

根據診斷結果，為患者提供的治療方案與費用資料主要包括藥品、檢查、檢驗、手術、護理、治療六大類，此外，費用資料還有材料費、床位費、護理費、換藥費用等。

・治療狀態資料

治療狀態資料即患者出院時的治療結局，一般分為治癒、好轉、未癒、死亡 4 類。

・管理類資料

除了患者就醫過程產生的服務於醫院管理的資料外，還包括醫院營運和管理系統中的資料，如物資系統、HRP、財務系統、績效考核系統等產生的資料。

基於患者就診過程的醫療大數據分析與應用模型，將醫療大數據分為患者特徵、病種、治療方案、費用、治療狀態、管理資料 5 種類型，主要的應用模式包括以下幾個方面。

·患者特徵

根據患者居住地和就診地的距離、醫療衛生服務水準等因素分析患者流向，透過患者、疾病、醫療機構多角度、深層次、全方位的分析影響患者跨域就診的因素。

·病種

透過對醫院接診患者的診斷結果可以分析醫院疾病的種類和發病率，病種患者數量分布、病種科室分布等。

·費用

對醫院藥占比、門診病人次均醫藥費用、住院病人人均醫藥費用、門診病人次均醫藥費用增幅、住院病人人均醫藥費用增幅、典型單病種例均費用、參保患者個人支出比例、醫保目錄外費用比例、檢查和化驗收入占醫療收入比重、衛生材料收入占醫療收入比重、掛號／診察／床位／治療／手術／護理收入總和占醫療收入比重、人民幣百元醫療收入消耗的衛生材料費用、管理費用率、資產負債率等進行分析。

·患者特徵－病種－治療方案

包括病種與患者體徵的關係、同一病種治療方案選擇的關係、病種與檢查檢驗資料的關係、疾病與診療過程的關係、疾病和藥物使用的關係等。

·病種－治療方案－費用－治療狀態

根據醫療機構的醫療費用和療效資料，透過建立的成本－效果（療效）分析模型，運算病種不同治療方案的平均成本、平均效果、增量平均成本、增量平均效果等指標，以及成本－效果比（C/E）、增量成本－效果比（ICER）等效果指標，並進行相關指標的敏感度以及不同治療方案的成本敏感度分析。

·管理

基於醫院資訊系統產生的醫療業務、臨床業務、醫療營運資料可進行動態化、過程化、精細化的醫院管理。可以更有效的對各科室、各種醫療人員進行全面的醫療業務、醫療費用、醫療安全、醫療品質、醫療績效的監管。

14.3　醫療大數據的 AI 應用

目前，行業治理、臨床科學研究、公共衛生、管理決策、便民惠民以及產業發展已經成為中國健康醫療大數據的六大核心應用。AI 應用以前三者為重點分析對象，聚焦於行業治理的體制改革評估、醫院管理和醫保控費；臨床科學研究領域的臨床決策支援藥物研發、精準醫療等方面；公共衛生則在多元化資料檢測的基礎上建構重大突發事件預警和應急響應體系，同時探索發展個性化健康管理服務。在應用開發方面，IT 龍頭和資料驅動型創新企業各有特點，除此之外，擁有豐富資源的政府和醫療機構也開始扮演重要的角色。

下面我們闡述醫療大數據的幾個 AI 應用：智慧輔助診療、影像資料分析與影像智慧診斷、合理用藥、遠端監控、精準醫療、成本與療效分析、績效管理、醫院控費、醫療品質分析等。

14.3.1　智慧輔助診療

借助大數據分析挖掘技術，在醫院大量疾病臨床資料的基礎上，將同種疾病不同患者的就診資料根據體徵、環境因素、社會因素、心理因素、經濟因素等多個角度劃分為不同的組，以選擇適合不同組的檢查檢驗類型、治療方案類型等。當有新的患者來醫院就診時，醫生可進入系統，依據該患者的特徵資料將其進行分類，然後為其選擇個性化的診療方案。

14.3.2 影像資料分析與影像智慧診斷

影像資料分析與影像智慧診斷即借助 PACS 系統，在盡可能保持圖像資料準確性和真實性的條件下，首先利用多重影像融合（CT/MRI/PET-CT）技術等對影像資料進行配準、分割、聚類，經過 PACS 處理的影像資料，進一步透過人工智慧技術進行病灶辨識等資料上的挖掘和應用，可有效減少醫生的負擔，提高醫學判斷的精準性。

14.3.3 合理用藥

合理用藥是根據疾病種類、患者狀況和藥理學理論選擇最佳藥物及其製劑，制定或調整給藥方案，以期安全、有效、經濟的預防和治癒疾病。除了執行中國國家藥物政策、規範醫療行為、加強藥學服務等措施之外，透過臨床合理用藥審核、諮詢系統來規範臨床醫師的用藥行為也是提高合理用藥水準的有效措施。可採用大數據技術，依據患者的病歷病史、疾病診斷、醫囑資訊、用藥資訊、過敏資訊等進行用藥安全警示，如藥物禁忌審查、配伍禁忌審查、藥物相互作用審查等，及時發現不合理的用藥問題。此外，可對醫院歷史處方資料進行大數據挖掘，分析抗菌藥、注射劑、基本藥物等占處方藥的百分比，檢驗醫院處方開具的不合格率，為規範醫療行為提供資料支援。

14.3.4 遠端監控

遠端病人監護系統包括家用心臟檢測設備、血糖儀、晶片藥片等。遠端監控系統中包含大量的醫療資料，可從遠端監護系統中進行患者相關體徵資料的收集，經分析後再將結果反饋至監控設備，圍繞體徵資料的採集，對相應波動規律進行分析和判斷，結合患者的病史資料，確定今後的用藥和治療方案。同時可減少患者的住院時間，緩解醫院門、急診排隊擁塞的現象。

14.3.5　精準醫療

大數據分析技術透過收集電子病歷系統患者個人的完整臨床診療紀錄、同病種相似患者的臨床診療紀錄，並結合患者的基因資訊，利用生物資訊學分析工具、本體、資料挖掘等大數據分析技術，對所收集的資料進行整合分析，以精準查找致病病因，形成精準臨床診斷報告，並為患者提供最佳治療方案，達到治療效果最大化和副作用最小化的目的。

14.3.6　成本與療效分析

以生存期和生活品質為臨床療效評價指標，透過比較不同治療方案之間的健康效果差別和成本差別，從而為包括單病種控費、總額控制等在內的多種支付方式提供支援，實現在有效控制醫療費用的前提下提供最佳的臨床診療方案。

14.3.7　績效管理

透過大數據技術對醫院床位使用率、財務收支、門／急診量等醫療績效指標資料進行分析，提供全方位的、精細化的、個性化的績效評價體系。以美國為例，為減少再住院率，特地建立了一個模型來評估再住院風險。部分醫院依靠這個模型，預測準確性可以達到 79%，減少了約 30% 的再住院病例，為醫院和病人節省了大量開銷。

14.3.8　醫院控費

藥品收入占比較大、大型醫用設備檢查治療和醫用耗材的收入占比增加較快、不合理就醫等導致的醫療服務總量增加較快等，均是導致醫院醫療費用不合理成長的原因。透過大數據技術測算各病種診療過程中的藥品、檢查、檢驗、手術、護理、治療等方面的合理費用及補償水準，同時針對醫療費用控制的主要監測指標進行資料分析和挖掘，積極控制醫院費用的不合理成長，實現醫院精細化管理。

14.3.9　醫療品質分析

醫療品質是評價醫院醫療服務與管理整體水準最重要的標準，一直以來都是醫院管理工作的核心。利用大數據分析技術將醫療品質資料轉換為管理人員所需要的指標資訊，按照患者特徵、歷史資料、圖表資訊等為管理層提供資料支撐和依據，是醫療大數據重要應用的展現。

此外，醫療大數據和人工智慧在疾病發病趨勢預測、健康狀況評估、患者需求與行為分析、心電資料分析與心電智慧診斷方面的應用也將越來越廣泛。

14.4　人工智慧的醫療應用場景

「分級診療」被認為是解決目前「看病難」問題的最佳方案。所謂「分級診療」，就是按照疾病的輕重緩急及治療的難易程度進行分級，不同級別的醫療機構承擔不同疾病的治療。這種模式源自西方且目前正在被西方各國普及，其主要特點是「全科醫生（家庭醫生）」和「專科醫生」的劃分與分工協同。分級診療面臨的核心問題是優質醫療資源有限。分級診療的有效實施特別需要大量有能力、可信賴的全科醫生來涵蓋和滿足大部分人日常醫療的需求。

既然好醫生不夠是核心問題，那麼如何既快又好的建立起好醫生團隊，就成為醫療行業發展的根本。而人工智慧技術恰好非常適合最佳化和加速這個過程。醫療行業是一個存在大量資料，目前又特別依靠專家經驗的行業。所謂診斷，大多是醫生對病人的各種化驗、影像等資料和資訊的個人經驗處理與判斷。首先，人工智慧特別適合快速高效能的處理大量資料，尤其能夠分析出人無法察覺的資料差異，而這點差異可能就決定了對疾病的判斷；其次，透過機器學習，人工智慧可將專家經驗轉換為演算法模型，使得專家經驗實現低成本複製，大量的基層醫療機構因此可以更方便的用人工智慧專家進行診斷，這將有效支援分級診療的實現。

場景一：人工智慧＋家庭醫生＝健康監測

對於大部分中國人而言，擁有一個家庭醫生基本上是不可能的。而隨著不健康、慢性病的情況越來越普遍，擁有了解自己健康情況、能長期提供治療指導的家庭醫生服務，又顯得越來越有必要。人工智慧技術對大量資料的處理能力能夠有效滿足健康監測的需求，尤其對於患有慢性病的人群特別有用，可以有效降低其疾病風險和看病成本。

過去慢性病管理主要靠病人自己，現在則可以借助網路和人工智慧技術，將病人、家屬和醫生都拉入慢性病管理體系中，為各方都帶來了益處。透過一些智慧化的可穿戴設備，首先可以讓使用者更全面的掌握病情，使用者能夠隨時查看自己連續的資料紀錄和圖表統計；其次讓使用者的家人更放心，能夠透過微信等方式隨時監測使用者的情況；最後讓醫生治療更精準及時，醫生能夠更全面、即時的了解病人的體徵變化，並提出更有效的保健或治療方案。

場景二：人工智慧＋全科醫生＝輔助診療

分級診療體系的成功建立，需要重點補充大量全科醫生，以滿足廣大群眾中日常病患的處理。而目前中國基層的醫療機構中，醫生的學歷、經驗等普遍偏低，全科診療能力明顯不足。利用人工智慧學習和複製優秀醫生的經驗，補充並輔助基層醫生的診療工作，是較快推動醫療體系落實的好辦法。例如，某公司的 AI 輔診系統就是一個借助人工智慧技術，能夠根據病人症狀描述快速給出疾病判斷和診療建議的智慧系統。其工作原理主要包括三步驟：

（1）基於機器視覺和自然語言處理技術，學習、理解並歸納現有的醫療資訊和資料（包括醫學文獻書籍、診療指南和病例等），自動建構出「醫學知識圖譜」。

（2）基於深度學習技術，系統自動學習大量臨床診斷病例，建構出「診斷模型」，實現根據症狀輸入、輸出疾病判斷和診療建議功能。

（3）實際參與診斷，對比專家醫生的診斷結果進行模型最佳化。

這類 AI 輔診系統對於缺乏專家等資源的基層醫院特別有用：一是能幫助提高疾病風險排查率，透過提供疾病的預測建議降低基層醫生對高危疾病漏診的極大風險。二是能幫助提高病案管理效率，目前中國國內的病案一般依賴病案室人力或資料公司整理，要投入大量的人力和資金，準確率也得不到保障。人工智慧可以實現病案智慧化管理，輸出結構化病例，讓醫生從繁瑣的病案工作中解脫，提升診療效率。

一些企業的 AI 輔診系統據說已經能夠辨識預測 500 多種疾病，差不多涵蓋了大部分科室，包括白內障、青光眼等常見病和肺癌、子宮頸癌等重大疾病。診療風險預測準確率高達 96%，已達到甚至超過普通醫生的水準，能夠有效補充和增強基層醫生的診療能力。一些企業聲稱類似系統已經在中國 100 多家三級甲等醫院啟用，讓人工智慧輔診成為高效能的「助理醫生」。

場景三：人工智慧＋專科醫生＝疾病篩查

對於專科醫生，尤其是名醫來說，大量需求帶來的高強度工作是最頭疼的問題。如何能夠為這類醫生節約時間是人工智慧最大的價值。因此，在一些需要大量資料處理、重複性和規律性較強的環節，可以借助人工智慧技術進行補充甚至替代。例如，AI 影像系統就是以人工智慧訓練學習大量的影像資料，實現對特定疾病智慧篩查的系統。該系統能夠有效助力醫生提升篩查診斷效率，從而提高早期患者的治癒率和存活率。其主要工作過程如下：

（1）把醫療傳統影像系統裡的患者影像傳送到 AI 影像系統中。

（2）對圖片進行預處理，包括去掉影片裡拍到的其他部位、進行 3D 化增強等，形成機器可辨識的圖片。

（3）將圖片放到後臺模型中，判斷該部分是否有病變，標示出病變位置，亮點越亮表示病變風險係數越高。

（4）最關鍵的一步——分辨到底是炎症還是癌症，除了進行圖像切分和辨識外，還可能結合患病位置、大小、周圍環境等其他資訊，最終對病變進行判斷，從而達到較高的辨識準確性。

目前，該系統已實現了對早期食道癌、早期胃癌、早期乳癌、糖尿病視網膜病變等多種重大疾病的辨識和診斷，每月可處理上百萬張影像，準確率已達到較高水準（如食道癌達到 90%，糖尿病視網膜病變達到 97%）。

中國國內已有多家醫院（包括中山大學附屬腫瘤醫院、廣東省第二人民醫院、四川大學華西第二醫院和第四醫院等）加入了人工智慧醫學影像聯合實驗室。未來計劃將該系統整合到核磁共振等醫療儀器中，讓病人檢查完直接出結果，省去系統間圖像的傳輸過程，實現更高效能的病症篩查。

在分級診療的體系中，人工智慧確實可以有效實現對醫療資源和能力（尤其是基層）的補充和強化，從而加快整個分療體系建設的完善。

14.5　人工智慧要當「醫生」

當然，人工智慧要進入醫療行業，尤其是要承擔部分甚至全部的醫生職責，還面臨很多挑戰。其中最核心的問題，也是當前醫療行業最難建立的是：信任，尤其是病人對醫生的信任。在過去的醫療體系改革進程中，商業化、市場化等負面影響逐漸增大，病人對醫生「賺了錢治不好病」的問題越來越耿耿於懷，醫患衝突時有發生。往大醫院跑成為病人的無奈選擇，因為除了「名院名醫」的招牌外，沒有更好的信任建立和維護的方法。人工智慧要在這個信用不太充分的行業獲得患者、醫生乃至監管部門的信任，可以說非常困難，但這也是必經之路。推動信任建立，至少有 4 個方面值得研究探索。

一是技術信任。人工智慧在醫療行業的應用需要建立一系列的技術性能指標體系，並重點明確正式商用的指標水準要求，從而確保人工智慧達到甚至超過人類醫生的基準要求，比如疾病辨識的敏感度、特異度、準確率等。

二是職責信任。人工智慧使得傳統人類醫生的工作部分被智慧機器接替，那麼隨之而來的問題是，這部分工作的品質和出錯的風險應該由誰負責？是使用人工智慧的醫生、醫院，還是人工智慧供應商？這種根據具體情況而有所差異的責任歸屬容易讓人產生模糊感。因此，需要重點明確責任歸屬的原則，以打消病人對「出了事找不到人」的顧慮。比如，在有付費交易的情況下，可按直接發生交易的雙方確認責任主體。病人付費給醫院得到治療，用了院方提供的人工智慧服務，出現問題時應由院方對病人全權負責。

三是隱私信任。病人採用人工智慧診療服務，需要提供大量的個人健康醫療資訊。這些資訊大多私密性較高，一旦洩露會對個人聲譽乃至安全產生風險，在資料隱私重點保護的範圍之內。因此，應用人工智慧進行診療需要與病人簽訂相關的資料隱私保密協議，讓病人放心。比如協議中可明確規定，治療期間所採集的個人資料，未經病人同意不得用作其他用途等。

四是情感信任。疾病治療並非僅是生理治療，心理、情感的疏導在病人的整個治療過程中也非常重要。而目前由於醫患資源的不對等，醫生對病人很少會進行有效的心理溝通和疏導，醫患之間難以建立情感信任。而人工智慧借助對病人個人情況的連續紀錄和洞察，有望提供個性化輔診和陪護服務，從而成為醫患情感信任建立的有益補充。因此，對於醫療行業而言，推動情感機器人發展也是未來的一大重要方向。

希望未來的某一天，我們每個人都能擁有一個值得信賴的專屬「醫生」。在它的幫助下，病人不再需要擠破頭尋找名醫，醫生也不必心力交瘁的加班治病。如果能進一步打破機構間資料的壁壘，更廣泛有效的訓練這個人工智慧「醫生」的話，相信這一天不會太遠。

14.6　醫院大數據

當前，我們正處於一個資料爆炸性成長的時代，各類資訊系統在醫療衛生機構的廣泛應用以及醫療設備和儀器的逐步數位化使得醫院累積了更多的資料資源，這些資料資源是非常寶貴的醫療衛生資訊，對於疾病的診斷、治療、診療費用的控制等都是非常有價值的。如何在大數據的趨勢下做好醫療衛生資訊化建設，是值得我們去探索的問題。

就現在來說，大數據在醫療行業的應用情況，國外比中國國內要多一些。國外一些醫療機構利用大數據提供個性化診療、個性化治療、研製新藥和預測分析等。而中國國內大數據的發展，目前來看大部分都是由一些公司自己進行開發的。例如，百度開發的疾病預測平臺，利用使用者的搜尋資料和位置資料建構了疾病預測模型。

從現在的技術和需求來看，大數據的發展趨勢分為資料收集、資料預測、提供決策支援分析、資料的價值提取 4 個階段。就醫院而言，在這個資料發展階段，可以承擔多重角色：既可以是原始資料供應者（主要是內部資料、結構化資料），也可以是資料產業投資者、資料價值消費者。目前，醫療大數據的發展正處於資料整合階段。醫院對於資料的收集和管理主要集中在結構化臨床業務資料、影像資料與病歷掃描圖像資料、科學研究文獻資料資料等。像醫療設備日誌資料、生物資訊資料、基因資料、人員情緒資料和行為資料等都還未進行收集和產生。

大數據趨勢下，建設醫療資訊化的幾個關鍵要點如下。

·加強資料整合

中國醫院資訊化起步相對較晚，很多醫院沒有從宏觀高度統籌規劃和系統設計的資訊化工作，沒有共享資訊平臺，更沒有國家規範與標準，各開發商提供的所謂點對點資料介面也形形色色。異構系統是醫院資訊系統發展的必然形態。異構資料庫系統的目標在於實現不同資料庫之間的資料資訊資源、硬體設備資源和人力資源的合併和共享。隨著資訊化技術的發展，醫院的資訊化已經從一體化發展階段邁入了綜合化階段。綜合化作為當前醫院資訊化建設的關鍵，是醫院資訊化建設的主要內容，在更大層面上展現著醫院資訊化的效益，更加考驗醫院和資訊中心的建設能力。醫院資訊化的整合工作不單純是把電子病歷綜合化，其他一些非電子病歷的資料也需要做綜合化處理。只有打通各個系統的資料，才能為以後進行大數據分析打下扎實的基礎。

·提升資料品質

醫院資訊系統每天採集、傳輸、儲存和處理大量的數位醫療資料，這些醫療資料支撐著整個資訊系統的運行，成為醫院管理和醫療業務工作的基礎。醫療資料品質的高低直接影響和決定著醫療資料和統計資訊的使用價值。提升資料品質方面，首先要保證資料的完整性，對電子病歷進行結構化處理，更有效的進行資料的收集。同時，也要個性化的發展，專科電子病歷作為比較熱門的領域，為醫院的大數據科學研究打下了非常好的基礎。在資料的可用性方面，資料品質一定要有標準可以遵循，醫院對於資料的品質要有一個監控的過程。醫生利用系統查找出來的資料是三年以前的，這樣的資料利用起來的話肯定會出問題的。在遵循標準的同時，資料採集的過程中也要進行規範化和標準化的管理。

·提高資料安全

醫療資料和應用呈現指數級的成長趨勢，也為動態資料安全監控和隱私保護帶來了極大的挑戰。在 2017 年 6 月，中國國務院發表了促進健康醫療大數據發展行動綱要的指導意見，將健康醫療大數據作為國家重要的基礎性策略資源。國家對於健康醫療大數據的安全十分重視，「規範有序，安全可控」作為「意見」基本原則中最重要的一項。健康醫療大數據應警惕資料安全，保護患者隱私，才能真正實現資料融合共享、開放應用。

·推進大數據應用的三大維度

在大數據時代的發展當中，醫院的資訊管理方式出現了非常明顯的轉變，其中的資訊資料已經呈現出了非常顯著的特徵。但是，大數據距離臨床業務發展成熟仍然是有距離的，目前科學研究還是大數據應用的主要戰場。要更好的推進大數據的發展，首先，要擴大醫療資訊化的涵蓋面；其次，資訊化在一個領域中要有深入的應用，比如高值耗材要深入到床旁、手術臺旁等；最後，醫院要利用資訊化進行互聯互通，產生協同效應。

14.7 機器學習在醫療行業中的應用實例分析

我們來看一個實際例子。如圖 14-3 所示，日本橫濱市從 2008 年起開始建構「119 緊急電話對緊急程度／病情嚴重程度的辨識（call triage)」預測模型系統。橫濱市的 call triage 指的是從通話內容中預測撥打 119 電話的患者病情的嚴重程度，根據具體症狀來調整急救人員的種類和規模。因為現在增加急救人員的人手存在困難，如何有效的安排就顯得非常重要。這時，最重要的一點是「不能把重症的患者判斷為輕症」，哪怕允許「把輕症的患者判斷為重症」，也絕不允許系統把重症患者判斷為輕症。也正因為如此，系統最初的預測精準度還不到 30%。

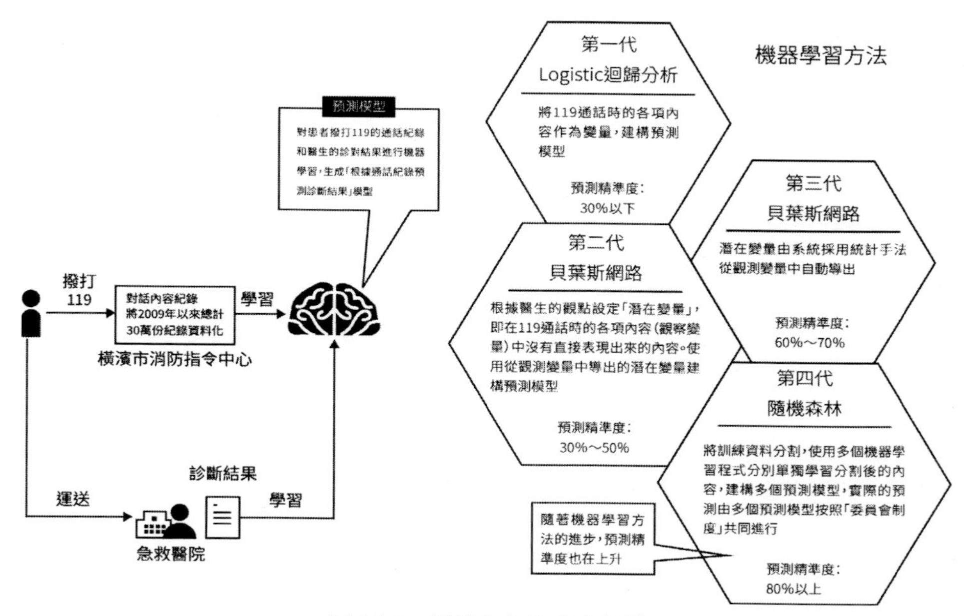

圖 14-3　橫濱市急救系統實例

基於 30 萬份診斷資料，橫濱市構築了對病情嚴重程度進行預測的模型。為了提高準確度，始終在更新機器學習的方法。從最初的「logistic

迴歸」分析到「貝氏網路」、「支援向量機（SVM）」，再到現在的「隨機森林」，隨著每一次方法的改進，系統的預測精準度都有所提升，現在已經達到 80% 以上。有意思的一點是，比起在建構預測模型時參考了醫生意見的貝氏網路，沒有參考醫生意見的 SVM 及隨機森林的預測精確度反而更高。「電腦竟然能比醫生更準確的判斷患者病情的嚴重程度」，這對一般人來說可能在感情上很難接受。

透過在各個領域不斷嘗試機器學習並評估其成效，尋找可以應用的新領域，這種態度是非常重要的。製藥公司過去依靠的是實驗和建模方式，而現在它們開始利用機器學習進行新藥研發。2014 年，日本的非營利組織（Non-Profit Organization，NPO）「並列生物資訊處理 Initiative」舉辦了「用電腦創造製藥原料」大賽。在這場大賽中，引進了機器學習的風險企業「資訊數理生物」公司拔得了頭籌。比賽的主題是從 220 萬種化合物中尋找出擁有某種療效的、可用於製藥的化合物。在這裡需要找出損傷蛋白質活性的化合物，這是造成疾病的原因。目前共有兩種方法可以找出這種化合物：①進行真實的實驗。②透過電腦建模的方式再現蛋白質和化合物的構造，並據此進行模擬實驗。但是，化合物共有 220 萬種，如果對每一種都進行實驗或建模，從成本到時間上都很難做到。該公司以「結構相似的化合物，其作用也相似」這一生物規則為線索，讓電腦「針對現有 839 醫藥品的結構進行機器學習，尋找結構相似的化合物」。實踐證明，利用這種方法確實找到了有望作為藥品發揮作用的化合物。

在素材和材料領域也能看到同樣的探索。在「資訊材料學」方面，現在正透過機器學習尋找可用於製造超導體及太陽能電池材料、鋰離子電池材料的化合物。

第 15 章　工農業大數據和人工智慧

第 15 章　工農業大數據和人工智慧

當代資訊技術與經濟社會的交匯融合引發了資料迅猛成長，資料已成為國家基礎性策略資源。中國明確提出實施國家大數據策略，《國民經濟和社會發展第十三個五年規畫綱要》將實施國家大數據策略作為「十三五」時期堅持創新驅動發展、培育發展新動力、拓展發展新空間的重要工作。中國正面臨從「資料大國」向「資料強國」轉變的歷史新機遇，充分利用資料規模優勢，實現資料規模、品質和應用水準同步提升，挖掘和釋放資料資源的潛在價值，有利於充分發揮資料資源的策略性作用，有效提升國家競爭力。

大數據目前在教育、金融、醫療等行業大放異彩，例如利用大數據推動定量化、個性化的教育變革，利用大數據打擊金融詐騙，以及利用大數據甄別醫療騙保，實現醫療資源的預測性管理等創新型應用。大數據幫助這些行業實現資料驅動業務、創新及發展，但還沒有出現利用大數據這個工具改變工業這些最傳統但體量龐大的行業。大數據時代的特徵：一是資料要流動起來，利用資料的外部性把看起來和工業風馬牛不相及的資料利用起來，探索資料的創新應用。二是智慧化，如果沒有人工智慧在背後支撐，讓資料產生強大的價值，就沒有這個大數據時代。智慧工業或者工業 4.0 的核心是生產加工本身的提升與提高，如何利用大數據等技術去解決工業生產過程中的核心問題才是我們需要去探索及追求的目標。

德國工業 4.0、美國先進製造、中國製造 2025、英國工業 2050 等在內的一個個國家級策略部署正在加快推動新的一輪產業革命，而這場革命的核心風暴直指「智慧製造」這一新的策略制高點。如圖 15-1 所示，第一次工業革命來自蒸汽機的改進，第二次工業革命來自電氣化推進，第三次工業革命來自電腦技術的日新月異，那麼，被稱為智慧製造的第四次工業革命將會是前所未有的多技術更新與融合。

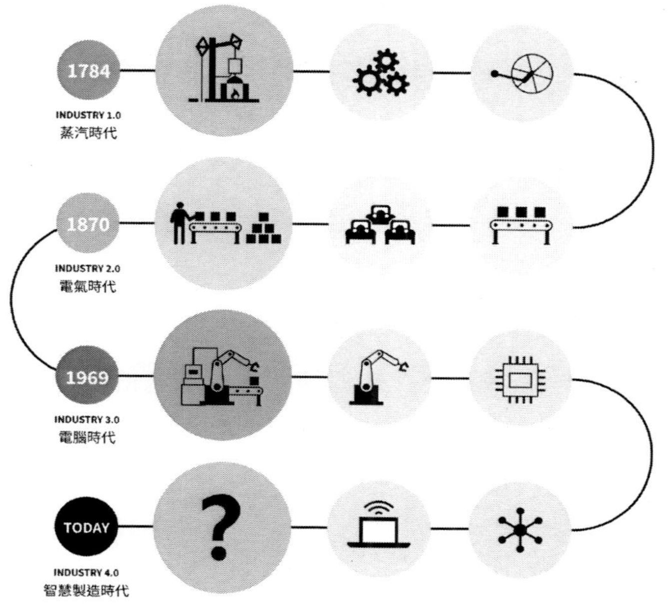

圖 15-1　工業 1.0 ～ 4.0

中國製造業的發展水準參差不齊，相當一部分企業還處在「工業 2.0」的階段，因此需要推進工業 2.0、工業 3.0 和工業 4.0 並行發展通道。中國的工業技術對外依存度高達 50% 以上，95% 的高階數控系統，80% 的晶片，幾乎全部高階液壓件、密封件和引擎都依靠進口。所以，技術創新是發展核心。加快新一代資訊技術與製造業的融合，成為製造業轉型升級的核心，也是「中國製造 2025」規劃的主線。

15.1　中國製造 2025

中國製造 2025 產業鏈將基於新一代資訊技術，貫穿設計、生產、管理、服務等製造活動的各個環節，是先進製造過程、系統與模式的整體規畫。其中，中國製造 2025 將會透過自動化裝備（機器人等）及通訊技術實現生產自動化，並能夠透過各類資料採集分析（大數據）以及應用通訊互聯方式將資料連接至智慧控制系統（人工智慧），並將資料應用於企業統一管理控制平臺（工業軟體平臺），從而提供最佳化的生產方案、協同製造和設計、個性化客製，最終實現智慧化生產。

智慧製造產業鏈中的 3 個關鍵點是，感測器提供了「感知系統」，大數據和人工智慧提供了「大腦」，工業機器人提供了「裝備和方法」。工業機器人是由操作機、控制器、伺服驅動系統和檢測感測器裝置構成的，是一種仿人操作自動控制、可重複編寫程式、能在三度空間完成各種作業的機電一體化的自動化生產設備。它對穩定和提高產品品質，提高生產效率，改善勞動條件發揮著十分重要的作用。中國產業升級將從人口紅利的發展變成技術紅利發展，其核心是機器人化。

15.2　工業大數據

工業大數據要求處理資料更高效能、資料來源更可靠、資料安全係數更高，注重資料安全管理。掌握工業大數據的優勢才能打贏中國製造 2025，真正的掌握未來市場的主動權。

15.2.1　工業大數據面臨三大制約因素

1. 工業大數據安全和開放體系亟待建立

建立資料安全和資料開放體系是工業大數據大規模應用的兩個重要前提。中國多數工業企業的資訊化建設是由業務部門在業務發展過程中根據自身的局部需求進行建設，缺少統一規畫，形成了部門割據的資訊化煙囪，導致資料編碼不一致，系統之間不能相互通訊，業務流程不能貫通。因此，中國工業企業無論在資料的總量上，還是資料的品質上，均和歐美已開發國家製造企業存在較大差距，且由於行業壟斷或商業利益等原因，資料的開放程度也不高。

另一個制約中國工業大數據應用發展的重要因素是政策法規體系不健全。工業大數據的開發和利用既要滿足工業企業典型應用場景的業務發展需求，也要防止涉及國家、企業祕密的資料發生洩露。而目前，中國在工業大數據的利用、評價、交換以及資訊安全保護方面的法律法規尚須進一步健全，這在很大程度上抑制了工業大數據應用的廣度和深度，不利於工業大數據生態系統的建設和培育。

2. 基於工業大數據的企業管理理念和運作模式變革

隨著智慧設備、物聯網技術、智慧感測器、工業軟體以及工業企業管理資訊系統等在工業企業的廣泛應用，綜合利用各種感知、互聯、分析以及決策技術，透過即時感知、採集、監控現場製造加工狀況、物流情況、生產準備情況、技術狀態管理情況，並進行資料挖掘分析，急需工業大數據平臺和相關技術的支撐。

工業大數據應用的目的是推動工業企業基於對內外部環境相關資料的採集、儲存和分析，實現企業與內外部關聯環境的感知和互聯，並利用人工智慧技術進行資料挖掘分析，支撐工業企業基於資料進行決策管控，提升企業決策管控的針對性和有效性。

3. 工業大數據人才缺乏，制約產業發展

工業大數據技術應用的關鍵是揭示各種典型工業應用場景下，各種資料的內在關聯關係，因此工業大數據技術的應用者不但要掌握工業大數據的相關知識和工具，還需要深刻了解製造業典型的業務場景，並結合工業大數據的分析和視覺化展示情況，結合業務場景進行合理解讀，此外，還需要結合業務場景進行解決方案的制訂和管理決策。以上工業大數據人才的要求將大大制約工業大數據產業發展的進程。

整體上，工業大數據對複合型人才的需求更強烈，目前中國工業大數據的高階管理決策人才、資料分析人才、平臺架構人員、資料開發工程師、演算法工程師等多個方向均存在較大缺口，極大的阻礙了工業大數據產業的發展。

15.2.2　工業大數據應用的四大發展趨勢

1. 工業大數據應用的外部環境日益成熟

以工業 4.0 和工業網際網路為代表的智慧化製造技術已成為製造業發展的趨勢，智慧化製造技術的研究和應用推動了工業感測器、控制器等軟硬體系統和先進技術在工業領域的應用，智慧製造應用不斷成熟，一方面，正在逐步打破資料孤島壁壘，實現人與機器、機器與機器的互聯互通，為工業資料的自由匯聚奠定基礎；另一方面，進一步增強了工業大數據的應用需求，使得工業大數據應用的外部環境日益成熟。

2. 人工智慧和工業大數據融合加深

工業大數據的廣泛深入應用離不開機器學習、資料挖掘、模式辨識、自然語言理解等人工智慧技術清理資料、提升資料品質和實現資料分析的智慧化，工業大數據的應用和安全保障都離不開人工智慧技術，而人工智慧的核心是資料支援，工業大數據反過來又促進人工智慧技術的應用發展，兩者的深度融合成為發展的必然趨勢。

3. 雲端平臺成為工業大數據發展的主要方向

工業大數據雲端平臺是推動工業大數據發展的重要工作。傳統網路大數據的處理方法、模型和工具難以直接使用，增加了工業大數據的技術壁壘，導致工業大數據的解決方案非常昂貴，雲端平臺的出現為工業企業特別是中小型工業企業隨時、按需求、高效能的使用工業大數據技術和工具提供了便宜、可擴展、使用者友善的解決方案，大大降低了工業企業擁抱工業大數據的門檻和成本。

4. 工業大數據將催生新的產業

除了雲端平臺外，新的大數據視覺化和人工智慧自動化軟體也能大大簡化工業大數據的資料處理和分析過程，打破了大數據專家和外行之間的壁壘。這些軟體的出現使得企業可以自主利用工業大數據，做相對簡單的工業大數據分析，以及外包複雜的工業大數據應用需求給專業工業大數據服務公司，從而催生新產業，包括工業大數據儲存、清理、分析、視覺化等相關的軟體開發、外包服務等。

15.2.3　發展工業大數據

發展工業大數據可從以下幾點入手：

（1）整合各工業行業的資料資源，建設工業網路和資訊物理系統，推動製造業向基於大數據分析與應用的智慧化轉型。

（2）推動大數據在研發設計、生產製造、經營管理、市場行銷、業務協同等環節的整合應用，推動製造模式變革和工業轉型升級。

（3）加快建設工業雲端及基於工業雲端的應用等服務平臺。依託兩化融合和「中國製造 2025」工作平臺及政策體系，發展工業大數據創新運用。

（4）開展智慧工廠及精細化管理大數據應用試點。

15.3　AI ＋製造

我們要為工業生產裝上「最強大腦」——人工智慧。智慧製造源於工業領域的製造業。其產生的歷史原因是，機器的功能表現不能遂人願，人很難掌控機器的全部狀態情況。機器的運行狀態不為人知，且不說遠端監控，就是人站在機器前面，也未必知道哪個零部件正常與否，還有多長時間需要更換。為了解決這些問題，當前的製造業從生產、流通到銷售正在越來越趨於資料化、智慧化。大數據和人工智慧技術可以協助企業分析生產過程中的全鏈路資料，實現生產效率、設備使用效率提升等目標，支援「AI ＋製造」。

15.4　農業大數據

農業大數據是大數據理念、技術和方法在農業領域的實踐，涉及農業生產、經營、管理和服務 4 個方面，是跨行業、跨專業的資料分析與挖掘。

15.4.1　發展現狀

近年來，隨著農業資訊化建設的加速和農村電子商務的發展，各級農業部門對農業大數據重要性的認知不斷提高，各新型經營主體利用資料的意識和能力不斷增強，推動了農業大數據的發展和運用。中國多個省分已初步建立了化肥、農藥、種子等農業投入品，「三品一標」優質農產品，農業統計、實用技術、品質標準、農業相關法律法規、農業專家、農業影視和龍頭企業等 20 多個資料庫，資料內容包括文本、圖片、音訊影片等多種格式。部分地方也開展了農業大數據運用的探索，如測土配方、科技服務等農業資料的採集系統和查詢應用系統，方便了農業合作社、農業龍頭企業、農民的使用，服務了農業生產。

但是，農業資訊化的基礎設施差，資料融合、分析的省級農業大數據交換管理中心尚未建立，農業大數據開放共享的基礎和制度尚未形成，農業大數據研究和應用人才缺乏等，嚴重制約了農業大數據的研究和應用。

15.4.2 農業大數據目標

圍繞農業提質增效、轉型升級這一主線，以生產、市場需求為導向，加快農業專業資料的有效整合、融合和應用服務，全面、及時的掌握農業生產資訊和市場動態變化趨勢，提升對農業生產、經營的預測預警能力和農業管理的科學決策水準，提高農業經濟發展水準，加快農業現代化發展進程。

以農業需求為導向，加強農業大數據公共基礎平臺建設、農業具體專業領域的應用示範，不斷探索創新農業大數據的應用模式，培育和挖掘農業領域應用大數據的新業態、新模式，開發大數據應用，增強大數據發展的內生動力，形成常態、高效能、可持續的機制。政府部門應該率先推進農業大數據資源的集中與開放，與社會聯動，形成大數據資源累積機制。加大資源整合力度，提高資源使用效率，透過市場化、社會化方式匯聚和最佳化配置社會資源，加強社會資訊資源共享，加速推進農業大數據的開放、融合、共享，切實推動農業大數據的深度融合和廣泛應用。

完善省市級資料的匯聚、分析、應用能力。豐富農業生產、農業經營、農業管理和農業服務等領域的大數據應用，提升生產智慧化、經營網路化、管理高效能化、服務便捷化的能力和水準。推進各地區、各行業、各領域涉農資料資源的共享開放，加強資料資源的發掘運用，統籌中國國內國際農業資料資源，強化農業資源要素資料的集聚利用，提升政府治理能力。加強制度和標準建設，包括工作制度、建設標準、系統標準以及資料標準等。

提高縣、鄉、村利用農業資料資源的能力。一是完善基礎設施建設，完善縣、鄉、村相關資料採集、傳輸、共享基礎設施。二是建立大數據工作機制，建立農業農村資料採集、運算、應用、服務機制。三是建構資訊服務體系，建構面向農業農村的綜合資訊服務體系，為農民生產生活提供綜合、高效能、便捷的資訊服務，縮小城鄉數位鴻溝，促進城鄉發展一體化。四是加大示範力度，形成一大批應用示範成效明顯、可複製可推廣的商業化模式，有效推動產業轉型升級和生產方式的轉變。

15.4.3　農業大數據建設任務

（1）形成上下聯動、涵蓋全面的農業農村大數據共享平臺，實現資料的互聯互通、開放獲取、快速訪問。加強資訊資源的整合和資訊公開，促進農業資訊資源共享和業務系統之間的互聯互通。實現種植業、經管、畜牧、農機、農村「三資」管理等資訊系統透過統一平臺進行資料共享和交換。

（2）建立大數據標準體系。重點圍繞基礎資料、資料處理、資料安全、資料品質、資料產品和平臺標準、資料應用和資料服務六大類，建立標準體系，並從元資料、資料庫、資料建模、資料交換與管理等領域推動相關標準的研製與應用。制定統一農業相關資訊資源目錄體系與交換標準，發表規範農業大數據資訊資源採集、融合、交換標準，保證網路運行的標準化、規範化，以實現開放性、實用性和安全性。

（3）完善大數據的管理。建立和完善農業大數據交換管理中心平臺各項制度，包括應用準入、應用卸載、沙盒開發、安全事故、違規處罰等；建立平臺運行制度，依據中國國家資訊安全相關法律法規，對所有農業資訊根據職務、服務對象和服務內容進行分級管理，加強資訊系統建設技術審核；建立和完善平臺安全保密制度；建立部門資訊共享考核工作制度。

（4）規範大數據採集。建立健全農業大數據採集制度，明確資訊採集責任。既要依託現有資訊採集管道改進採集方式以提高效率，完善資訊指標以適應新階段要求，又要採用分散式高速、高可靠資料爬取或採集，高速資料全映像等大數據收集技術，廣泛收集網路資料。進一步最佳化農業相關資料監測統計系統，完善統計指標，擴大採集監測範圍，改進採集監測工具和方式，探索推展統計監測由抽樣調查逐步向全樣本、全資料過渡的試點，完善資訊進村入戶村級站的資料採集功能，完善相關資料採集共享功能。

(5) 推動大數據的應用。建成農村土地確權頒證資料系統、農產品品質安全追溯資料系統。提供農業大數據的跨專業查詢服務、視覺化決策服務以及跨專業的即時資料整合服務，為農業農村經濟提供服務的技術資料支撐中心以及為領導科學決策提供依據。深入實施「互聯網＋」現代農業行動，利用大數據技術提升農業生產、經營、管理和服務水準，培育一批網路化、智慧化、精細化的現代「種養加」生態農業新模式，加快完善新型農業生產經營體系，培育多樣化農業網路管理服務模式，逐步建立農副產品、農資品質安全追溯體系。建立農業重大輿情的大數據發布制度。圍繞精準農業、物聯網應用、產品品質安全追溯、農產品線上行銷等發展試點示範，積極探索農業大數據技術在農業領域整合應用、農產品高標準生產、優質品牌開發和產品線上銷售等新途徑、新模式。同時，按照共享共用、合作協同、分工分流的原則，推進建立完善的資料採集管道和監測網路。到 2020 年，建成 60 個農業大數據採集重點縣。

(6) 精準農業應用創新。透過智慧化監測工具和資訊採集傳輸裝備，實現資訊自動接收、分析匯總、遠端診斷。建立和完善病蟲害線上監測系統，擴大鄉村病蟲監測點數量，完善土肥站測土配方施肥資訊查詢和專家諮詢系統，推動網路技術和土肥技術的整合創新。建立測土配方資料庫，指導農民精量精準科學施肥，加快實現「三減」目標，保護和改善生態環境。加強智慧化畜禽養殖關鍵技術的研究與應用，提高畜禽養殖自動化程度，提高飼料利用效率，有效防控畜禽疫病。不斷拓展農機作業領域，利用大數據統籌安排農機調度，提高農機智慧水準，充分發揮農業機械整合技術，節本增效，推動精準農業發展。

（7）完善農產品市場預警資訊採集、分析、發布平臺，建立預警資訊資料庫，定期採集合作社、家庭農場（大戶）、農產品加工貿易企業以及農資企業的生產和銷售資訊。建立專家分析師團隊和預警資訊分析會商發布制度，分析和發布農產品生產、加工、銷售、價格、成本收益、供求趨勢等資訊，為各類生產經營主體和政府決策提供有效的資訊服務。

15.4.4　農產品品質安全追溯

加強農產品（含糧油）品質追溯平臺建設，健全追溯資料錄入、監管資訊綜合統計、追溯碼生成、終端查詢等功能，為消費者提供系統完備、查詢便捷的農產品品質資訊服務。引導新型農業經營主體進入平臺或自建品質追溯體系，透過多種途徑使經過認證的綠色食品生產企業實現產品品質可追溯。以消費者方便查詢和重點關注的資訊為重點，統一規範農產品品質追溯內容，全面錄入農產品產地基本情況，農藥、種子、化肥等生產投入品，重要生產過程簡短影片及農產品品質標準、營養成分等資訊，提升農產品品質追溯的可信度，進一步提高優質農產品的市場競爭力。

附錄 A　大數據和人工智慧線上資料

最好的學習資源在國外的三個網站，分別是 Coursera、arXiv 以及 GitHub。Coursera 是全球頂尖的線上學習網站，Coursera 上的課程相對比較基礎，如圖 A-1 所示。

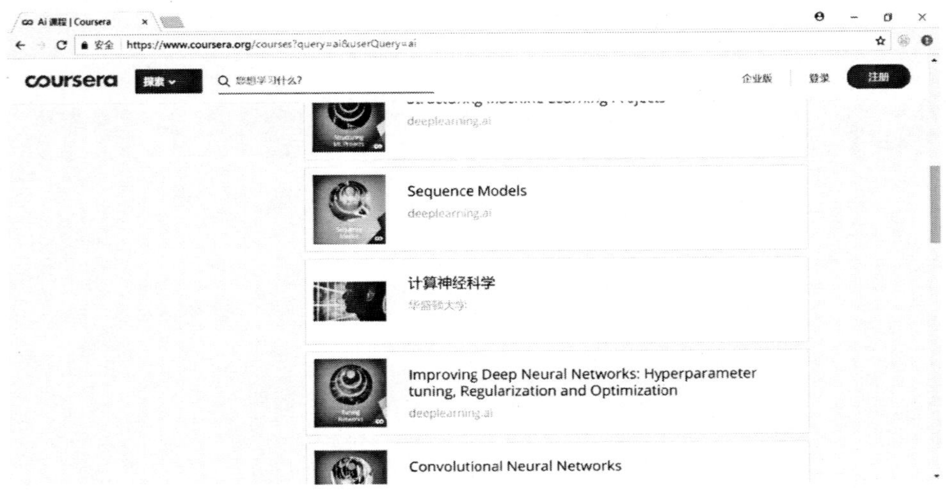

圖 A-1　Coursera 網站

一般情況下，想做「電腦視覺」或者「自然語言處理」等偏 AI 方向的人，在完成「深度學習」課程後，想做「資料挖掘」的人在完成「機器學習」課程後，就可以選擇相應的實踐項目了。

GitHub 上有最新最好的開放原始碼，這些程式碼往往是對某種演算法的實現，如圖 A-2 所示。

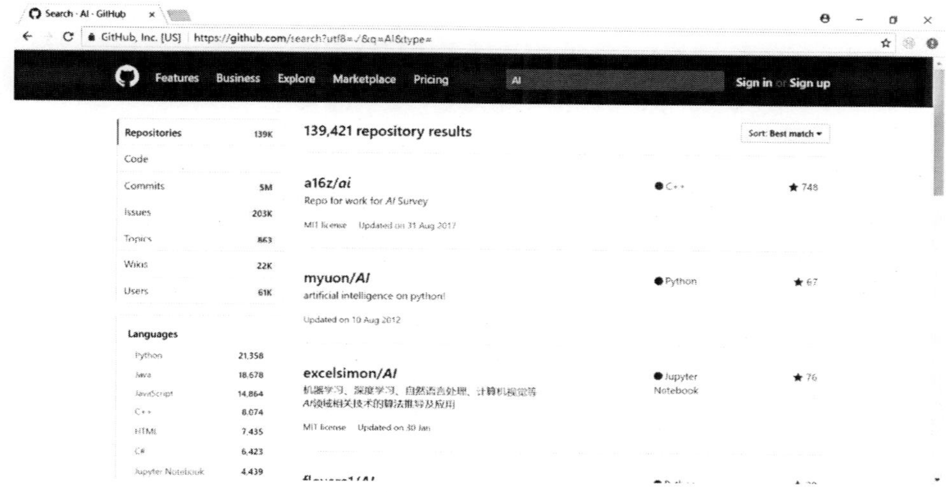

圖 A-2　GitHub 網站

arXiv 上有最新最全的共享論文，論文中會對各類演算法進行詳盡的闡釋，如圖 A-3 所示。

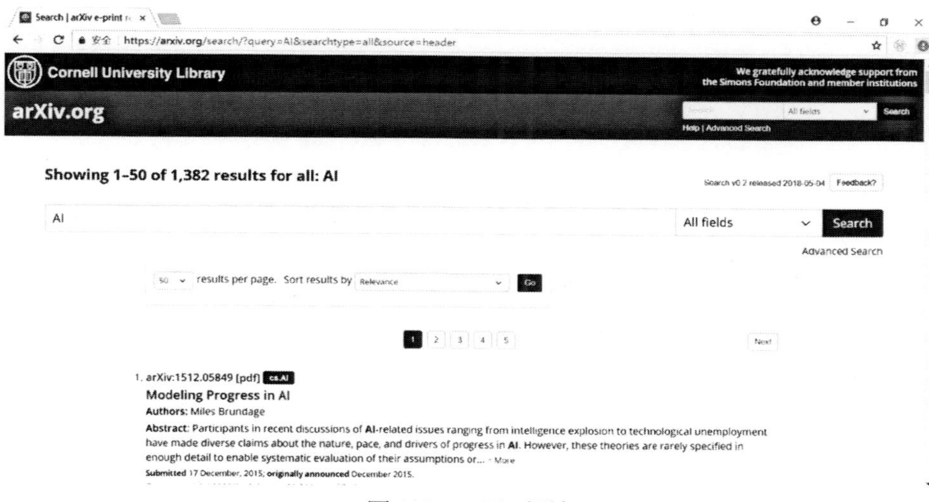

圖 A-3　arXiv 網站

有一個神奇的網站名叫 GitXiv，會幫助各位找到論文與程式碼的對應關係，如圖 A-4 所示。

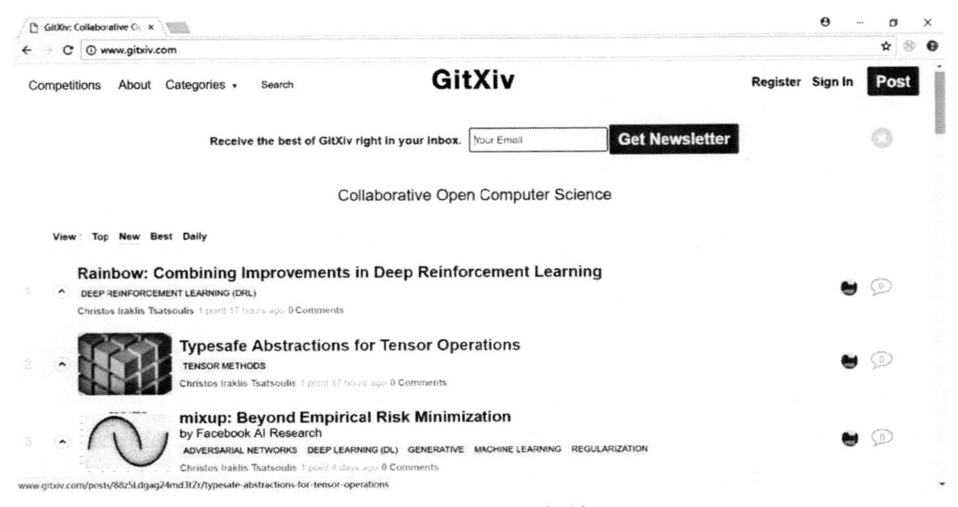

圖 A-4　GitXiv 網站

值得指出的是，我們也可以利用中國的「萬方」及「知網」這樣的論文查詢平臺，查詢相關領域的中國普通大學的學位論文，這樣的論文絕大部分都是中文並且會在論文中介紹大量的基礎背景知識，正好可以滿足初學者的需求。

如果對某一技術方的特定知識點不明所以，例如在做「自然語言處理」方向的項目，但卻不太了解 LSTM，則可以利用中國的諸如「知乎」、「簡書」以及「CSDN」這類知識分享網站，只要不是太新的理論，都可以找到相應的文章或者解答。

使用上述兩類管道的共同技巧是，多搜幾篇文章對比著看。同一個概念或者技術，一篇文章很難全面描述清楚，並且由於文章作者不同，解釋問題的出發點也不盡相同，因此如果遇到看不懂某篇文章的情況，不用急躁，接著看下一篇文章就好。

附錄 B　本書中採用的人工智慧中英文術語

附錄 B　本書中採用的人工智慧中英文術語

machine learning：機器學習

instance/sample：示例／樣本

label：標籤

iterative approach：疊代法

attribute value：屬性值

sample space：樣本空間／輸入空間

dimensionality：維數

ground-truth：真相、真實

training data：訓練資料

training model：訓練模型

training set：訓練集

classification：分類

binary classification：二分類

positive class：正類

clustering：聚類

unsupervised learning：無監督學習

distribution：分布

inductive learning：歸納學習

specialization：特化

fit：匹配

artificial intelligence：人工智慧

Logic Theorist：邏輯理論家

symbolism：符號主義

Hyperparameter：超參數

inductive bias：歸納偏好（簡稱「偏好」）

Occam' s razor：奧坎剃刀定律
No Free Lunch Theorem：沒有免費的午餐定理（簡稱 NFL）
independent and identically distributed：獨立同分布（i. i. d.）
Inductive Logic Programming：邏輯程式設計（簡稱 ILP）
statistical learning：統計學習
Support Vector Meachine：支援向量機（簡稱 SVM）
kernel methods：核函數
crowdsourcing：群眾外包
transfer learning：遷移學習
learning by analogy：類比學習
deep learning：深度學習
loss：誤差
learning algorithm：學習演算法
example：樣例
converged：收斂
attribute/feature：屬性／特徵
attribute space：屬性空間
feature vector：特徵向量
hypothesis：假設
learner：學習器
training sample：訓練樣本
test sample：測試樣本
label space：標記空間、輸出空間
regression：迴歸
multi-class classification：多分類

negative class：反類
supervised learning：監督學習
generalization：泛化
induction：歸納
deduction：演繹
version space：版本空間
data mining：資料挖掘
General Problem Solving：通用問題求解
connectionism：聯結主義
perceptron：感知器

附錄 C　術語列表

A

A/B 測試（A/B testing）

一種統計方法，用於將兩種或多種技術進行比較，通常是將當前採用的技術與新技術進行比較。A/B 測試不僅旨在確定哪種技術的效果更好，而且有助於了解相應差異是否具有顯著的統計意義。A/B 測試通常採用一種衡量方式對兩種技術進行比較，但也適用於任意有限數量的技術和衡量方式。

準確率（accuracy）

分類模型的正確預測所占的比例，可參閱真正例和真負例。

激勵函數（activation function）

一種函數（例如 ReLU 或 S 型函數），用於對上一層的所有輸入求加權和，然後生成一個輸出值（通常為非線性值），並將其傳遞給下一層。

AdaGrad

一種先進的梯度下降法，用於重新調整每個參數的梯度，以便有效的為每個參數指定獨立的學習速率。

AUC（ROC 曲線下面積，Area under the ROC Curve）

一種會考慮所有可能分類閾值的評估指標。ROC 曲線下面積是，對於隨機選擇的正類別，樣本確實為正類別，以及隨機選擇的負類別，樣本為正類別，分類器更確信前者的機率。

B

反向傳播演算法（backpropagation）

在神經網路上執行梯度下降法的主要演算法。該演算法會先按前向傳播的方式運算（並緩存）每個節點的輸出值，再按反向傳播遍歷圖的方式運算損失函數值相對於每個參數的偏微分。

基準（baseline）

一種簡單的模型或啟發法，用作比較模型效果時的參考點。基準有助於模型開發者針對特定問題量化最低預期效果。

批次（batch）

模型訓練的一次疊代（一次梯度更新）中使用的樣本集。

批次大小（batch size）

一個批次中的樣本數。例如，SGD 的批次大小為 1，而小批次的大小通常介於 10 到 1,000 之間。批次大小在訓練和推斷期間通常是固定的；不過，TensorFlow 允許使用動態批次大小。

偏差（bias）

距離原點的截距或偏移。偏差（也稱為偏差項）在機器學習模型中以 b 或 w0 表示。例如，在下面的公式中，偏差為 b：

$$y' = b + w_1x_1 + w_2x_2 + \cdots\cdots + w_nx_n$$

請勿與預測偏差混淆。

二元分類（binary classification）

一種分類任務，可輸出兩種互斥類別之一。例如，對電子郵件進行評估並輸出「垃圾郵件」或「非垃圾郵件」的機器學習模型就是一個二元分類器。

分箱（binning）

可參閱分桶。

分桶（bucketing）

將一個特徵（通常是連續特徵）轉換成多個二元特徵（稱為桶或箱），通常根據值區間進行轉換。例如，你可以將溫度區間分割為離散分箱，而不是將溫度表示成單個連續的浮點特徵。假設溫度資料可精確到小數點後一位，則可以將介於 0.0 度到 15.0 度之間的所有溫度都歸入一個分箱，將介於 15.1 度到 30.0 度之間的所有溫度歸入第二個分箱，並將介於 30.1 度到 50.0 度之間的所有溫度歸入第三個分箱。

C

校準層（calibration layer）

一種預測後調整，通常是為了降低預測偏差。調整後的預測和機率應與觀察到的標籤集的分布一致。

候選採樣（candidate sampling）

一種訓練時進行的最佳化，會使用某種函數（例如 softmax）針對所有正類別標籤運算機率，但對於負類別標籤，則僅針對其隨機樣本運算機率。例如，某個樣本的標籤為「米格魯」和「狗」，則候選採樣將針對「米格魯」和「狗」類別輸出以及其他類別（貓、棒棒糖、柵欄）的隨機子集運算預測機率和相應的損失項。這種採樣基於的想法是，只要正類別始終得到適當的正增強，負類別就可以從頻率較低的負增強中進行學習，這確實是在實際中觀察到的情況。候選採樣的目的是，透過不針對所有負類別運算預測結果來提高運算效率。

分類資料（categorical data）

一種特徵，擁有一組離散的可能值。以某個名為 house style 的分類特徵為例，該特徵擁有一組離散的可能值（共三個），即 Tudor、ranch 和 colonial。透過將 house style 表示成分類資料，相應模型可以學習 Tudor、ranch 和 colonial 分別對房價的影響。有時，離散集中的值是互斥的，只能將其中一個值應用於指定樣本。例如，car maker 分類特徵可能只允許一個樣本有一個值（Toyota）。在其他情況下，則可以應用多個值。一輛車可能會被噴塗多種不同的顏色，因此，car color 分類特徵可能會允許單個樣本具有多個值（例如 red 和 white）。分類特徵有時稱為離散特徵，與數值資料相對。

檢查點（checkpoint）

一種資料，用於捕獲模型變量在特定時間的狀態。借助檢查點可以導出模型權重，跨多個會話執行訓練，以及使訓練在發生錯誤之後得以繼續（例如作業搶占）。注意，圖本身不包含在檢查點中。

類別（class）

為標籤列舉的一組目標值中的一個。例如，在檢測垃圾郵件的二元分類模型中，兩種類別分別是「垃圾郵件」和「非垃圾郵件」。在辨識狗品種的多類別分類模型中，類別可以是「貴賓犬」、「米格魯」、「巴哥犬」等。

分類不平衡的資料集（class-imbalanced data set）

一種二元分類問題，在此類問題中，兩種類別的標籤在出現頻率方面具有很大的差距。例如，在某個疾病資料集中，0.0001 的樣本具有正類別標籤，0.9999 的樣本具有負類別標籤，這就屬於分類不平衡問題；但在某個足球比賽預測器中，0.51 的樣本的標籤為其中一個球隊贏，0.49 的樣本的標籤為另一個球隊贏，這就不屬於分類不平衡問題。

分類模型（classification model）

一種機器學習模型，用於區分兩種或多種離散類別。例如，某個自然語言處理分類模型可以確定輸入的句子是法語、西班牙語還是義大利語。

分類閾值（classification threshold）

一種標量值條件，應用於模型預測的得分，旨在將正類別與負類別區分開。將邏輯迴歸結果映射到二元分類時使用。以某個邏輯迴歸模型為例，該模型用於確定指定電子郵件是垃圾郵件的機率。如果分類閾值為 0.9，那麼邏輯迴歸值高於 0.9 的電子郵件將被歸類為「垃圾郵件」，低於 0.9 的則被歸類為「非垃圾郵件」。

協同過濾（collaborative filtering）

根據很多其他使用者的興趣來預測某位使用者的興趣。協同過濾通常用在推薦系統中。

混淆矩陣（confusion matrix）

一種 N×N 表格，用於總結分類模型的預測成效，即標籤和模型預測的分類之間的關聯。在混淆矩陣中，一個軸表示模型預測的標籤，另一個軸表示實際標籤。N 表示類別個數。在二元分類問題中，N ＝ 2。例如，表 C-1 顯示了一個二元分類問題的混淆矩陣示例。

表 C-1　一個二元分類問題的混淆矩陣示例

	腫瘤（預測的標籤）	非腫瘤（預測的標籤）
腫瘤（實際標籤）	18	1
非腫瘤（實際標籤）	6	452

上面的混淆矩陣顯示，在 19 個實際有腫瘤的樣本中，該模型正確的將 18 個歸類為有腫瘤（18 個真正例），錯誤的將 1 個歸類為沒有腫瘤（1 個假負例）。同樣，在 458 個實際沒有腫瘤的樣本中，模型歸類正確的有 452 個（452 個真負例），歸類錯誤的有 6 個（6 個假正例）。

多類別分類問題的混淆矩陣有助於確定出錯模式。例如，某個混淆矩陣可以揭示，某個經過訓練以辨識手寫數字的模型往往會將 4 錯誤的預測為 9，將 7 錯誤的預測為 1。混淆矩陣包含運算各種效果指標（包括精確率和召回率）所需的充足資訊。

連續特徵（continuous feature）

一種浮點特徵，可能值的區間不受限制，與離散特徵相對。

收斂（convergence）

通俗來說，收斂通常是指在訓練期間達到的一種狀態，即經過一定次數的疊代之後，訓練損失和驗證損失在每次疊代中的變化都非常小或根本沒有變化。也就是說，如果採用當前資料進行額外的訓練將無法改進模型，模型即達到收斂狀態。在深度學習中，損失值有時會在最終下降之前的多次疊代中保持不變或幾乎保持不變，暫時形成收斂的假象。

另請參閱早停法。

凸函數（convex function）

一種函數，函數圖像以上的區域為凸集。典型凸函數的形狀類似於字母 U。如圖 C-1 所示都是凸函數。

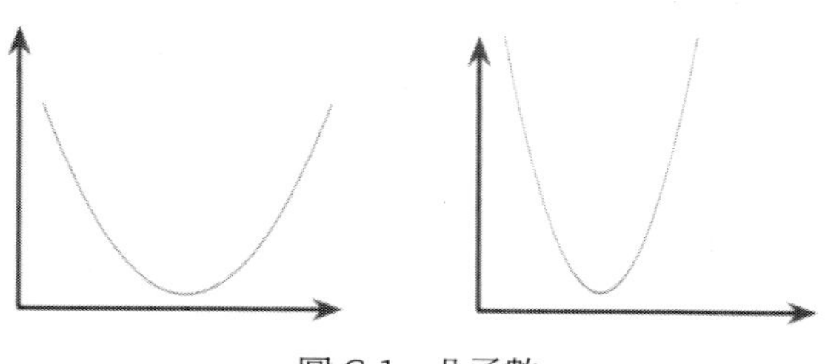

圖 C-1　凸函數

嚴格凸函數只有一個局部最低點，該點也是全局最低點。經典的 U 形函數都是嚴格凸函數。不過，有些凸函數（例如直線）則不是這樣的。很多常見的損失函數（包括下列函數）都是凸函數：

- L2 損失函數
- 對數損失函數
- L1 正則化
- L2 正則化

梯度下降法的很多變體都一定能找到一個接近嚴格凸函數最小值的點。同樣，隨機梯度下降法的很多變體都有很高的可能性能夠找到接近嚴格凸函數最小值的點（但並非一定能找到）。

兩個凸函數的和（例如 L2 損失函數＋ L1 正則化）也是凸函數。

深度模型絕不會是凸函數。值得注意的是，專門針對凸最佳化設計的演算法往往總能在深度網路上找到非常好的解決方案，雖然這些解決方案並不一定對應於全域最小值。

凸最佳化（convex optimization）

使用數學方法（例如梯度下降法）尋找凸函數最小值的過程。機器學習方面的大量研究都專注於如何透過公式將各種問題表示成凸最佳化問題，以及如何更高效能的解決這些問題。

凸集（convex set）

歐幾里得空間的一個子集，其中任意兩點之間的連線仍完全落在該子集內。如圖 C-2 所示的兩個圖形都是凸集。

圖 C-2　凸集

相反，如圖 D-3 所示的兩個圖形都不是凸集。

圖 C-3　不是凸集

成本（cost）

損失的同義詞。

交叉熵（cross-entropy）

對數損失函數向多類別分類問題進行的一種泛化。交叉熵可以量化兩種機率分布之間的差異。

自定義 Estimator（Custom Estimator）

按照這些說明自行編寫的Estimator，與預創建的Estimator相對。

D

資料集（data set）

一組樣本的集合。

Dataset API（tf. data）

一種高階的 TensorFlow API，用於讀取資料並將其轉換為機器學習演算法所需的格式。tf. data. Dataset 對象表示一系列元素，其中每個元素都包含一個或多個張量。tf. data. Iterator 對象可獲取 Dataset 中的元素。

決策邊界（decision boundary）

在二元分類或多類別分類問題中，模型學到的類別之間的分界線。例如，在如圖 D-4 所示的某個二元分類問題的圖片中，決策邊界是橙色類別和藍色類別之間的分界線。

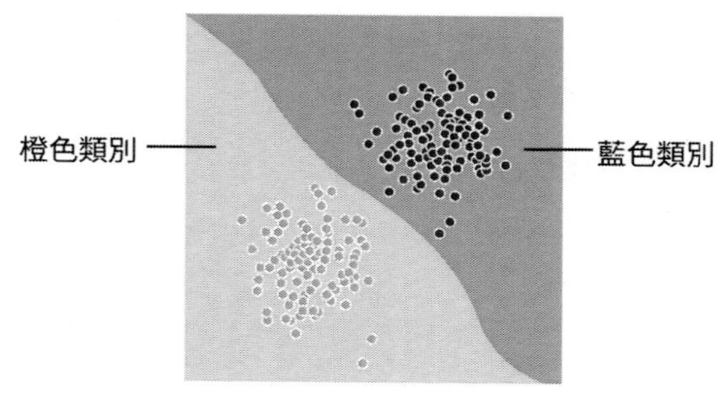

圖 C-4　二元分類問題的例子

密集層（dense layer）

全連接層的同義詞。

深度模型（deep model）

一種神經網路，其中包含多個隱藏層。深度模型依賴於可訓練的非線性關係，與寬度模型相對。

密集特徵（dense feature）

一種大部分數值是非零值的特徵，通常是一個浮點值張量。參照稀疏特徵。

衍生特徵（derived feature）

合成特徵的同義詞。

離散特徵（discrete feature）

一種特徵，包含有限個可能值。例如，某個值只能是「動物」、「蔬菜」或「礦物」的特徵便是一個離散特徵（或分類特徵）。與連續特徵相對。

丟棄正則化（dropout regularization）

一種形式的正則化，在訓練神經網路方面非常有用。丟棄正則化的運作機制是，在神經網路層的一個梯度步長中移除隨機選擇的固定數量的單元。丟棄的單元越多，正則化效果就越強。類似於訓練神經網路以模擬較小網路的指數級規模整合學習。

動態模型（dynamic model）

一種模型，以持續更新的方式線上接受訓練。也就是說，資料會源源不斷的進入這種模型。

E

早停法（early stopping）

一種正則化方法，涉及在訓練損失仍可以繼續減少之前結束模型訓練。使用早停法時，會在基於驗證資料集的損失開始增加（也就是泛化效果變差）時結束模型訓練。

嵌入（embeddings）

一種分類特徵，以連續值特徵表示。通常，嵌入是指將高維度向量映射到低維度的空間。例如，您可以採用以下兩種方式之一來表示英文句子中的單字。

- 表示成包含百萬個元素（高維度）的稀疏向量，其中所有元素都是整數。向量中的每個單元格都表示一個單獨的英文單字，單元格中的值表示相應單字在句子中出現的次數。由於單個英文句子包含的單字不太可能超過 50 個，因此向量中幾乎每個單元格都包含 0。少數非 0 的單元格中將包含一個非常小的整數（通常為 1），該整數表示相應單字在句子中出現的次數。
- 表示成包含數百個元素（低維度）的密集向量，其中每個元素都包含一個介於 0 和 1 之間的浮點值。這就是一種嵌入。

在 TensorFlow 中，會按反向傳播損失訓練嵌入，和訓練神經網路中的任何其他參數時一樣。

經驗風險最小化（Empirical Risk Minimization，ERM）

用於選擇可以將基於訓練集的損失降至最低的模型函數。與結構風險最小化相對。

整合學習（ensemble）

多個模型的預測結果的聯集。你可以透過以下一項或多項來創建整合學習：

- 不同的初始化。
- 不同的超參數。
- 不同的整體結構。

深度模型和寬度模型屬於一種整合學習。

週期（epoch）

在訓練時，整個資料集的一次完整遍歷，以便不漏掉任何一個樣本。因此，一個週期表示「N／批次規模」次訓練疊代，其中 N 是樣本總數。

Estimator

tf. Estimator 類的一個實例，用於封裝負責建構 TensorFlow 圖並運行 TensorFlow 會話的邏輯。可以創建自己的自定義 Estimator，也可以將其他人預創建的 Estimator 實例化。

樣本（example）

資料集的一行。一個樣本包含一個或多個特徵，此外，還可能包含一個標籤。另可參閱有標籤樣本和無標籤樣本。

F

假負例（False Negative，FN）

考慮一個二分類問題，即將實例分成正類（Positive）或負類（Negative）。對一個二分類問題來說，會出現 4 種情況。如果一個實例是正類並且也被預測成正類，即為真正類（True Positive）；如果實例是負類被預測成正類，稱為假正類（False Positive）。相應的，如果實例是負類被預測成負類，稱為真負類（True Negative）；如果正類被預測成負類，則稱為假負類（False Negative）。

FN 是被模型錯誤的預測為負類別的樣本。例如，模型推斷出某封電子郵件不是垃圾郵件（負類別），但該電子郵件其實是垃圾郵件。

假正例（False Positive，FP）

被模型錯誤的預測為正類別的樣本。例如，模型推斷出某封電子郵件是垃圾郵件（正類別），但該電子郵件其實不是垃圾郵件。

假正例率（False Positive Rate，FP 率）

ROC 曲線中的 x 軸。FP 率的定義如下：

假正例率＝假正例數／（假正例數＋真負例數）

特徵（feature）

在進行預測時使用的輸入變量。

特徵列（Feature Columns）

一組相關特徵，例如使用者可能居住的所有國家／地區的集合。樣本的特徵列中可能包含一個或多個特徵。TensorFlow 中的特徵列內還封裝了元資料，例如：

- 特徵的資料類型。
- 特徵是固定長度還是應轉換為嵌入。

特徵列可以包含單個特徵。

特徵交叉組合（feature cross）

透過將單獨的特徵進行組合（相乘或求笛卡兒積）而形成的合成特徵。特徵組合有助於表示非線性關係。

特徵工程（feature engineering）

特徵工程有時稱為特徵提取，過程為：確定哪些特徵可能在訓練模型方面非常有用，然後將原始資料轉換為所需的特徵。

特徵集（feature set）

訓練機器學習模型時採用的一組特徵。例如，對於某個用於預測房價的模型，郵遞區號、房屋面積以及房屋狀況可以組成一個簡單的特徵集。

特徵規範（feature spec）

用於描述如何從 tf. Example proto buffer 提取特徵資料。由於

tf. Example proto buffer 只是一個資料容器，因此必須指定以下內容：

- 要提取的資料（特徵的鍵）。
- 資料類型（例如 float 或 int）。
- 長度（固定或可變）。

Estimator API 提供了一些可用來根據給定 Feature Columns 列表生成特徵規範的工具。

完整 softmax（full softmax）

可參閱 softmax。與候選採樣相對。

全連接層（fully connected layer）

一種隱藏層，其中的每個節點均與下一個隱藏層中的每個節點相連。全連接層又稱為密集層。

G

泛化（generalization）

指的是模型依據訓練時採用的資料，針對以前未見過的新資料做出正確預測的能力。

廣義線性模型（generalized linear model）

最小二乘迴歸模型（基於高斯雜訊）向其他類型的模型（基於其他類型的雜訊，例如散粒雜訊或分類雜訊）進行的一種泛化。廣義線性模型的示例包括：

- 邏輯迴歸。
- 多類別迴歸。
- 最小二乘迴歸。

可以透過凸最佳化找到廣義線性模型的參數。廣義線性模型具有以下特性：

- 最佳的最小二乘迴歸模型的平均預測結果等於訓練資料的平均標籤。
- 最佳的邏輯迴歸模型預測的平均機率等於訓練資料的平均標籤。

廣義線性模型的功能受其特徵的限制。與深度模型不同，廣義線性模型無法「學習新特徵」。

梯度（gradient）

偏微分相對於所有自變量的向量。在機器學習中，梯度是模型函數偏微分的向量。梯度指向最快上升的方向。

梯度裁剪（gradient clipping）

在應用梯度值之前先設定其上限。梯度裁剪有助於確保數值穩定性以及防止梯度爆炸。

梯度下降法（gradient descent）

一種透過運算並且減小梯度將損失降至最低的技術，它以訓練資料為條件來運算損失相對於模型參數的梯度。通俗來說，梯度下降法以疊代方式調整參數，逐漸找到權重和偏差的最佳組合，從而將損失降至最低。

圖（graph）

TensorFlow 中的一種運算規範。圖中的節點表示操作。邊緣具有方向，表示將某項操作的結果（一個張量）作為一個操作數傳遞給另一項操作。可以使用 TensorBoard 直覺的呈現圖。

H

啟發法（heuristic）

一種非最佳但實用的問題解決方案，足以用於進行改進或從中學習。

隱藏層（hidden layer）

神經網路中的合成層，介於輸入層（特徵）和輸出層（預測）之間。神經網路包含一個或多個隱藏層。

合頁損失函數（hinge loss）

一系列用於分類的損失函數，旨在找到距離每個訓練樣本都盡可能遠的決策邊界，從而使樣本和邊界之間的裕度最大化。KSVM 使用合頁損失函數（或相關函數，例如平方合頁損失函數）。對於二元分類，合頁損失函數的定義如下：

$$loss = \max(0, 1 - (y' * y))$$

其中「y'」表示分類器模型的原始輸出：

$$y' = b + w_1x_1 + w_2x_2 + \cdots\cdots + w_nx_n$$

「y」表示真標籤，值為 -1 或 +1。

保留資料（holdout data）

訓練期間故意不使用（「保留」）的樣本。驗證資料集和測試資料集都屬於保留資料。保留資料有助於評估模型向訓練時所用資料之外的資料進行泛化的能力。與基於訓練資料集的損失相比，基於保留資料集的損失有助於更好的估算基於未見過的資料集的損失。

超參數（hyperparameter）

在模型訓練的連續過程中，讓你調節的「旋鈕」。例如，學習速率就是一種超參數。與參數相對。

超平面（hyperplane）

將一個空間劃分為兩個子空間的邊界。例如，在平面空間中，直線就是一個超平面，在三度空間中，平面則是一個超平面。在機器學習中更典型的是，超平面是分隔高維度空間的邊界。核支援向量機利用超平面將正類別和負類別區分開來（通常在極高維度空間中）。

I

獨立同分布（independently and identically distribute，i. i. d.）

從不會改變的分布中提取的資料，其中提取的每個值都不依賴於之前提取的值。i. i. d. 是機器學習的理想狀態，但在現實世界中幾乎從未發現過。例如，某個網頁的訪問者在短時間內的分布可能為 i. i. d.，即分布在短時間內沒有變化，且一位使用者的訪問行為通常與另一位使用者的訪問行為無關。不過，如果將時間窗口擴大，網頁訪問者的分布可能呈現出季節性變化。

推斷（inference）

在機器學習中，推斷的過程通常為：透過將訓練過的模型應用於無標籤樣本來做出預測。在統計學中，推斷是指在某些觀測資料條件下擬合分布參數的過程。

輸入函數（input function）

在 TensorFlow 中，用於將輸入資料返回 Estimator 的訓練、評估或預測方法的函數。例如，訓練輸入函數用於返回訓練集中的批次特徵和標籤。

輸入層（input layer）

神經網路中的第一層（接收輸入資料的層）。

實例（instance）

樣本的同義詞。

可解釋性（interpretability）

模型的預測可解釋的難易程度。深度模型通常不可解釋，也就是說，很難對深度模型的不同層進行解釋。相比之下，線性迴歸模型和寬度模型的可解釋性通常要好得多。

評分者間信度（inter-rater agreement）

一種衡量指標，用於衡量在執行某項任務時評分者達成一致的頻率。如果評分者未達成一致，則可能需要改進任務說明。有時也稱為施測者間一致性信度或評分者間可靠性信度。

疊代（iteration）

模型的權重在訓練期間的一次更新。疊代包含運算參數在單個批次資料上的梯度損失。

K

Keras

一種熱門的 Python 機器學習 API。Keras 能夠在多種深度學習框架上運行，其中包括TensorFlow（在該框架上，Keras作為tf. keras提供）。

核支援向量機（Kernel Support Vector Machines，KSVM）

一種分類演算法，旨在透過將輸入資料向量映射到更高維度的空間來最大化正類別和負類別之間的裕度。以某個輸入資料集包含一百個特徵的分類問題為例，為了最大化正類別和負類別之間的裕度，KSVM 可以在內部將這些特徵映射到百萬維度的空間。KSVM 使用合頁損失函數。

L

L1 損失函數（L_1 loss）

一種損失函數，基於模型預測的值與標籤的實際值之差的絕對值。與 L2 損失函數相比，L1 損失函數對離群值的敏感性弱一些。

L1 正則化（L_1 regularization）

一種正則化，根據權重的絕對值的總和來懲罰權重。在依賴稀疏特徵的模型中，L1 正則化有助於使不相關或幾乎不相關的特徵的權重正好為 0，從而將這些特徵從模型中移除。與 L2 正則化相對。

L2 損失函數（L_2 loss）

可參閱平方損失函數。

L2 正則化（L_2 regularization）

一種正則化，根據權重的平方和來懲罰權重。L2 正則化有助於使離群值（具有較大正值或較小負值）權重接近於 0，但又不正好為 0（與 L1 正則化相對）。在線性模型中，L2 正則化始終可以改進泛化。

標籤（label）

在監督式學習中，標籤指樣本的「答案」或「結果」部分。有標籤資料集中的每個樣本都包含一個或多個特徵以及一個標籤。例如，在房屋資料集中，特徵可以包括臥室數、洗手間數以及房齡，而標籤則可以是房價。在垃圾郵件檢測資料集中，特徵可以包括主旨、寄件者以及電子郵件本身，而標籤則可以是「垃圾郵件」或「非垃圾郵件」。

有標籤樣本（labeled example）

包含特徵和標籤的樣本。在監督式訓練中，模型從有標籤樣本中進行學習。

lambda

正則化率的同義詞。這是一個多含義術語，我們在此關注的是該術語在正則化中的定義。

層（layer）

神經網路中的一組神經元，處理一組輸入特徵或一組神經元的輸出。此外，還指 TensorFlow 中的抽象層。層是 Python 函數，以張量和配置選項作為輸入，然後生成其他張量作為輸出。當必要的張量組合起來時，使用者便可以透過模型函數將結果轉換為 Estimator。

Layers API（tf. layers）

一種 TensorFlow API，用於以層組合的方式建構深度神經網路。透過 Layers API 可以建構不同類型的層，例如：

- ·透過 tf. layers. Dense 建構全連接層。
- ·透過 tf. layers. Conv2D 建構卷積層。

在編寫自定義 Estimator 時，可以編寫「層」對象來定義所有隱藏層的特徵。Layers API 遵循 Keras Layers API 規範。也就是說，除了前綴不同以外，Layers API 中的所有函數均與 Keras Layers API 中的對應函數具有相同的名稱和簽名。

學習速率（learning rate）

在訓練模型時用於梯度下降的一個變量。在每次疊代期間，梯度下降法都會將學習速率與梯度相乘。得出的乘積稱為梯度步長。

學習速率是一個重要的超參數。

最小二乘迴歸（least squares regression）

一種透過最小化 L2 損失訓練出的線性迴歸模型。

線性迴歸（linear regression）

一種迴歸模型，透過將輸入特徵進行線性組合，以連續值作為輸出。

邏輯迴歸（logistic regression）

一種模型，透過將 S 型函數應用於線性預測，生成分類問題中每個可能的離散標籤值的機率。雖然邏輯迴歸經常用於二元分類問題，但也可用於多類別分類問題（其叫法變為多元邏輯迴歸或多項式迴歸）。

對數損失函數（Log Loss）

二元邏輯迴歸中使用的損失函數。

損失（Loss）

一種衡量指標，用於衡量模型的預測偏離其標籤的程度。或者更悲觀的說，用於衡量模型有多差。要確定此值，模型必須定義損失函數。例如，線性迴歸模型通常將均方誤差用於損失函數，而邏輯迴歸模型則使用對數損失函數。

M

機器學習（machine learning）

一種程式或系統，用於根據輸入資料建構（訓練）預測模型。這種系統會利用學到的模型根據從分布（訓練該模型時使用的同一分布）中提取的新資料（以前從未見過的資料）進行實用的預測。機器學習還指與這些程式或系統相關的研究領域。

均方誤差（Mean Squared Error，MSE）

每個樣本的平均平方損失。MSE的運算方法是平方損失除以樣本數。TensorFlow Playground 顯示的「訓練損失」值和「測試損失」值都是 MSE。

指標（metric）

你關心的一個數值。可能可以，也可能不可以直接在機器學習系統中得到最佳化。你的系統嘗試最佳化的指標稱為目標。

Metrics API（tf. metrics）

一種用於評估模型的 TensorFlow API。例如，tf. metrics. accuracy 用於確定模型的預測與標籤匹配的頻率。在編寫自定義 Estimator 時，你可以調用 Metrics API 函數來指定應如何評估你的模型。

小批次（mini-batch）

從訓練或推斷過程的一次疊代中一起運行的整批樣本內隨機選擇的

一小部分。小批次的規模通常介於 10 和 1,000 之間。與基於完整的訓練資料運算損失相比，基於小批次資料運算損失要高效能得多。

小批次隨機梯度下降法（Mini-Batch Stochastic Gradient Descent，SGD）

一種採用小批次樣本的梯度下降法。也就是說，小批次 SGD 會根據一小部分訓練資料來估算梯度。Vanilla SGD 使用的小批次的規模為 1。

ML

機器學習的縮寫。

模型（model）

機器學習系統從訓練資料學到的內容的表示形式。多含義術語，可以理解為下列兩種相關含義之一：

- 一種 TensorFlow 圖，用於表示預測運算結構。
- 該 TensorFlow 圖的特定權重和偏差，透過訓練決定。

模型訓練（model training）

確定最佳模型的過程。

動量（Momentum）

一種先進的梯度下降法，其中學習步長不僅取決於當前步長的導數，還取決於之前一步或多步的步長的導數。動量涉及運算梯度隨時間而變化的指數級加權移動平均值，與物理學中的動量類似。動量有時可以防止學習過程被卡在局部最小的情況。

多類別分類（multi-class classification）

區分兩種以上類別的分類問題。例如，楓樹大約有 128 種，因此，確定楓樹種類的模型就屬於多類別模型。反之，僅將電子郵件分為兩類（「垃圾郵件」和「非垃圾郵件」）的模型屬於二元分類模型。

多項分類（multinomial classification）

多類別分類的同義詞。

N

NaN 陷阱（NaN trap）

模型中的一個數字在訓練期間變成 NaN，這會導致模型中的很多或所有其他數字最終也會變成 NaN。NaN 是「非數字」的縮寫。

負類別（negative class）

在二元分類中，一種類別稱為正類別，另一種類別稱為負類別。正類別是我們要尋找的類別，負類別則是另一種可能性。例如，在醫學檢查中，負類別可以是「非腫瘤」。在電子郵件分類器中，負類別可以是「非垃圾郵件」。另可參閱正類別。

神經網路（neural network）

一種模型，靈感來源於腦部結構，由多個層構成（至少有一個是隱藏層），每個層都包含簡單相連的單元或神經元（具有非線性關係）。

神經元（neuron）

神經網路中的節點，通常用於接收多個輸入值並生成一個輸出值。神經元透過將激勵函數（非線性轉換）應用於輸入值的加權和來運算輸出值。

節點（node）

多含義術語，可以理解為下列兩種含義之一：

- 隱藏層中的神經元。
- TensorFlow 圖中的操作。

標準化（normalization）

將實際的值區間轉換為標準的值區間（通常為 -1 到 +1 或 0 到 1）的過程。例如，某個特徵的自然區間是 800 到 6,000，透過減法和除法運算，你可以將這些值標準化為位於 -1 到 +1 的區間內。另可參閱縮放。

數值資料（numerical data）

用整數或實數表示的特徵。例如，在房地產模型中，你可能會用數值資料表示房子大小（以坪或平方公尺為單位）。如果用數值資料表示特徵，則可以顯示特徵的值相互之間具有數學關係，並且可能與標籤也有數學關係。例如，如果用數值資料表示房子大小，則可以說明面積為 200 平方公尺的房子是面積為 100 平方公尺的房子的兩倍。此外，房子面積的平方公尺數可能與房價存在一定的數學關係。

並非所有整數資料都應表示成數值資料。例如，世界上某些地區的郵遞區號是整數，但在模型中，不應將整數郵遞區號表示成數值資料。這是因為郵遞區號 20000 在效力上並不是郵遞區號 10000 的兩倍（或一半）。此外，雖然不同的郵遞區號確實與不同的房地產價值有關，但我們也不能假設郵遞區號為 20000 的房地產在價值上是郵遞區號為 10000 的房地產的兩倍。郵遞區號應表示成分類資料。

數值特徵有時稱為連續特徵。

Numpy

一個開放原始碼數學庫，在 Python 中提供高效能的數組操作。Pandas 就建立在 Numpy 之上。

O

目標（objective）

演算法嘗試最佳化的指標。

離線推斷（offline inference）

生成一組預測，儲存這些預測，然後根據需求檢索這些預測。與連線推斷相對。

獨熱編碼（one-hot encoding）

一種稀疏向量，其中：

- 一個元素設為 1。
- 所有其他元素均設為 0。

one-hot 編碼常用於表示擁有有限個可能值的字串或識別碼。例如，假設某個指定的植物學資料集記錄了 15,000 個不同的物種，其中每個物種都用獨一無二的字串識別碼來表示，在特徵工程過程中，你可能需要將這些字串識別碼編碼為 one-hot 向量，向量的大小為 15,000。

一對多（one-vs. -all）

假設某個分類問題有 N 種可能的解決方案，一對多解決方案將包含 N 個單獨的二元分類器，一個二元分類器對應一種可能的結果。例如，假設某個模型用於區分樣本屬於動物、蔬菜還是礦物，一對多解決方案將提供下列三個單獨的二元分類器：

- 動物和非動物。
- 蔬菜和非蔬菜。
- 礦物和非礦物。

連線推斷（online inference）

根據需求生成預測。與離線推斷相對。

操作（Operation，op）

TensorFlow 圖中的節點。在 TensorFlow 中，任何創建、操縱或銷毀張量的過程都屬於操作。例如，矩陣相乘就是一種操作，該操作以兩個張量作為輸入，並生成一個張量作為輸出。

優化器（optimizer）

梯度下降法的一種具體實現。TensorFlow 的優化器基類是 tf. train. Optimizer。不同的優化器（tf. train. Optimizer 的子類）會考慮如下概念：

- ·動量（Momentum）。
- ·更新頻率（AdaGrad = ADAptive GRADient descent； Adam = ADAptive with Momentum； RMSProp）。
- ·稀疏性／正則化（Ftrl）。
- ·更複雜的運算方法（Proximal 等等）。

甚至還包括 NN 驅動的優化器。

離群值（outlier）

與大多數其他值差別很大的值。在機器學習中，下列所有值都是離群值。

- ·絕對值很高的權重。
- ·與實際值相差很大的預測值。
- ·值比平均值高大約 3 個標準偏差的輸入資料。

離群值常常會導致模型訓練出現問題。

輸出層（output layer）

神經網路的「最後」一層，也是包含答案的層。

過擬合（overfitting）

創建的模型與訓練資料過於匹配，以至於模型無法根據新資料做出正確的預測。

P

Pandas

面向列的資料分析 API。很多機器學習框架（包括 TensorFlow）都支援將 Pandas 資料結構作為輸入。可參閱 Pandas 檔案。

參數（parameter）

機器學習系統自行訓練的模型的變量。例如，權重就是一種參數，它們的值是機器學習系統透過連續的訓練疊代逐漸學習到的。與超參數相對。

參數伺服器（Parameter Server，PS）

一種作業，負責在分散式設置中追蹤模型參數。

參數更新（parameter update）

在訓練期間（通常是在梯度下降法的單次疊代中）調整模型參數的操作。

偏微分（partial derivative）

一種導數，除了一個變量之外的所有變量都被視為常量。例如，f（x，y）對 x 的偏微分就是 f（x）的導數（即使 y 保持恆定）。f 對 x 的偏微分僅關注 x 如何變化，而忽略公式中的所有其他變量。

分區策略（partitioning strategy）

參數伺服器中分割變量的演算法。

性能（performance）

多含義術語，具有以下含義：

- 在軟體工程中的傳統含義，即相應軟體的運行速度有多快（或有多高效能）。
- 在機器學習中的含義。在機器學習領域，性能旨在回答的問題是，相應模型的準確度有多高，即模型在預測方面的表現得有多好。

困惑度（perplexity）

一種衡量指標，用於衡量模型能夠多好的完成任務。例如，假設任務是讀取使用者使用智慧型手機鍵盤輸入字詞時輸入的前幾個字母，然後列出一組可能的完整字詞。此任務的困惑度（P）是，為了使列出的字詞中包含使用者嘗試輸入的實際字詞，你需要提供猜測項的個數。

困惑度與交叉熵的關係如下：

$$P = 2 - \text{cross entropy}$$

流水線（pipeline）

機器學習演算法的基礎架構。流水線包括收集資料、將資料放入訓練資料文件、訓練一個或多個模型以及將模型導出到生產環境。

正類別（positive class）

在二元分類中，兩種可能的類別分別被標記為正類別和負類別。正類別的結果是我們要測試的對象（不可否認的是，我們會同時測試這兩種結果，但只關注正類別結果）。例如，在醫學檢查中，正類別可以是「腫瘤」；在電子郵件分類器中，正類別可以是「垃圾郵件」。

與負類別相對。

精確率（precision）

一種分類模型指標。精確率指模型正確預測正類別的頻率，即：

精確率＝真正例數／（真正例數＋假正例數）

預測（prediction）

模型在收到輸入的樣本後的輸出。

預測偏差（prediction bias）

一個值，用於顯示預測平均值與資料集中標籤的平均值相差有多大。

預創建的 Estimator（pre-made Estimator）

其他人已建好的 Estimator。TensorFlow 提供了一些預創建的 Estimator，包括 DNNClassifier、DNNRegressor 和 LinearClassifier。你可以按照這些說明建構自己預創建的 Estimator。

預訓練模型（pre-trained model）

已經訓練過的模型或模型組件（例如嵌入）。有時，你需要將預訓練的嵌入饋送到神經網路。在其他時候，你的模型將自行訓練嵌入，而不依賴於預訓練的嵌入。

先驗信念（prior belief）

在開始採用相應資料進行訓練之前，你對這些資料抱有的信念。例如，L2 正則化依賴的先驗信念是權重應該很小且應以0為中心呈正態分布。

Q

佇列（queue）

一種TensorFlow操作，用於實現佇列資料結構，通常用於I/O中。

R

等級（rank）

機器學習中的一個多含義術語，可以理解為下列含義之一：

- 張量中的維度數量。例如，標量等級為0，向量等級為1，矩陣等級為2。
- 在將類別從最高到最低進行排序的機器學習問題中，類別的順序位置。例如，行為排序系統可以將小狗的獎勵從最高（牛排）到最低（甘藍）進行排序。

評分者（rater）

為樣本提供標籤的人，有時稱為「施測者」。

召回率（recall）

一種分類模型指標，用於回答的問題是：在所有可能的正類別標籤中，模型正確的辨識出了多少個、即：

召回率＝真正例數／（真正例數＋假負例數）

修正線性單元（ReLU，Rectified Linear Unit）

一種激勵函數，其規則如下：

‧如果輸入為負數或 0，則輸出 0。

‧如果輸入為正數，則輸出等於輸入。

迴歸模型（regression model）

一種模型，能夠輸出連續的值（通常為浮點值）。可與分類模型進行比較，分類模型輸出離散值，例如「垃圾郵件」或「非垃圾郵件」。

正則化（regularization）

對模型複雜度的懲罰。正則化有助於防止出現過擬合，包含以下類型：

‧L1 正則化。

‧L2 正則化。

‧丟棄正則化。

‧早停法（這不是正式的正則化方法，但可以有效限制過擬合）。

正則化率（regularization rate）

一種標量值，以lambda表示，用於指定正則化函數的相對重要性。從下面簡化的損失公式中可以看出正則化率的影響：

minimize（loss function ＋ λ（regularization function））

提高正則化率可以減少過擬合，但可能會使模型的準確率降低。

表示法（representation）

將資料映射到實用特徵的過程。

ROC 曲線（Receiver Operating Characteristic 曲線）

不同分類閾值下的真正例率和假正例率構成的曲線。另可參閱曲線下面積。

根目錄（root directory）

你指定的目錄，用於託管多個模型的 TensorFlow 檢查點和事件文件的子目錄。

均方根誤差（Root Mean Squared Error，RMSE）

均方誤差的平方根。

S

SavedModel

保存和恢復 TensorFlow 模型時建議使用的格式。SavedModel 是一種獨立於語言且可恢復的序列化格式，使較高階的系統和工具可以創建、使用和轉換 TensorFlow 模型。

Saver

一種 TensorFlow 對象，負責保存模型檢查點。

縮放（scaling）

特徵工程中的一種常用做法，是對某個特徵的值區間進行調整，使之與資料集中其他特徵的值區間一致。例如，假設你希望資料集中所有浮點特徵的值都位於 0 到 1 的區間內，如果某個特徵的值位於 0 到 500 的區間內，就可以透過將每個值除以 500 來縮放該特徵。

另可參閱標準化。

scikit-learn

一個熱門的開放原始碼機器學習平臺。可訪問www. scikit-learn. org。

半監督式學習（semi-supervised learning）

訓練模型時採用的資料中，某些訓練樣本有標籤，而其他樣本則沒有標籤。半監督式學習採用的一種技術是推斷無標籤樣本的標籤，然後使用推斷出的標籤進行訓練，以創建新模型。如果獲得有標籤樣本需要高昂的成本，而無標籤樣本則有很多，那麼半監督式學習將非常有用。

序列模型（sequence model）

一種模型，其輸入具有序列依賴性。例如，根據之前觀看過的一系列影片對觀看的下一個影片進行預測。

對談（session）

維持 TensorFlow 程式中的狀態（例如變量）。

S 型函數（sigmoid function）

一種函數，可將邏輯迴歸輸出或多項迴歸輸出（對數機率）映射到機率，以返回介於 0 和 1 之間的值。在某些神經網路中，S 型函數可作為激勵函數使用。

softmax

一種函數，可提供多類別分類模型中每個可能類別的機率。這些機率的總和正好為 1.0。例如，softmax 可能會得出某個圖像是狗、貓和馬的機率分別是 0.9、0.08 和 0.02。（也稱為完整 softmax。）

與候選採樣相對。

稀疏特徵（sparse feature）

一種特徵向量，其中的大多數值都為 0 或為空。例如，某個向量包含一個為 1 的值和一百萬個為 0 的值，該向量就屬於稀疏向量。再舉一個例子，搜尋查詢中的單字也可能屬於稀疏特徵——在某種指定語言中有很多可能的單字，但在某個指定的查詢中僅包含其中幾個。

與密集特徵相對。

平方合頁損失函數（squared hinge loss）

合頁損失函數的平方。與常規合頁損失函數相比，平方合頁損失函數對離群值的懲罰更嚴厲。

平方損失函數（squared loss）

在線性迴歸中使用的損失函數（也稱為 L2 損失函數）。該函數可運算模型為有標籤樣本預測的值和標籤的實際值之差的平方。由於取平方值，因此該損失函數會放大不佳預測的影響。也就是說，與 L1 損失函數相比，平方損失函數對離群值的反應更強烈。

靜態模型（static model）

離線訓練的一種模型。

平穩性（stationarity）

資料集中資料的一種屬性，表示資料分布在一個或多個維度保持不變。這種維度最常見的是時間，即顯示平穩性的資料不隨時間而變化。例如，從 9 月到 12 月，顯示平穩性的資料沒有發生變化。

步（step）

對一個批次的向前和向後評估。

步長（step size）

學習速率的同義詞。

隨機梯度下降法（Stochastic Gradient Descent，SGD）

批次大小為 1 的一種梯度下降法。換句話說，SGD 依賴於從資料集中隨機均勻選擇的單個樣本來運算每步的梯度估算值。

結構風險最小化（Structural Risk Minimization，SRM）

一種演算法，用於平衡以下兩個目標：

·期望建構最具預測性的模型（例如損失最低）。

·期望使模型盡可能簡單（例如強大的正則化）。

例如，旨在將基於訓練集的損失和正則化降至最低的模型函數就是一種結構風險最小化演算法。它與經驗風險最小化相對。

總結（summary）

在 TensorFlow 中的某一步運算出的一個值或一組值，通常用於在訓練期間追蹤模型指標。

監督式機器學習（supervised machine learning）

根據輸入資料及其對應的標籤來訓練模型。監督式機器學習類似於學生透過研究一系列問題及其對應的答案來學習某個主題。在掌握了問題和答案之間的對應關係後，學生便可以回答關於同一主題的新問題（以前從未見過的問題）。可與非監督式機器學習進行比較。

合成特徵（synthetic feature）

一種特徵，不在輸入特徵之列，而是從一個或多個輸入特徵衍生而來的。合成特徵包括以下類型：

- 將一個特徵與其本身或其他特徵相乘（稱為特徵組合）。
- 兩個特徵相除。
- 對連續特徵進行分桶，以分為多個區間分箱。

透過標準化或縮放單獨創建的特徵不屬於合成特徵。

T

目標（target）

標籤的同義詞。

時態資料（temporal data）

在不同時間點記錄的資料。例如，紀錄的一年中每一天的冬外套銷量就屬於時態資料。

張量（Tensor）

TensorFlow 程式中的主要資料結構。張量是 N 維（其中 N 可能非常大）資料結構，最常見的是標量、向量或矩陣。張量的元素可以包含整數值、浮點值或字串值。

張量處理單元（Tensor Processing Unit，TPU）

一種 ASIC（應用專用積體電路），用於最佳化 TensorFlow 程式的性能。

張量等級（Tensor rank）

可參閱等級。

張量形狀（Tensor shape）

張量在各種維度中包含的元素數。例如，張量［5，10］在一個維度中的形狀為 5，在另一個維度中的形狀為 10。

張量大小（Tensor size）

張量包含的標量總數。例如，張量［5，10］的大小為 50。

TensorBoard

一個資訊中心，用於顯示在執行一個或多個 TensorFlow 程式期間保存的摘要資訊。

TensorFlow

一個大型的分散式機器學習平臺。該術語還指 TensorFlow 堆疊中的基本 API 層，該層支援對資料流圖進行一般運算。雖然 TensorFlow 主要應用於機器學習領域，但也可用於需要使用資料流圖進行數值運算的非機器學習任務。

TensorFlow Playground

一款用於直覺呈現不同的超參數對模型（主要是神經網路）訓練的影響的程式。要試用 TensorFlow Playground，可前往 http://playground. tensorflow. org。

TensorFlow Serving

一個平臺，用於將訓練過的模型部署到生產環境。

測試集（test set）

資料集的子集，用於在模型經由驗證集的初步驗證之後測試模型。與訓練集和驗證集相對。

tf. Example

一種標準的 proto buffer，旨在描述用於機器學習模型訓練或推斷的輸入資料。

時間序列分析（time series analysis）

機器學習和統計學的一個子領域，旨在分析時態資料。很多類型的機器學習問題都需要時間序列分析，其中包括分類、聚類、預測和異常檢測。例如，你可以利用時間序列分析根據歷史銷量資料預測未來每月的冬外套銷量。

訓練（training）

確定構成模型的理想參數的過程。

訓練集（training set）

資料集的子集，用於訓練模型。與驗證集和測試集相對。

轉移學習（transfer learning）

將資訊從一個機器學習任務轉移到另一個機器學習任務。例如，在多任務學習中，一個模型可以完成多項任務，針對不同任務具有不同輸出節點的深度模型，轉移學習可能涉及將知識從較簡單任務的解決方案轉移到較複雜的任務，或者將知識從資料較多的任務轉移到資料較少的任務。

大多數機器學習系統都只能完成一項任務。轉移學習是邁向人工智慧的一小步，在人工智慧中，單個程式可以完成多項任務。

真負例（Rue Negative，TN）

被模型正確的預測為負類別的樣本。例如，模型推斷出某封電子郵件不是垃圾郵件，而該電子郵件確實不是垃圾郵件。

真正例（True Positive，TP）

被模型正確的預測為正類別的樣本。例如，模型推斷出某封電子郵件是垃圾郵件，而該電子郵件確實是垃圾郵件。

真正例率（True Positive Rate，TP 率）

召回率的同義詞，即：

真正例率＝真正例數／（真正例數＋假負例數）

真正例率是 ROC 曲線的 y 軸。

U

無標籤樣本（unlabeled example）

包含特徵但沒有標籤的樣本。無標籤樣本是用於進行推斷的輸入內容。在半監督式和非監督式學習中，無標籤樣本在訓練期間被使用。

非監督式機器學習（unsupervised machine learning）

訓練模型，以找出資料集（通常是無標籤資料集）中的模式。

非監督式機器學習最常見的用途是將資料分為不同的聚類，使相似的樣本位於同一組中。例如，非監督式機器學習演算法可以根據音樂的各種屬性將歌曲分為不同的聚類。所得聚類可以作為其他機器學習演算法（例如音樂推薦服務）的輸入。在很難獲取真標籤的領域，聚類可能會非常有用。例如，在反濫用和反欺詐等領域，聚類有助於人們更好的了解相關資料。

非監督式機器學習的另一個例子是主成分分析（PCA）。例如，透過對購物車中包含數百萬物品的資料集進行主成分分析，可能會發現有檸檬的購物車中往往也有抗酸藥。

可與監督式機器學習進行比較。

V

驗證集（validation set）

資料集的一個子集，從訓練集分離而來，用於調整超參數。

與訓練集和測試集相對。

W

權重（weight）

線性模型中特徵的係數，或深度網路中的邊。訓練線性模型的目標是確定每個特徵的理想權重。如果權重為 0，則相應的特徵對模型來說沒有任何貢獻。

寬度模型（wide model）

一種線性模型，通常有很多稀疏輸入特徵。我們之所以稱之為「寬度模型」，是因為這是一種特殊類型的神經網路，其大量輸入均直接與輸出節點相連。與深度模型相比，寬度模型通常更易於調試和檢查。雖然寬度模型無法透過隱藏層來表示非線性關係，但可以利用特徵組合、分桶等轉換以不同的方式為非線性關係建模。

與深度模型相對。

AI 與大數據技術導論（應用篇）：

TensorFlow、神經網路、知識圖譜、資料挖掘……從高階知識到產業應用，深度探索人工智慧！

作　　者：楊正洪，郭良越，劉瑋
發 行 人：黃振庭
出 版 者：崧燁文化事業有限公司
發 行 者：崧燁文化事業有限公司
E-mail：sonbookservice@gmail.com
粉 絲 頁：https://www.facebook.com/sonbookss/
網　　址：https://sonbook.net/
地　　址：台北市中正區重慶南路一段六十一號八樓 815 室
Rm.815, 8F., No.61, Sec.1, Chongqing S.Rd., Zhongzheng Dist., Taipei City 100, Taiwan
電　　話：(02)2370-3310
傳　　真：(02)2388-1990
印　　刷：京峯數位服務有限公司
律師顧問：廣華律師事務所 張珮琦律師

定　　價：550 元
發行日期：2023 年 11 月第一版
◎本書以 POD 印製
Design Assets from Freepik.com

國家圖書館出版品預行編目資料

AI 與大數據技術導論（應用篇）：TensorFlow、神經網路、知識圖譜、資料挖掘……從高階知識到產業應用，深度探索人工智慧！/ 楊正洪，郭良越，劉瑋 著 .-- 第一版 .-- 臺北市：崧燁文化事業有限公司，2023.11
面；　公分
POD 版
ISBN 978-626-357-807-4(平裝)
1.CST: 人工智慧 2.CST: 神經網路 3.CST: 大數據 4.CST: 資料探勘
312.83　112017392

電子書購買

臉書

爽讀 APP